Kotlin程序开发
入门精要

李宁◎编著

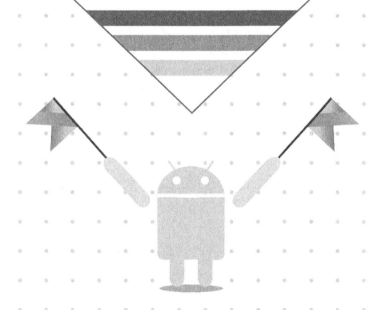

人民邮电出版社

北　京

图书在版编目（CIP）数据

Kotlin程序开发入门精要 / 李宁编著. -- 北京：
人民邮电出版社，2017.10
ISBN 978-7-115-46752-2

Ⅰ. ①K… Ⅱ. ①李… Ⅲ. ①JAVA语言－程序设计
Ⅳ. ①TP312.8

中国版本图书馆CIP数据核字(2017)第213783号

内 容 提 要

　　本书分 3 部分讲解 Kotlin，第 1 部分（第 1～11 章）是 Kotlin 语言的基础部分，主要介绍了 Kotlin 的基础知识、语法以及大量的"语法糖"，如搭建 Kotlin 开发环境、数据类型、控制流、类、对象、接口、扩展、委托、Lambda 表达式、操作符重载等。第 2 部分（第 12～15 章）主要介绍了如何用 Kotlin 开发 Android App。由于 Kotlin 可以调用 JDK 中的 API，所以在使用 Kotlin 开发 Android App 的过程中，很多都是调用 JDK 的 API 实现的，但开发语言使用的是 Kotlin。因此，这一部分详细介绍了用 Kotlin 开发 Android App 需要掌握的核心知识，如 Activity、组件、布局、流文件、SQLite 数据库、网络等技术。第 3 部分（第 16 章）是一个完整的案例：欧瑞天气。通过这个项目，可以让读者了解利用 Kotlin 开发 Android App 的全过程。

　◆　编　　著　李　宁

　　　责任编辑　张　涛

　　　责任印制　焦志炜

　◆　人民邮电出版社出版发行　　北京市丰台区成寿寺路 11 号

　　　邮编　100164　　电子邮件　315@ptpress.com.cn

　　　网址　http://www.ptpress.com.cn

　　　固安县铭成印刷有限公司印刷

　◆　开本：800×1000　1/16

　　　印张：20　　　　　　　　　　2017 年 10 月第 1 版

　　　字数：427 千字　　　　　　　2024 年 7 月河北第 5 次印刷

定价：69.00 元

读者服务热线：(010)81055410　印装质量热线：(010)81055316
反盗版热线：(010)81055315
广告经营许可证：京东市监广登字20170147号

前　言

Android 到现在已经发展了 10 年了，从最初不怎么完善发展到现在，形成了一个由成千上万的 App 支撑，可以运行在包括手机、平板电脑、电视、汽车、手表、无人机在内的几乎所有智能设备中的完整生态系统，这一切足以让 Android 的拥有者 Google 感到无比自豪。

不过有一件事一直让 Google "很不爽"，那就是开发 Android App 的核心语言 Java 并不属于 Google，而属于 Oracle。而且 Oracle 一直在和 Google 打关于 Java 的 "官司"，尽管 Google 赢得了 "官司"，但也让 Google 清楚地看到，如果编程语言不掌握在自己的手里，那么总会受制于人，所以 Google 在数年时间里进行了多次尝试，如推出了 Go 语言。不过 Go 语言和 C++ 类似，并不适合开发 Android App。所以 2017 年 5 月之前，开发 Android App 的主要编程语言仍然是 Java。

然而在 2017 年 5 月的 I/O 大会上，Google 突然宣布，Kotlin 成为开发 Android 的一级编程语言，这就意味着，从这一刻开始，开发 Android App 可以使用两种语言：Java 和 Kotlin。

那么 Kotlin 是什么呢？就在 2017 年 5 月的 I/O 大会之前，我也不太清楚这个世界上还有一种叫 Kotlin 的编程语言，相信大多数读者和我一样，在此之前都不太了解什么是 Kotlin。其实与 Kotlin 类似的语言有很多，如 Scala，它们都是基于 JVM 的语言，也就是说，Kotlin 和 Scala 一样，都只提供了编译器，没有提供运行环境。运行 Kotlin 和 Scala 程序，需要将源代码编译成 Byte Code，然后在 JVM 上运行。

在刚开始接触 Kotlin 时，我感到很奇怪，现在基于 JVM 的语言非常多，例如，编写了 Spark 的 Scala 语言，还有 Groovy、JRuby、Clojure 等，那么 Google 为什么单独偏爱 Kotlin 呢？随着我对 Kotlin 的深入接触，逐渐对 Google 选择 Kotlin 的决定表示认可！

Kotlin 作为第二种开发 Android App 的核心编程语言，肯定是与 Java 有很大差异的，而且这种差异要弥补 Java 的不足或增强 Java 的功能。所以要求都是正向的差异。

Java 尽管历史悠久，应用众多，但也有很多不足的地方，例如，我们经常会遇到 NullPointerException 异常，这是个很讨厌的异常，产生异常的原因是因为访问了空对象的成员。Kotlin 巧妙地解决了这个问题，让访问空对象的成员不再抛出异常，而是直接返回 NULL。Kotlin 除了解决 Java 的遗留问题外，还加了很多 "语法糖"，例如，Kotlin 支持扩展和操作符重载，这是两个非常大的 "语法糖"。通过扩展，可以在没有源代码的情况下，为类添加方法和属性，通过操作符重载，可以让特定的类型支持原来没有的操作，如为字符串类型添加乘法和除法。总之，Kotlin 单凭语言本身就比 Java 酷了不少。不过这些理由并不足以让 Google 对 Kotlin 如此偏爱，因为其他同类语言，如 Scala，也同样添加了很多 "语法糖"。

那么 Kotlin 还有什么其他特性呢？其实 Kotlin 不仅可以在 JVM 上运行，还可以直接将

Kotlin 源代码转换为 JavaScript。这样一来，从理论上讲，Kotlin 可以在任何支持 JavaScript 的环境中运行，如 Web 应用、React Native（Android 和 iOS）、微信公众号、微信小程序、Node.js、Chrome 插件等。另外，还有一些地方是 JavaScript 做不到的，如开发本地应用。但 Kotlin 可以做到，Kotlin 不仅仅可以生成 JavaScript 代码，还可以直接编译成本地代码，如 Windows 的 exe 文件、iOS App 等，这样一来，Kotlin 几乎可以开发所有类型的应用了。所以从理论上来讲，Kotlin 才是真正的跨平台语言，Kotlin 可以直接或间接地开发各种类型的应用。

说了这么多，相信大家一定已经清楚了 Kotlin 的强大，以及 Google 为什么选择了 Kotlin 的原因，当然，除了技术原因外，选择 Kotlin 还有一个原因，就是 Google 的 Android Studio 是基于 IntelliJ IDEA 的社区版本开发的，而 JetBrains 公司开发了 IntelliJ IDEA 和 Kotlin。所以，可以说 Android Studio 和 Kotlin 是师出同门，这样它们之间更容易兼容。

既然 Kotlin 这么强大，而且选择 Kotlin 的理由非常多，如开发效率高、语法优美、能跨平台开发、得到 Google 的强力支持。那么我们还等什么呢！赶紧通过本书将 Kotlin 的知识装进我们的大脑才是正确的做法！

本书适合 Kotlin 爱好者学习、程序员阅读，也可以作为大专院校和培训学校的教材。

作　者

如何免费获取视频课程

随本书赠送给读者有大量相关领域的免费视频课程。这些视频课程是离线观看的，使用专门的播放器，可在 Mac OS X、Windows、Android 和 iOS 平台上播放。读者在购买本书后，需要认证读者才可以观看。认证读者的步骤如下。

（1）扫描本书封面右上角的二维码，关注欧瑞学院公众号。

（2）进入公众号后，点击"我要"→"扫一扫"菜单项，扫描随书赠送的优惠卡背面右侧的二维码（需要刮掉涂层）。扫描优惠卡后，会赠送价值 300 元的优惠券，可以购买欧瑞学院付费课程。

（3）在公众号中点击"我要"→"认证读者"菜单项，如图 1 所示。

图 1　点击"认证读者"菜单项

（4）进入"认证读者"页面，如图 2 所示，点击要认证的图书，会进入"回答问题"页面，如图 3 所示。

（5）在"回答问题"页面会出现一个问题，只要回答正确，即可成功认证读者。当成功认证读者后，公众号会自动发放赠送的视频课程和专用播放器的下载地址和密码，以及具体的使用方法。要注意的是，一个优惠卡只能认证一本书，每本书只能认证一次。

图 2 "认证读者"页面

图 3 "回答问题"页面

（6）第一次关注"欧瑞学院"公众号后，系统会随机生成一个用户名和密码，这个用户名和密码也是观看视频课程的用户名和密码。建议读者将其修改成自己容易记忆的用户名和密码。修改的方法是在公众号中点击"我要"→"绑定账号"菜单项，进入"账号中心"页面。要修改账号，点击"修改账号"列表项，在"账号"文本框中输入新的账号（注意，账号只能修改一次，请确认修改无误后再提交），点击"提交"按钮即可修改账号（账号不能是已经存在的，否则无法成功修改账号）。如果要修改密码，点击"修改密码"列表项，在"新密码"文本框中输入新密码即可，然后在"再次输入"文本框中输入同样的密码，点击"提交"按钮即可修改密码。"账号中心"页面如图 4 所示。

图 4 "账号中心"页面

观看随书赠送的免费视频课程是本书读者的特权，因此，需要满足下面 3 个条件才能观看赠送的视频课程。

（1）关注欧瑞学院公众号

（2）手中有一张欧瑞学院赠送的优惠卡

（3）手中有一本《Kotlin 程序开发入门精要》（如果没有书无法回答认证读者的问题）

目　录

第 1 章　Kotlin 开发环境搭建

尽管 Kotlin 不是刚刚面世的编程语言，但以前一直未受到足够的重视，直到 Google 公司在 2017 年的 I/O 大会上宣布 Kotlin 成为开发 Android App 的一级语言后，Kotlin 才迅速"走红"。那么 Kotlin 到底有什么优于 Java 的地方呢？以至于让互联网巨头 Google 公司如此垂青。如果各位读者想知道原因，那就继续阅读本章后面的内容吧！在这一章里会对 Kotlin 进行全面的介绍，包括 Kotlin 迅速"蹿红"的原因、如何安装 Kotlin，以及 Kotlin 到底能做什么。

1.1　Kotlin 概述

本节主要介绍什么是 Kotlin，以及 Kotlin 较 Java 到底有什么特别之处，足以让 Google 公司将其选为开发 Android App 的一级语言。

1.1.1　Kotlin 是什么

可能很多读者看到 Kotlin 这个单词会感到很陌生，这很正常。就和 2007 年以前一样，在苹果公司推出 iPhone 以及相应的开发工具之前，Objective-C 就鲜为人知，至少在国内是这样的。上面提到的 Objective-C 是一种编程语言，而本书的主题是 Kotlin，那么首先要回答的是，Kotlin 到底是什么呢？没错，Kotlin 和 Objective-C 一样，是一种编程语言。

Kotlin 是由 JetBrains 创建的基于 JVM 的编程语言，那么 JetBrains 又是什么呢？我相信很多 Java 程序员使用过 IntelliJ IDEA，这个非常棒的 Java IDE（集成开发环境）就是 JetBrains 的杰作。如果你没听过或没用过 IntelliJ IDE，那么也没有太大关系。相信阅读本书的读者或多或少都了解一些 Android 的知识，Android 官方推荐的 IDE 是 Android Studio，简称 AS。这个 IDE 就是基于 IntelliJ IDEA 社区版开发的。JetBrains 旗下不只有 IntelliJ IDEA 一款产品，Kotlin 也是 JetBrains 旗下的一款产品，一种编程语言。这种编程语言运行在 JVM 上，也就是 Kotlin 编译器会将 Kotlin 源代码编译成 Java Byte Code（Java 字节码），可以直接运行在 JVM 上。从这一点看出，在技术层面，Java 和 Kotlin 是同一个级别的，都以 Java Byte Code 形式运行在 JVM 上。当然，Kotlin 编译器还可以将 Kotlin 源代码编译生成 JavaScript 代码，以便在没有 JVM 的情况下运行。在未来，Kotlin 编译器还可以将 Kotlin 源代码编译生成本地代码，完全脱离任何虚拟机运行，也就是说，Kotlin 相对 Java 的优势之一是多目标编译语言，而 Java 只能编译生成 Java Byte Code（.class 文件）。

1.1.2　为什么 Kotlin 突然成为热门

尽管 Kotlin 已经推出有很长一段时间了，但并不怎么出名，可能是因为 JetBrains 对它的推广力度不够，加之现在的编程语言实在太多了，所以 Kotlin 就像一块石头扔进了大海，不见了踪影。

那么为什么现在 Kotlin 突然成为热门了呢？原因也很简单，Kotlin 可以开发 Android App，而且被 Google 公司选为开发 Android App 的一级语言，即在 Android Studio 3.0 及以上版本中会支持利用 Kotlin 语言开发 Android App。这也就意味着，到目前为止，开发 Android 本地 App 可以使用 Java 和 Kotlin 两种编程语言。这就很像开发 iOS App 的场景了，可以使用 Objective-C 和 Swift 两种语言开发 iOS App。因此，很多人把 Kotlin 比作 Android 世界的 Swift。而且 Kotlin 和 Swift 的确都是很棒的编程语言，都加入了很多"语法糖"，可以大幅提高程序开发的效率。

1.1.3　Kotlin 相对于 Java 有哪些优势

可能很多读者会问，既然有了 Java，为什么 Google 公司还要选择 Kotlin 来开发 Android App 呢？Kotlin 相比 Java 有哪些优势呢？

在这一节我们来简单了解一下 Kotlin 的特点，通过这些介绍，我们可以体会到 Kotlin 的优势所在。

➢ 更容易学习：Kotlin 是一门包含很多函数式编程思想的面向对象编程语言，而且相比 Scala 语言更容易学习。

➢ 轻量级：相比其他编程语言，Kotlin 函数库更小。由于 Android 存在 65K 方法数限制，使得这一点显得更为重要。虽然使用 ProGuard 或者打包成多个 dex 能够解决这个问题，但是所有这些解决方案都会提高复杂性，并增加调试的时间。Kotlin 函数库方法数小于 7000 个，相当于 support-v4（Android 1.6）的大小。

➢ 高度可互操作性：Kotlin 可以和其他 Java 类库友好且简单地进行互操作。Kotlin 团队在开发这门新语言时正是秉承了这个中心思想。他们希望可以使用 Kotlin 继续开发现有的使用 Java 语言编写的工程，而不是重写所有代码。因此，Kotlin 需要能够和 Java 很好地进行互操作。

➢ 非常好地集成 Android Studio 及 Gradle：Kotlin 有一个专门用于 Android Studio 的插件，以及另一个专门用于 Gradle 的插件。而且即将推出的 Android Studio 3.0 已经集成了 Kotlin，因此在 Android 工程中开始使用 Kotlin 并不困难。

当然，Kotlin 还有很多语法层面的特性，如数据模型类、空类型安全、扩展函数等，这些技术将会在后面的章节介绍中展开。

1.1.4　Kotlin 能做什么

从前面的内容可以知道，Kotlin 可以用来开发 Android App，那么除了 Android App，Kotlin 还可以做什么呢？在本节我们就来一窥究竟。

1.　服务端开发

既然 Kotlin 是基于 JVM 的编程语言，那么自然而然就可以使用所有基于 JVM 的服务端框架。下面是几个 Kotlin 官方文档推荐的框架。

➤ Spring：一种开源框架，是为了解决企业应用程序开发复杂性问题而创建的。从 Spring 5 开始，Spring 就已经支持 Kotlin 的新特性了，并可以使用 Spring 在线生成器生成基于 Kotlin 的工程。

➤ Vert.x：用于建立基于 JVM 的响应式 Web 应用的框架。

➤ Ktor：由 JetBrains 发布的一款基于 Kotlin 的本地 Web 框架

➤ kotlinx.html：是一种 DSL（领域专用语言），用于在 Web 应用中生成 HTML。Kotlin 服务端框架和 kotlinx.html 的关系就像 JSP 和 FreeMarker 的关系一样，FreeMarker 是基于 Java 的模板引擎。使用 FreeMarker，可以不依赖于 HTML 或其他技术，可以根据需要生成 HTML 或其他东西，也就是一种与具体渲染技术无关的技术。

2.　以 JavaScript 方式运行

Kotlin 提供了生成 JavaScript 源代码的能力，也就是将 Kotlin 代码直接转换为 JavaScript 代码。目前，支持 ECMAScript 5.1 标准，未来会支持 ECMAScript 6。

注意，如果将 Kotlin 代码转换为 JavaScript 代码，在 Kotlin 代码中只能包含 Kotlin 标准库，不能包含任何 JDK API 以及任何第三方的 Java Library API，任何不属于 Kotlin 本身（Kotlin 语句和标准库）的部分在转换的过程中将被忽略。

3.　开发 Android App

这一部分在上文提到过，Kotlin 和 Java 一样，都可以开发 Android App，而且 Kotlin 和 Java 源代码文件可以在同一个工程中，可以联合进行调试。

尽管 Kotlin 能做很多事（Java 能做的，Kotlin 都能做），但本书的主要关注点是开发 Android App，因此，在本书后续部分将着重介绍如何利用 Kotlin 开发 Android App。

1.2　在线运行 Kotlin 代码

可能很多读者使用过 Java 或其他编程语言，学习这些技术的第一步，就是配置，一大堆的配置，这让很多初学者摸不着头脑，尤其是在没人指导的情况下更是如此。不过这一切在

Kotlin 这里就终结了，因为运行和测试 Kotlin 代码，根本就不需要进行配置，Kotlin 官方提供了一个在线运行和测试 Kotlin 代码的环境，可以运行 Kotlin 语句和标准库。

为了进入在线测试页面，可在浏览器地址栏中输入 https://try.kotlinlang.org，会进入如图 1-1 所示的页面。

▲图 1-1　Kotlin 的在线 IDE

在该页面左侧列出了一些例子，单击某个例子，会在右侧代码编辑区显示相应的代码，单击右上角的"Run"按钮，会执行 Kotlin 程序，并且在下面会显示执行结果。通过"Run"按钮前方的下拉列表框可以选择以 JVM 方式或 JavaScript 方式运行。在页面右下角，可以选择当前代码对应的 Kotlin 版本，本书写作时的 Kotlin 的最高版本是 1.1.2。

可能很多读者已经按耐不住自己激动的心情了，打算编写一段 Kotlin 代码试一试。不过，对于不熟悉 Kotlin 语法的人来说，可能连"hello world"这样简单的小程序都不知道如何编写（只能运行在线 IDE 提供的 Demo）。

为了让不熟悉 Kotlin 语法的读者尽快上手，这款在线 IDE 提供了 Convert from Java 功能，也就是可以将 Java 代码转换为 Kotlin 代码。现在单击 IDE 右上角的"Convert from Java"按钮，会显示一个转换窗口，左侧需要输入 Java 代码，单击该窗口右下角的"Convert to Kotlin"

按钮，会在窗口的右侧显示转换后的 Kotlin 代码。

现在我们举个例子，首先准备一段 Java 代码，如下面的计算阶乘的 Java 代码。

Java 代码：计算阶乘

```
public int jc(int n)
{
if(n == 0 || n == 1)
{
    return 1;
}
else
{
    return n * jc(n - 1);
}
}

public void main(String[] args) {
   System.out.println(jc(10));
}
```

现在将这段 Java 代码录入到"Convert from Java"窗口左侧的文本框，然后单击右下角的
"Convert to Kotlin"按钮，这段 Java 代码将转换到 Kotlin 代码，并在该窗口右侧的文本框中显
示对应的 Kotlin 代码，如图 1-2 所示。

▲图 1-2　Java 代码转换为 Kotlin 代码

最后，将转换后的 Kotlin 代码复制到图 1-1 所示的代码区域，单击右上角的"Run"按钮，

将执行这段代码，执行结果如图 1-3 所示。

▲图 1-3　执行从 Java 代码转换的 Kotlin 代码

要注意的是，并不是所有的 Java 代码都可以完美地转换为 Kotlin 代码，这只是个辅助功能，帮助初学者平滑过渡到 Kotlin。

尽管有些读者现在还不了解如何编写 Kotlin 代码，但也可以在这个在线 IDE 中选择一些 Examples，看一看执行结果。本书后续关于 Kotlin 的标准代码（不调用 JDK 和第三方 Java API 的 Kotlin 代码）都可以在这个在线 IDE 中运行。

1.3　安装和配置 Kotlin

本节将一步步讲解如何下载 JDK 和 Kotlin 编译器，并介绍如何配置 Kotlin 编译和运行环境。本节主要介绍 Windows 和 Mac OS X 两个平台关于 Kotlin 的安装和配置方法。

1.3.1　安装和配置 JDK

由于 Kotlin 是基于 JVM 的编程语言，因此，要想使用 Kotlin，必须安装 JDK。进入 oracle 官网下面的 JDK 下载页面。

进入该页面后，会看到如图 1-4 所示的 JDK 安装包列表。

Java SE Development Kit 8u131

You must accept the Oracle Binary Code License Agreement for Java SE to download this software.

○ Accept License Agreement　　◉ Decline License Agreement

Product / File Description	File Size	Download
Linux ARM 32 Hard Float ABI	77.87 MB	⬇jdk-8u131-linux-arm32-vfp-hflt.tar.gz
Linux ARM 64 Hard Float ABI	74.81 MB	⬇jdk-8u131-linux-arm64-vfp-hflt.tar.gz
Linux x86	164.66 MB	⬇jdk-8u131-linux-i586.rpm
Linux x86	179.39 MB	⬇jdk-8u131-linux-i586.tar.gz
Linux x64	162.11 MB	⬇jdk-8u131-linux-x64.rpm
Linux x64	176.95 MB	⬇jdk-8u131-linux-x64.tar.gz
Mac OS X	226.57 MB	⬇jdk-8u131-macosx-x64.dmg
Solaris SPARC 64-bit	139.79 MB	⬇jdk-8u131-solaris-sparcv9.tar.Z
Solaris SPARC 64-bit	99.13 MB	⬇jdk-8u131-solaris-sparcv9.tar.gz
Solaris x64	140.51 MB	⬇jdk-8u131-solaris-x64.tar.Z
Solaris x64	96.96 MB	⬇jdk-8u131-solaris-x64.tar.gz
Windows x86	191.22 MB	⬇jdk-8u131-windows-i586.exe
Windows x64	198.03 MB	⬇jdk-8u131-windows-x64.exe

▲图 1-4　JDK 安装包列表

　　由于 JDK 是跨平台的，因此，在下载 JDK 安装包时应该选择与自己平台对应的 JDK。目前使用最多的平台是 64 位的 Windows 和 Mac OS X，如果是前者，下载 Windows x64 后面对应的 exe 安装文件，如果是后者，下载 Mac OS X 后面对应的 dmg 安装文件。注意，下载之前，要先单击选中列表上方的"Accept License Agreement"单选按钮。

　　安装过程很简单，一直按"next"按钮即可，但要注意，如果是在 Windows 平台，建议将 JDK 安装到一个简单的路径，如 C:\JDK，因为 JDK 默认安装到 C:\program files 目录中，由于该目录包含空格，在命令行引用该目录需要加双引号，比较麻烦，因此还是安装到比较简单的目录为好。

　　安装完成后，一般安装程序会自动设置相应的环境变量（主要是 PATH 和 JAVA_HOME），其中 PATH 环境变量要执行 JDK 的 bin 目录，java.exe、javac.exe 等可执行程序都在这个目录中，设置完 PATH 环境变量后，在任何目录都可以编译和运行 Java 程序了。JAVA_HOME 环境变量指向了 JDK 的根目录。图 1-5 是 Windows 10 中设置的 PATH 和 JAVA_HOME 环境变量（不同 Windows 版本设置环境变量的方式略有差异，但大同小异）。

▲图 1-5　Windows 10 中设置的 PATH 和 JAVA_HOME 环境变量

对于 Mac OS X 系统，可能稍微有点复杂，默认情况下，JDK 安装在了如下目录。

/Library/Java/JavaVirtualMachines/jdk1.8.0_25.jdk/Contents/Home

根据安装的 JDK 版本不同，目录中的 jdk1.8.0_25.jdk 部分会有所不同，不过在设置 JAVA_HOME 环境变量时不需要直接设置这个长路径。在/usr/libexec 目录中有一个 java_home 命令，执行该命令，可以直接返回 JDK 的安装目录。读者可以执行下面的命令试一试。

```
echo $(/usr/libexec/java_home)
```

既然已经知道了 JDK 的安装路径，那么就可以直接设置 PATH 和 JAVA_HOME 环境变量了。在 Mac OS X 中，可以使用 vim 命令打开/etc/profile 文件设置这两个环境变量，相应命令行如下。

vim /etc/profile

打开该文件后，按"a"键进入编辑状态，并在最后添加如下代码。

export JAVA_HOME=$(/usr/libexec/java_home)
export PATH=.:$PATH:$JAVA_HOME/bin

添加完上述代码后，按"Esc"键回到命令模式，再输入":qw"命令，退出 vim，并保存当前的修改。

在添加这两行代码时，应注意如下几点。

❑ 在 Mac OS X 中，多个路径直接用冒号（:）分隔，在 Windows 下，多个路径要用分号（;）分隔。

❑ 在 Mac OS X 中，默认不会自动读取当前路径中的内容，因此，通常需要将 PATH 环境变量中的第一个路径设为点（.），表示当前路径。

❑ 如果路径很长，那么建议先将长路径设置到一个环境变量中（如 JAVA_HOME），然后在其他路径中引用该环境变量，引用环境变量的形式是"$环境变量名"。

❑ 在 Mac OS X 中，等号左侧的环境变量及右侧的值和等号之间不能有空格。

添加上面的代码后，执行 source /etc/profile 命令，让配置生效。可以使用下面的命令查看这两个环境变量的设置情况。

echo $JAVA_HOME
echo $PATH

完成上面的配置后，执行 java -version 命令，如果输出如下或类似的信息，那么说明 JDK 安装成功。

java version "1.8.0_25"

Java(TM) SE Runtime Environment (build 1.8.0_25-b17)

Java HotSpot(TM) 64-Bit Server VM (build 25.25-b02, mixed mode)

1.3.2　Windows 下安装和配置 Kotlin

在 JDK 安装完成后，就可以安装 Kotlin 了。Kotlin 是跨平台的，目前支持 3 种 IDE: IntelliJ IDEA、Android Studio 和 Eclipse。不过在这一节，我们先不考虑 IDE 的事情。与 Java 一样，安装 Kotlin 后，首先看看是否可以通过命令行方式运行 Kotlin 程序，这是入门 Kotlin 要进行的第一步。

本节只考虑如何在 Windows 下安装和配置 Kotlin 环境，首先进入 Kotlin 官网。

将页面滚动到下半部分，会看到如图 1-6 所示的 4 个下载区域。最右侧的 Compiler 是 Kotlin 编译器的下载页面。

▲图 1-6　Kotlin 编译器下载

现在进入下载页面，会看到有多种安装方式，如直接下载二进制压缩包、从源代码编译、在 Mac OS X 下使用 brew 命令安装等。作者在这里推荐直接下载二进制压缩包的方式，因为这种方式根本不需要安装，直接解压缩即可。在压缩包中，已经包含了 Windows、Mac OS X 等平台的二进制文件，直接运行即可。

在该页面的开始部分找到如图 1-7 所示的文字，单击"GitHub Releases"链接。

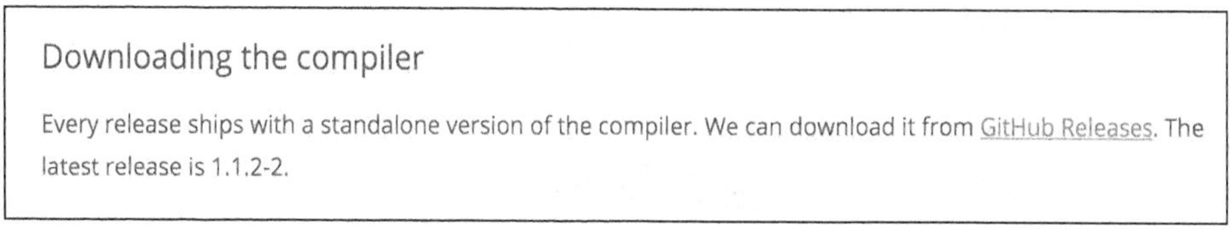

Downloading the compiler

Every release ships with a standalone version of the compiler. We can download it from GitHub Releases. The latest release is 1.1.2-2.

▲图 1-7　安装 Kotlin 编译器页面

打开该链接后，在页面中会看到如图 1-8 所示的内容。本书写作时，Kotlin 最新版本是 1.1.2-2，下载 kotlin-compiler-1.1.2-2.zip 即可。

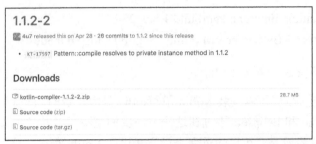

▲图 1-8　下载 Kotlin 编译器页面

　　下载后，直接解压缩，然后将解压缩后的目录放到一个合适的位置，如 C 盘根目录，假设 Kotlin 编译器的根目录是 kotlinc，那么具体位置就是 c:\kotlinc。为了在任何位置都可以使用 kotlin 编译器，可以将 c:\kotlinc\bin 目录加到 PATH 环境变量中（加入的方法参考 1.3.1 节关于 JDK 的设置）。安装 Kotlin 编译器后，打开 Windows 的控制台，执行"kotlinc –version"命令，如果能输出如图 1-9 所示的信息，就表示 Kotlin 编译器已经安装成功。

```
C:\Users\androidguy>kotlinc -version
info: Kotlin Compiler version 1.1.2-2
```

▲图 1-9　查看 Kotlin 编译器的版本号（Windows）

1.3.3　Mac OS X 下安装和配置 Kotlin

　　在 Mac OS X 下，同样是进入图 1-8 所示的下载页面，下载同样的压缩包，然后将其解压缩，并放到一个合适的目录，如/sdk，假设 Kotlin 编译器的位置是/sdk/kotlinc，现在将该路径添加到 PATH 环境变量中，并在控制台输入"kotlinc-version"命令，如果在控制台输出如图 1-10 所示的信息，表明 Kotlin 编译器已经安装成功。

```
                                              bin — -bash — 80×24
liningdeiMac:bin lining$ kotlinc -version
info: Kotlin Compiler version 1.1.2-2
```

▲图 1-10　查看 Kotlin 编译器的版本号（Mac OS X）

1.4　测试 Kotlin 编译和运行环境

　　Kotlin 要比 Java 的运行方式多。例如，Kotlin 不仅支持与 Java 一样的编译方式运行（生成.class 文件再运行），也支持 REPL、脚本、JavaScript 等方式运行。本节将介绍如何使用这些方式来运行 Kotlin 代码。

1.4.1 命令行方式使用 Kotlin

本节测试一下前面安装的 Kotlin 编译环境,顺便也看一下 Kotlin 是如何运行的。读者可以选择 Windows 或 Mac OS X 来运行本节及以后的 Kotlin 代码。

现在先准备一段简单的 Kotlin 代码,并将代码文件命名为 hello.kt。

Kotlin 代码

```kotlin
fun main(args: Array<String>)
{
    println("你好,今天放假吗? ")
}
```

其实这段代码也很好理解,就是在控制台输出一行字符串。为了更便于理解,下面用 Java 代码做一下对比。相应 Java 代码的文件名为 Hello.java。

Java 代码

```java
public class Hello
{
    public static void main(String[] args)
    {
        System.out.println("你好,今天放假吗? ");
    }
}
```

对比这两段代码,很明显,Kotlin 和 Java 代码尽管实现的功能完全一样,但还是有很大差异的,主要差异如下:

❑ Kotlin 代码的 main 函数并没有放在类中,而 Java 代码中的 main 函数放在了 Hello 类中,因此,main 函数就变成了 main 方法。

❑ Kotlin 变量的数据类型放在变量的后面,并且用冒号(:)分隔变量和类型,这一点和 Pascal 语言相同。而 Java 代码更符合 C 风格,数据类型放在变量前面。

❑ Kotlin 代码行后面没有分号(;),而每一行 Java 代码后面必须加分号(;)。

❑ Kotlin 代码中使用 println(…)函数输出字符串,而 Java 代码中使用 System.out.println(…)方法输出字符串。其实,println 函数是 Kotlin 中定义的一个函数,并不属于 JDK,而 System.out.println 方法属于 JDK 中的一个 API。当然,Kotlin 也可以调用 System.out.println 函数输出字符串,也就是说,Kotlin 可以调用两套 API:Kotlin 原生 API 和 JDK API。那么为什么 Kotlin 要提供原生 API,而不直接使用 JDK API 呢?这主要是因为 Kotlin 不仅仅可以编译生成 .class 文件,还可以编译生成 JavaScript 源代码,以后还可以编译生成本地代码,因此,提供了一套原生的 API,这样生成不同目标代码更容易,否则就需要直接转换 JDK API 到不同的目标代码。

那么编写好 Kotlin 代码后,如何运行呢? Kotlin 编译器提供了一个 kotlinc 命令,无论是在 Windows 下,还是在 Mac OS X 下,都可以直接执行 kotlinc 命令。现在执行下面的命令来编译 hello.kt 文件。

kotlinc hello.kt

执行完毕，会在当前目录下生成一个 HelloKt.class。一看到.class 文件，学习过 Java 的读者应该马上就会想到如何做了。直接执行"java HelloKt"命令就可以运行了。现在执行这个命令，看看结果如何。

非常遗憾，执行"java HelloKt"后，并没有输出我们想要的结果，而是抛出了一个如图 1-11 所示的异常。

```
● ● ●                        kotlin — -bash — 80×24
liningdeiMac:kotlin lining$ java HelloKt
Exception in thread "main" java.lang.NoClassDefFoundError: kotlin/jvm/internal/I
ntrinsics
        at HelloKt.main(hello.kt)
Caused by: java.lang.ClassNotFoundException: kotlin.jvm.internal.Intrinsics
        at java.net.URLClassLoader$1.run(URLClassLoader.java:372)
        at java.net.URLClassLoader$1.run(URLClassLoader.java:361)
        at java.security.AccessController.doPrivileged(Native Method)
        at java.net.URLClassLoader.findClass(URLClassLoader.java:360)
        at java.lang.ClassLoader.loadClass(ClassLoader.java:424)
        at sun.misc.Launcher$AppClassLoader.loadClass(Launcher.java:308)
        at java.lang.ClassLoader.loadClass(ClassLoader.java:357)
        ... 1 more
liningdeiMac:kotlin lining$ ▊
```

▲图 1-11　执行 HelloKt.class 抛出的异常信息

作为程序员来说，最讨厌的就是这样的输出信息，不过不要担心，这个异常并不是因为我们的代码写错了，而是少了一些.class 文件，也就是依赖库。

可能很多读者会疑惑，我们只写了几行代码，并没有引用任何 Library，为什么会需要依赖库呢？而执行"javac Hello.java"生成的 Hello.class 文件就可以直接用"java Hello"执行？也许读者还记得前面 Kotlin 代码中的 println 函数，这个函数就是定义在依赖库中的，因此，如果要使用 Kotlin 原生 API，就要使用依赖库。

那么问题又来了，到底需要哪些依赖库呢？现在最标准的答案应该是：不知道。其实，此时确实不太清楚到底要引用哪些依赖库，不过这不要紧，Kotlin 自己知道就行。

Kotlin 编译器的 kotlinc 命令提供了一个-include-runtime 命令行参数，用于引用 Kotlin 需要的依赖库。使用这个命令行参数编译 Kotlin 源代码文件，会将所有需要的依赖库文件都复制到生成的目标目录或文件，因此，还需要通过-d 命令行参数指定要生成的目录或文件。-d 命令行参数可以指定如下两类值。

❑ 目录：kotlinc 会将编译生成的.class 文件和所有的依赖库都复制到指定的目录，然后需要进入到该目录来运行相应的.class 文件。

❑ jar 文件：kotlinc 会将所有编译生成的.class 文件和相关的依赖库都打包到一个.jar 文件中，这样更容易发布。

下面使用 kotlinc 命令编译 hello.kt，并指定生成的目录名为 hello。

kotlinc hello.kt -include-runtime -d hello

执行这行命令后，会在当前目录生成一个 hello 子目录，现在进入该目录，执行"java HelloKt"命令，就会正常输出文本。查看 hello 目录后，会看到该目录中有 1 个文件（HelloKt.class）和 3 个目录（META-INF、kotlin、org），其中 META-INF 是相应的配置文件，kotlin 和 org 两个目录是依赖库所在的包目录。

如果执行下面的命令，就会直接在当前目录生成一个 hello.jar 文件。

kotlinc hello.kt -include-runtime -d hello.jar

然后执行"java -jar hello.jar"，也会输出一行字符串。

1.4.2 Kotlin 的 REPL 环境

Kotlin 本身提供了一个 REPL 环境。那么什么是 REPL 呢？REPL 是 Read–Eval–Print Loop 的缩写，中文意思就是"交互式解释环境"。其实就是一个控制台环境，我们输入一行命令，REPL 会解释执行一行命令。REPL 的用处比较多，如测试代码、用命令行方式调试代码等。

执行 kotlinc 命令，会直接进入如图 1-12 所示的 REPL 环境。

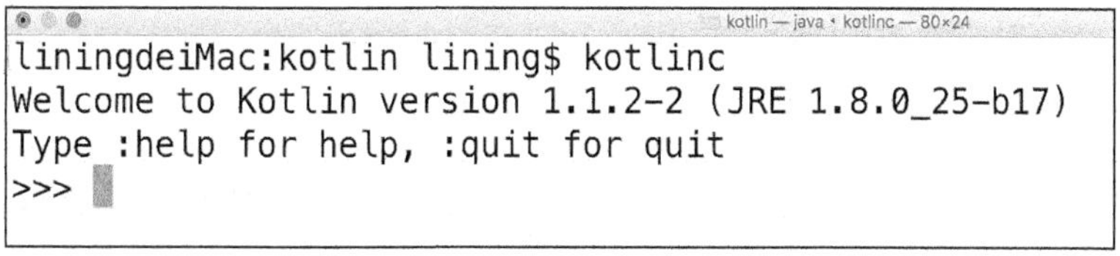

```
liningdeiMac:kotlin lining$ kotlinc
Welcome to Kotlin version 1.1.2-2 (JRE 1.8.0_25-b17)
Type :help for help, :quit for quit
>>>
```

▲图 1-12 Kotlin 的 REPL 环境

REPL 提供了一些命令进行控制，所有的命令都以冒号（:）开头，可以执行":help"命令查看 REPL 提供了哪些命令。

如果想退出 REPL，输入":quit"命令即可。如果要装载已经写好的 Kotlin 代码，使用":load"命令装载该文件即可。例如，现在有一个 test.kt 文件，代码如下：

Kotlin 代码
```kotlin
fun greeting(name:String)
{
    println("hello " + name)
}
greeting("Bill")
```

现在进入 REPL，执行":load test.kt"命令，REPL 就会装载这个文件。在装载过程中，会执行这段代码，并输出"hello Bill"。当然，在 REPL 环境中，也可以再次调用 greeting 环境，因为该函数已经被装载到 REPL 环境中。我们可以做个测试，现在使用 REPL 环境执行 greeting("李宁")命令，就会输出"hello 李宁"字符串。

在 REPL 环境中，也可以一行一行地输入 Kotlin 代码。例如，分别输入如下的 3 行代码，执行最后一行代码后，会显示如图 1-13 所示的输出结果。

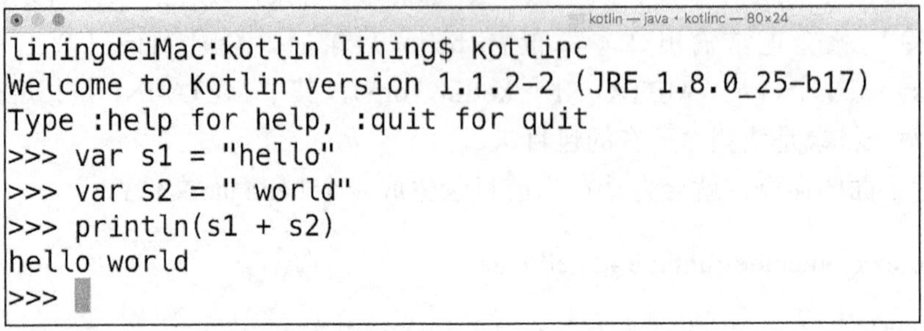
kotlin — java ◂ kotlinc — 80×24
liningdeiMac:kotlin lining$ kotlinc
Welcome to Kotlin version 1.1.2-2 (JRE 1.8.0_25-b17)
Type :help for help, :quit for quit
>>> var s1 = "hello"
>>> var s2 = " world"
>>> println(s1 + s2)
hello world
>>>

▲图 1-13　在 REPL 中单行执行 Kotlin 代码

1.4.3　在命令行中运行脚本文件

Kotlin 还有另外一种运行方式，就是以脚本文件的方式运行。脚本文件的扩展名必须是.kts。现在将下面的代码保存到 test.kts 文件中。

Kotlin 代码

```
fun greeting(name:String)
{
   println("hello " + name)
}
greeting("Bill")
```

然后在命令行中执行下面的命令，就会输出“hello Bill”。要记住，执行脚本文件（.kts 文件）时，一定要使用-script 命令行参数。

kotlinc -script test.kts

1.4.4　在浏览器中运行 Kotlin 程序

Kotlin 的一个很棒的地方就是可以将 Kotlin 代码直接编译成 JavaScript 代码，并在浏览器中运行。

现在编写如下代码，并将源代码文件命名为 kotlin_javascript.kt。

Kotlin 代码

```
fun greeting(name:String)
{
   println("hello " + name)
}
fun main(args: Array<String>) {
   greeting("李宁")
}
```

现在执行如下命令：

kotlinc-js -output kotlin_javascript.js kotlin_javascript.kt

查看当前目录，会发现多了一个 kotlin_javascript.js 文件，打开该文件，代码如下：

JavaScript 代码

```
if (typeof kotlin === 'undefined') {
  throw new Error("Error loading module 'kotlin_javascript'. Its dependency
  'kotlin' was not found. Please, check whether 'kotlin' is loaded prior to
  'kotlin_javascript'.");
}
var kotlin_javascript = function (_, Kotlin) {
  'use strict';
  var println = Kotlin.kotlin.io.println_s8jyv4$;
  function greeting(name) {
    println('hello ' + name);
  }
  function main(args) {
    greeting('\u674E\u5B81');
  }
  _.greeting_61zpoe$ = greeting;
  _.main_kand9s$ = main;
  Kotlin.defineModule('kotlin_javascript', _);
  main([]);
  return _;
}(typeof kotlin_javascript === 'undefined' ? {} : kotlin_javascript, kotlin
);
```

我们也不用太深究这段 JavaScript 代码，总之，这段 JavaScript 代码是可以在浏览器中运行的。不过，由于 kotlin_javascript.kt 中使用了 println 函数，这是 Kotlin 原生的 API，因此需要引用依赖库。对于 JavaScript 来说，同样有一个 JavaScript 版的依赖库，这就是 kotlin.js 文件。那么这个文件在哪里呢？如果通过命令行方式，那么可以直接到 Kotlin 编译器目录中去寻找。

现在进入到 Kotlin 编译器目录中的 lib 子目录，找到 kotlin-jslib.jar 文件，将其解压缩，会发现解压缩后的目录中包含一个 kotlin.js 文件，将其复制出来，并放到与 kotlin_javascript.js 文件相同的目录即可。

现在建立一个 test.html 文件，并输入如下的代码。

HTML 代码

```
<!DOCTYPE html>
<head>
    <meta charset="UTF-8">
    <title>Console Output</title>
</head>
<body>
<script type="text/javascript" src="./kotlin.js"></script>
<script type="text/javascript" src="./kotlin_javascript.js">
</script>
</body>
</html>
```

从这段 HTML 代码可以看出，在代码中使用<script>标签引用了 kotlin.js 和 kotlin_javascript.js 文件。现在使用浏览器打开 test.html 文件，就会在浏览器的 Console 中输出 "hello 李宁" 字符串。

要注意的是，使用 kotlin-js 命令将 Kotlin 代码转换为 JavaScript 代码，在 Kotlin 代码中不能使用 JDK API，只能使用 Kotlin 原生的 API，否则无法进行转换，这是因为目前 Kotlin 编译器还没有直接将 JDK API 转换为 JavaScript 代码的能力。

1.4.5　使用 Node.js 运行 Kotlin 程序

既然涉及 JavaScript，就无法绕过 Node.js。就在几年前，JavaScript 还是 Web 专用的语言，不过自从 Node.js 诞生以来，就让 JavaScript 在服务端也有了用武之地。说白了，Node.js 就是让 JavaScript 可以编写服务端程序的技术，同时，Node.js 也是一套运行环境，通过 Node.js，可以让 JavaScript 与 PHP、Java EE、ASP.NET、Ruby on Rails 等服务端技术处在同样的地位。当然，本书并不会介绍 Node.js 开发，只是让读者了解通过 Kotlin 生成的 JavaScript 代码如何在 Node.js 中使用。

Node.js 的安装也非常简单，支持跨平台，读者可以到 https://nodejs.org/zh-cn 下载最新的 Node.js 版本，直接双击安装即可。安装完后，在控制台执行 "node --version" 命令，如果正常输出了 Node.js 的版本号，就说明 Node.js 已经安装成功了。Node.js 可以通过 node 命令执行 JavaScript 脚本文件（.js 文件）。

现在进入到 kotlin_javascript.js 文件所在的目录，执行命令 "node kotlin_javascript.js"，如图 1-14 所示。

▲图 1-14　用 Node.js 运行 JavaScript 代码抛出的异常

很明显，这个异常是由于没有 Kotlin 依赖导致的。在浏览器中运行 kotlin_javascript.js 时，使用了 <script> 标签引用了 kotlin.js 文件，那么在 Node.js 中应该如何做呢？

在 Node.js 中，要想引用第三方的 JavaScript 文件，需要使用 require 函数，通过 require 函数引用的 Library 称为 Node 模块。例如，我们可以使用下面的代码引用 Kotlin 模块。

JavaScript 代码

```
var kotlin = require("kotlin");
```

现在将这行代码放到 kotlin_javascript.js 文件的最前面。现在运行 kotlin_javascript.js 文件，仍然会抛出前面的异常，这是由于 Kotlin 模块还没有安装。现在使用如下的 npm 命令安装 Kotlin 模块。npm 命令是 Node.js 中的一个命令行工具，用于管理 Node.js 中的模块，类似于 Linux 的 yum 和 apt-get 命令。

```
npm install kotlin
```

安装完 kotlin 模块后，再次执行"node kotlin_javascript.js"命令，就会在控制台输出"hello 李宁"字符串。

1.4.6　在微信小程序中运行 Kotlin 程序

从技术角度来说，Kotlin 自然无法直接在小程序中运行了，不过由于 Kotlin 代码可以直接转换成 JavaScript 代码，也就意味着，从理论上来说，只要支持 JavaScript 的地方，就可以运行 Kotlin。由于小程序使用了 JavaScript 语言开发，因此理所当然应该可以运行由 Kotlin 转过来的 JavaScript 代码，但需要稍微处理一下。

首先，这个 kotlin.js 文件就是个问题，在最新的 Kotlin 版本中，kotlin.js 文件的尺寸是 1.3MB。这个尺寸用在 Node.js 中当然没问题，不过要用在小程序中，就有问题了。在老版本的小程序中，代码包被限制在 1MB 以内，尽管新版本小程序的代码包限制从 1MB 扩大到 2MB，但 1.3MB 一个 JavaScript 文件还是有些大，而且用户安装这么大的程序包需要更多的时间，因此我们需要对 kotlin.js 文件进行压缩。读者不要误会，不是将 kotlin.js 文件压缩成 zip、7z 等格式的文件，而是重新整理 kotlin.js 文件的代码，把多余的字符（如空格、回车等）去掉，这样尽管 kotlin.js 文件的代码风格变得不友好（因为空格、换行等字符都没了），但尺寸会大幅度减小。反正 kotlin.js 主要是给计算机或手机执行的，绝大多数人不会去阅读，代码风格也就变得无所谓了。

用于压缩 JavaScript 文件的工具有很多，如 YUI compressor 就是一款很不错的 JavaScript 压缩工具，这款工具用 Java 编写。但作者发现使用这款工具压缩 kotlin.js 文件时会产生一些错误，无法成功压缩 kotlin.js 文件，因此，本节采用了另外一款在线压缩工具 jscompress。现在进入如下页面。

进入该页面，选择"Upload javascript Files"选项卡，将 kotlin.js 文件拖动到选项卡下方的区域，如图 1-15 所示。

▲图 1-15　拖动 kotlin.js 文件开始压缩

将 kotlin.js 文件拖动到指定区域后，单击"Compress"按钮开始压缩，由于 kotlin.js 文件比较大，因此需要等待一段时间（可能是几十秒到几分钟不等）。压缩完成后，会切换到"Output"选项卡，会将压缩完的代码显示在"Output"选项卡中，如图 1-16 所示。也可以单击左下角的"Download"按钮下载压缩完的.js 文件。

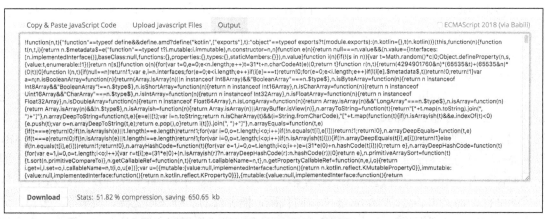

▲图 1-16　成功压缩 kotlin.js 文件

从"Download"按钮右侧的提示可知，压缩后的 kotlin.js 文件尺寸是 650.65KB（用大写的 B 表示更准确），压缩后文件的尺寸是原始文件的 51.82%。从这一点来看，kotlin.js 缩小了近一半。现在把压缩后的 kotlin.js 文件重新命名为 kotlin_min.js。

现在打开小程序 IDE。机器上没安装小程序 IDE 的读者需要自行从下面的页面下载 Windows 或 Mac OS X 版本。这里不再详细介绍小程序的详细安装和开发过程。对小程序开发感兴趣的读者，可以参考我编写的《微信小程序开发入门精要》一书。

　　用小程序 IDE 新建一个工程，并将 kotlin_min.js 和 kotlin_javascript.js 文件复制到 index 目录中，如图 1-17 所示。

▲图 1-17　小程序 IDE

　　虽然 kotlin_min.js 文件的尺寸是 kotlin.js 文件的一半，但仍然有 600KB，因为小程序 IDE 在启动时需要对所有的源代码文件进行扫描，所以第一次启动可能会慢一点。

　　最后，就是在小程序中执行 kotlin_javascript.js 中的代码。

　　如果了解小程序背后的技术，就会知道，小程序和 Node.js 有着千丝万缕的联系，至于那些联系，我会在我的个人博客中撰文描述，这里不再深入讲解。总之，Node.js 的很多知识是可以直接用到小程序中的。例如，在小程序中，一个 JavaScript 文件要引用另外一个 JavaScript 文件，同样是使用 require 函数。在本例中，要让小程序运行 kotlin_javascript.js 中的代码，只需要在 index.js 文件的开始部分加上如下代码即可。

JavaScript 代码

```
var kotlin = require('./kotlin_javascript.js');
```

　　保存 index.js 文件后，小程序会自动运行 index.js（index.js 是小程序首页对应的脚本文件）的代码。调用 require 函数后，也会执行 require 函数参数指定的 JavaScript 脚本文件，因此，kotlin_javascript.js 文件的整个代码都会被执行，和执行"node kotlin_javascript.js"命令的效果类似，只是小程序执行时会输出到小程序的 Console 中，效果如图 1-18 所示。

▲图 1-18　在小程序 Console 中输出信息

当然，到这里还不算结束。如果读者从头开始看本章，就会发现 kotlin_javascript.js 中实际上有两个函数：greeting 和 main，其中 main 是主函数，在 main 函数中调用了 greeting 函数。那么问题来了，在我们的 JavaScript 代码中，可否调用 greeting 函数呢？当然可以，不过仍然需要做一些处理。

首先，在小程序 IDE 中打开 kotlin_javascript.js 文件，在文件的最后加上如下代码。

JavaScript 代码

```javascript
module.exports = {
  kj: kotlin_javascript
}
```

这段代码的作用是将 kotlin_javascript.js 文件变成了一个模块，这样外部就可以引用该模块中的资源。其中 kotlin_javascript 是在 kotlin_javascript.js 文件中定义的一个对象，利用这段代码，将该对象导出，对外的名字是 kj，也就是外部程序可以通过 kj 访问这个对象。

那么在外部程序中，怎么引用 kj 对象呢？

也许读者还记得，在前面使用 require 函数引用 kotlin_javascript.js 文件时，曾将 require 函数的返回值赋给一个名为 kotlin 的变量，通过该变量，就可以直接引用 kj 对象，也就是 kotlin.kj。

也许后面的代码读者按着正常的思路就可以写出来，因为 greeting 是 kj 中的方法，不过调用时会发现，greeting 方法在 kj 对象中的方法名并不是 greeting，那么是什么呢？我们可以执行如下的代码看一下 kj 对象中的内容。

JavaScript 代码

```javascript
console.log(kotlin.kj);
```

在 Console 中，我们可以观察输出结果，如图 1-19 所示。很明显，在从 Kotlin 代码转换到 JavaScript 时，改变了 greeting 方法的名字。

解决的方法有如下两种。

方法 1：直接使用转换后的名字。

新的方法名是 greeting_61zpoe$，执行 kotlin.kj.greeting_61zpoe$('Bill') 即可调用原来的 greeting 方法。

方法 2：修改 kotlin_javascript.js 文件中的代码。

查看 kotlin_javascript.js 文件中的代码，会找到如下代码行。

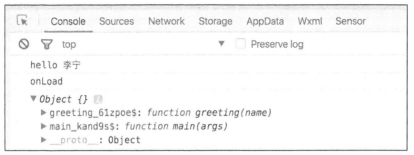

▲图 1-19 输出 kj 对象的信息

JavaScript 代码

```
_.greeting_61zpoe$ = greeting;
```

将这行代码改成如下形式即可。

JavaScript 代码

```
_.greeting = greeting
```

这样就可以使用 kotlin.kj.greeting('Bill')调用 greeting 方法了。

无论使用哪种方式调用 greeting 方法，执行结果都如图 1-20 所示。

▲图 1-20 调用 **greeting** 方法的输出结果

1.4.7 用 Kotlin 开启全栈开发模式

读者在前面也看到了，从 Kotlin 代码生成的 JavaScript 代码可以运行在 Web（前端）、Node.js（服务端）和小程序（移动端）上，其实，还有很多地方可以使用 JavaScript，比如下面一些地方。

❑ React Native：Facebook 在 2015 年推出的 React Native，可以开发 Android App 和 iOS App。

❑ 微信公众号：公众号程序也是 Web 应用，因此，从理论上讲，Kotlin 也可以用于公众号前端开发。

❑ Electron 和 NW.js：JavaScript 同样也可以实现桌面应用。Electron 和 NW.js 都是用来开发桌面应用的，使用 JavaScript 语言。其中，小程序 IDE 就是使用 NW.js 开发的，而微软公司的 Visual Studio Code（跨平台代码编辑器）是使用 Electron 开发的，这两种技术背后都依托于 Node.js。

❑ Chrome 插件：很显然，基于 V8 JavaScript 引擎的 Chrome 自然而然可以用 JavaScript
来开发插件。

❑ 混合开发（hybird）：所谓混合开发，就是融合了多种技术开发一种应用，其实 React
Native 也算是一种混合开发，不过这里说的混合开发主要是指完全使用 HTML、CSS
和 JavaScript 来开发 App，如 Ionic 是一款可用于开发 Android App、iOS App 等应用
的混合开发框架。

❑ 物联网：这个词已经热了很久了。所谓物联网，其实就是将各种硬件通过软件连接起
来，让大家都可以使用各种类型的硬件，这一点和共享经济有点像。在以前，实现一
套完整的物联网应用，可能需要使用好几种语言，现在只需要 JavaScript 就够了。例
如，可以使用"React Native/Ionic + Node.js + Node-CoAP + MQTT.js + MongoDB +
Express"从客户端到服务端，再到数据库，搭载一套完整的物联网系统。其中 CoAP
和 MQTT 是两种物联网通信协议，而 Node-CoAP 和 MQTT.js 是实现这两种协议的
Library，当然，都是用 JavaScript 实现的。

JavaScript 能实现的东西还很多，这里就不一一举例了，总之，目前 JavaScript 是唯一有
资格称为全栈的编程语言，因为 JavaScript 几乎已经无处不在了。作为可以直接将代码转换为
JavaScript 的 Kotlin 语言，自然 JavaScript 到哪里，Kotlin 就会到哪里了！

1.5　Kotlin 中的语法糖

如果 Kotlin 是一种食物，吃起来一定很甜，这是因为 Kotlin 加了很多"糖"，我们把这种
"糖"称为"语法糖"。

由于 Kotlin 语言是基于 JVM 的，因此不可能在运行效率和 byte code 上有什么创新，这些
东西和 Java 用的是一套内容。那么 Kotlin 的优势在哪里呢？优势就是在 Kotlin 中加入了众多
的语法糖。什么是语法糖呢？所谓语法糖，实际上就是"表面文章"，说白了，就是原来需要
10 行 Java 代码实现的功能，在 Kotlin 中把这些 Java 代码抽象出来，用一行 Kotlin 代码就可以
实现，不过，尽管代码量明显减少，但编译生成的 byte code 的代码量可一行没减少，甚至还
有所增加，这也就是为什么说语法糖是"表面文章"的原因。语法糖是用来提高开发效率的，
但并不会提高运行效率。现在很多新出来的编程语言（如 Swift），从本质上说，都是面向对象
语法，这是因为近几十年来，从来没有比面向对象实现更先进的编程实现在新编程语言中全面
取代面向对象思想。

那么如何知道 Kotlin 中添加了大量的语法糖呢？也许我们还记得在 1.4.1 节给出的 Kotlin
代码（hello.kt 文件）。

Kotlin 代码

```
fun main(args: Array<String>)
```

```
{
    println("你好，今天放假吗？")
}
```

使用 kotlinc 命令编译 hello.kt 文件后，生成的是 HelloKt.class 文件，而不是 hello.class 文件，这实际上就是一个语法糖。了解 JVM 的 byte code 的读者应该非常清楚，要运行.class 文件，必须要有一个类，Java 是不支持直接在文件中写函数的，任何函数都必须在一个类中，因此，在 Java 中，函数称为方法。这是 byte code 的限制，而不是 Java 的限制，任何建立在 JVM 基础上的编程语言，生成 byte code 时，最顶层的代码必须是类。

那么这段 Kotlin 代码是怎么回事呢？实际上，在 Kotlin 代码中，是有 class 语法的，但可以将其省略，但省略了 class 后，并不代表不需要类了，只是 Kotlin 编译器在编译 Kotlin 代码时，自动在 main 函数外面添加了一个类，类名就是 HelloKt。

读者可以使用 javap 命令查看 HelloKt.class 的接口。

javap HelloKt.class

执行这行命令后，会在控制台输出如下的 Java 代码。很明显，在 main 方法外面有一个 HelloKt 类。

Java 代码

```
public final class HelloKt {
  public static final void main(java.lang.String[]);
}
```

现在让我们再看一个语法糖，这就是 println 函数。这个函数是 Kotlin 原生的，不过该函数实际上也是调用了 JDK API 中的 System.out.println(…)方法实现的。现在我们对比一下实现同样功能的 Java 代码（Hello.java）。

Java 代码

```
public class Hello
{
    public static void main(String[] args)
    {
        System.out.println("你好，今天放假吗？");
    }
}
```

Hello.java 文件编译生成的是 Hello.class。现在使用如下命令反编译 Hello.class，并输出 byte code。

javap -c Hello.class

执行这行命令后，会在控制台输出如下代码。

Hello.class 反编译生成的 byte code

```
public class Hello {
  public Hello();
    Code:
      0: aload_0
      1: invokespecial #1        // Method java/lang/Object."<init>":()V
      4: return

  public static void main(java.lang.String[]);
    Code:
      0: getstatic    #2 // Field java/lang/System.out:Ljava/io/PrintStream;
      3: ldc          #3       // String 你好，今天放假吗？
      5: invokevirtual #4 // Method java/io/PrintStream.println:(Ljava/lang/
String;)V
      8: return
}
```

现在使用下面的命令反编译 HelloKt.class 文件。

javap -c HelloKt.class

执行这行命令后，会在控制台输出如下代码。

HelloKt.class 反编译生成的 byte code

```
public final class HelloKt {
  public static final void main(java.lang.String[]);
    Code:
      0: aload_0
      1: ldc           #9             // String args
      3: invokestatic  #15   // Method kotlin/jvm/internal/Intrinsics.chec
kParameterIsNotNull:(Ljava/lang/Object;Ljava/lang/String;)V
      6: ldc           #17            // String 你好，今天放假吗？
      8: astore_1
      9: getstatic     #23 // Field java/lang/System.out:Ljava/io/PrintStream;
      12: aload_1
      13: invokevirtual #29 // Method java/io/PrintStream.println:(Ljava/lang/
Object;)V
      16: return
}
```

我们对比 main 方法中的 byte code，是不是这两段代码非常像，只是 HelloKt.class 中的 byte code 调用了 checkParameterIsNotNull 方法用来核对参数是否为空，这是 Kotlin 另外一个语法糖。当然，Kotlin 还有相当多的语法糖，这些内容在后面的章节中会详细介绍。

1.6　Kotlin 的集成开发环境（IDE）

尽管 Kotlin 支持 3 种 IDE：IntelliJ IDEA、Eclipse 和 Android Studio，不过，如果开发控制台或 GUI 应用，使用 IntelliJ IDEA 是比较好的选择，毕竟 IntelliJ IDEA 和 Kotlin 出自同一家

公司。而开发 Android App，推荐使用 Android Studio。因此，本节主要介绍 IntelliJ IDEA 和 Android Studio 基础开发环境。

1.6.1　IntelliJ IDEA 的 Kotlin 基础开发环境

IntelliJ IDEA 是业界公认的非常棒的 Java IDE，另外一款值得推荐的软件是 Kotlin IDE。读者可以到网站下载最新的 IntelliJ IDEA 版本。

IntelliJ IDEA 是跨平台的，读者可以下载适合自己的版本，下载后，直接安装即可。IntelliJ IDEA 有两个版本：商业版（Commercial）和社区版（Community）。如果只开发 Kotlin 应用，选择社区版即可，这个是免费的。

现在运行 IntelliJ IDEA，首先会显示如图 1-21 所示的欢迎界面。

▲图 1-21　IntelliJ IDEA 的欢迎界面

然后单击"Create New Project"按钮，会弹出如图 1-22 所示的"New Project"窗口。

在左侧列表中选择"Kotlin"，右侧会出现两个列表项：Kotlin（JVM）和 Kotlin（JavaScript）。前者可以将 Kotlin 源代码编译成.class 文件（相当于用 kotlinc 命令编译），后者可以将 Kotlin 源代码转换为 JavaScript 代码（相当于用 kotlinc-js 命令编译）。这两者的区别是 Kotlin（JVM）中的 Kotlin 源代码既可以使用 Kotlin 原生 API，也可以使用 JDK API，而 Kotlin（JavaScript）中的 Kotlin 源代码只能使用 Kotlin 原生 API，否则无法将 Kotlin 源代码转换到 JavaScript。

▲图 1-22　"New Project"窗口

　　建立 Kotlin（JVM）工程后，左侧工程树的 src 目录默认是空的，选择 src 目录，单击鼠标右键，在弹出的快捷菜单中选择"New"→"Kotlin File/Class"菜单项，在弹出窗口的文本输入框中输入"MyKotlin"，单击"OK"按钮，会在 src 目录中创建一个如图 1-23 所示的 MyKotlin.kt 文件。

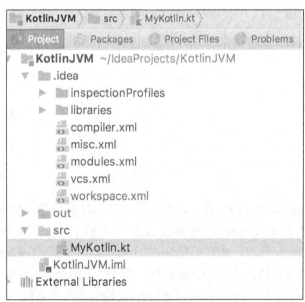

▲图 1-23　Kotlin（JVM）工程树结构

　　我们可以将如下代码输入 MyKotlin.kt 文件。

```
fun main(args: Array<String>)
```

```
{
    println("你好，今天放假吗？")
    System.out.println("想啥呢，今天不放假！")
}
```

很明显，在 main 函数中不仅使用了 println 函数，还调用了 System.out.println 方法。那么如何在 IntelliJ IDEA 中运行 Kotlin 程序呢？

在 IntelliJ IDEA 上方的工具条中有一个如图 1-24 所示的列表组件，选择该组件，并单击"Edit Configurations…"列表项。

▲图 1-24 配置列表

在弹出的"Run/Debug Configurations"窗口中，单击左上角的"+"图标按钮，会弹出如图 1-25 所示的程序类型列表，选择"Kotlin"。

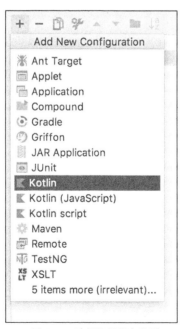

▲图 1-25 选择运行程序类型

选择"Kotlin"后，"Run/Debug Configurations"窗口的左侧会变成如图 1-26 所示的样子。在上方居中的"Name"文本输入框中可以修改配置的名字，如本例改成 MyKotlin。下面还需要设置"Main class",这是运行的主类。不过前面输入的 Kotlin 代码并没有类,但我们以前讲过,这实际上是一个语法糖,如果 Kotlin 源代码中没有类,Kotlin 编译器会自动添加一个默认的类,类的命名规则就是"Kotlin 源代码文件名(首字母要大写)+Kt"。因此,本例中的 MyKotlin.kt 文件编译后的类名是 MyKotlinKt,因此,"Main class"应该写成"MyKotlinKt"。

▲图 1-26　"Run/Debug Configurations"窗口

单击"OK"按钮,即可配置完成。然后,在图 1-24 所示的列表中选择"MyKotlin",即可编译运行 Kotlin 程序。

如果选择了"Kotlin(JavaScript)",那么仍然需要按前面的步骤进行配置,只是在弹出如图 1-25 所示的列表时选择"Kotlin(JavaScript)",然后直接单击"OK"按钮即可。

按同样的方式建立一个 MyKotlin.kt 文件,注意,在这个文件中只能调用 Kotlin 原生的 API,不能使用 JDK API,否则无法成功生成 JavaScript 代码。现在运行程序,会在 out 目录中生成相应的 JavaScript 脚本文件,如图 1-27 所示。

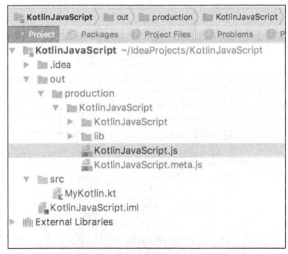

▲图 1-27　生成 JavaScript 脚本文件

1.6.2　使用 Android Studio 和 Kotlin 开发 Android App

　　如果想使用 Kotlin 开发 Android App，那么 Android Studio 是首选，这也是 Google 公司推荐的 IDE。由于 Android Studio 是基于 IntelliJ IDEA 社区版改进而来的，因此，对于 IntelliJ IDEA 熟悉的读者，学习 Android Studio 时会感觉比较容易。当然，Android Studio 并不难学，就算不会 IntelliJ IDEA，Android Studio 也很容易学会。

　　Kotlin 并不能在 Android Studio 2.x 中使用，但在 Android Studio 3.0 中已经支持 Kotlin 了。尽管 Android Studio 3.0 仍然是预览版，但开发 Android App 没有任何问题。读者可以从 Android 官网页面下载 Android Studio 3.0 预览版。

　　下载的是一个 zip 压缩包，读者可以按照这个页面的说明安装 Windows、Mac OS X 或 Linux 版的 Android Studio 3.0。

　　安装完后，启动 Android Studio，会显示如图 1-28 所示的欢迎界面。

▲图 1-28　Android Studio 3.0 的欢迎界面

　　单击"Start a new Android Studio project"，会弹出如图 1-29 所示的"Create New Project"（建立 Android 工程）窗口。输入工程名后，选中"Include Kotlin support"复选框，然后一直单击"Next"按钮，最后单击"Finish"按钮完成 Android 工程的建立。

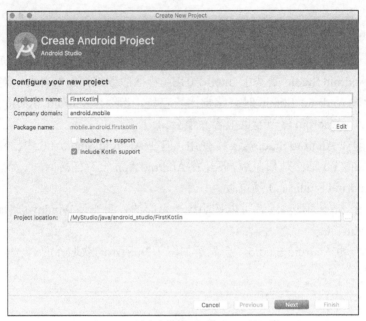

▲图 1-29　建立支持 Kotlin 的 Android 工程

支持 Kotlin 的 Android 工程树如图 1-30 所示。

▲图 1-30　支持 Kotlin 的 Android 工程树

MainActivity 是 Android App 的主窗口类，用 Kotlin 编写，代码如下：

```
package mobile.android.firstkotlin

import android.support.v7.app.AppCompatActivity
import android.os.Bundle
```

```
class MainActivity : AppCompatActivity() {

    override fun onCreate(savedInstanceState: Bundle?) {
        super.onCreate(savedInstanceState)
        setContentView(R.layout.activity_main)
    }
}
```

那么如何运行 Android App 呢？方式有很多种，可以选择在真机上运行，也可以在模拟器上运行。本节选择在 Android 模拟器上运行。在模拟器上运行，首先要建立一个 AVD[①]。现在单击 Android Studio 上方工具栏中的"AVD Manager"图标按钮，如图 1-31 所示。

▲图 1-31 "AVD Manager"图标按钮

单击该按钮后，会弹出如图 1-32 所示的"Android Virtual Device Manager"窗口。

Type	Name	Play Store	Resolution	API	Target	CPU/ABI	Size on Disk	Actions
	Nexus 5 API 21		1080 × 1920: xxhdpi	21	Android 5.0	x86	1 GB	▶ ✏ ▾
	Nexus 5 API 22		1080 × 1920: xxhdpi	22	Android 5.1	x86...	1 GB	▶ ✏ ▾
	Nexus 5X API 23		1080 × 1920: 420dpi	23	Android 6.0 (Google APIs)	x86...	1 GB	▶ ✏ ▾
	Nexus 5X API O	📷	1080 × 1920: 420dpi	O	Android 7+ (Google Play)	x86	1 GB	▶ ✏ ▾
	Nexus 5X API O 2	📷	1080 × 1920: 420dpi	O	Android 7+ (Google Play)	x86	1 GB	▶ ✏ ▾
	Nexus 6 API N		768 × 1280: xhdpi	N	Android 7.0	x86	1 GB	▶ ✏ ▾

▲图 1-32 "Android Virtual Device Manager"窗口

如果曾经建立过 AVD，会在该窗口的列表中显示，如果要建立新的 AVD，单击左下角的"Create Virtual Device…"按钮，会弹出如图 1-33 所示的"Virtual Device Configuration"窗口。

在列表中选择一个设备，然后单击"Next"按钮，会进入到下一个设置界面，如图 1-34所示。在列表中选择一个 Android 系统，如果后面出现"Download"链接，是因为该系统还没有下载，单击该链接即可下载。

选择一个合适的 Android 系统后，再次单击"Next"按钮，会进入到下一个设置界面，如图 1-35 所示。

---

① AVD 是 Android Virtual Device 的缩写，中文的意思是 Android 虚拟设备，也就是用来模拟特定 Android 设备硬件的虚拟机，能模拟绝大多 Android 物理设备的功能。我们需要为 AVD 指定机型、Android 系统版本、SD 卡尺寸、屏幕尺寸等参数。

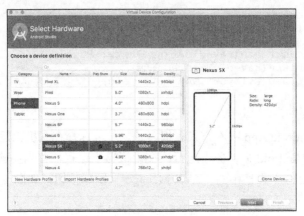

▲图 1-33　"Virtual Device Configuration" 窗口

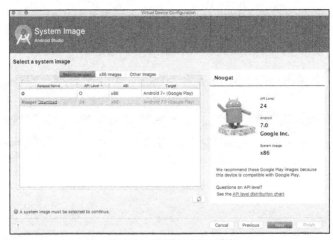

▲图 1-34　选择 Android 系统

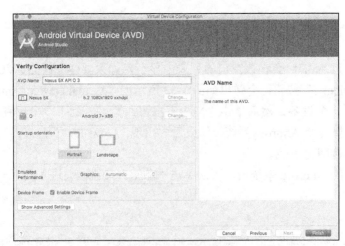

▲图 1-35　确认配置界面

　　在这个界面中，可以完成 AVD 名字、默认屏幕方向等设置，设置完后，单击"Finish"按钮即可完成最后的设置工作，这时会在图 1-32 所示的列表中显示刚才添加的 AVD。

　　选择一个 AVD，单击右侧绿色箭头的"运行"图标按钮，就会启动 AVD（也可以称为Android 模拟器），启动后的效果如图 1-36 所示。

▲图 1-36　Android 模拟器

　　要想运行当前的 Android 工程，可以单击如图 1-37 所示的 Android Studio 上方工具条中的"运行"图标按钮。

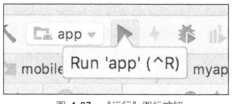

▲图 1-37　"运行"图标按钮

运行后的效果如图 1-38 所示。

▲图 1-38　新建 Android App 运行后的效果

1.7 小结

　　Kotlin 和大多数编程语言有些不一样。Kotlin 的编译目标是多元的，而像 Java 这样的语言编译目标是一元的。例如，Kotlin 不仅可以编译成 JVM byte code，还能编译成 JavaScript，甚至还能作为脚本运行（无须编译），以后还会编译成本地二进制程序，而 Java 只能编译成 JVM byte code。Kotlin 除了这一特性外，还增加了很多语法糖，这些新的功能将会大大提高开发效率。如果读者想知道 Kotlin 具体添加了哪些语法糖，就继续阅读下面的章节吧！

第 2 章　Kotlin 基础知识

本章将详细讲解 Kotlin 中的一些基础知识，如第一行 Kotlin 代码应该如何写，以及 Kotlin 中常用的数据类型、包及控制流。这些内容在所有的 Kotlin 程序中都会用到。

2.1　Kotlin 的基本语法

在开始深入讲解 Kotlin 语言之前，让我们先来熟悉一下 Kotlin 的基本语法。Kotlin 的语法很复杂，我们一开始也不需要了解太多，只需要满足本章的学习需要即可。对于一种语言来说，变量和函数（方法）是最重要的两类语法。由于 Kotlin 语法糖的存在，让本不支持函数语法的 JVM 支持将函数放到代码的最顶层，因此，在本书中，就统一将 Kotlin 中的这类语法称为函数。本章的主要目的就是让读者学会定义变量和函数的基本方法。

2.1.1　定义变量

我们知道，绝大多数编程语言都有变量和常量的概念。例如，Kotlin 和同源的 Java 类似，尽管没有常量语法，但可以使用 final 关键字定义一个不可修改的变量，其实就相当于常量。在 Java 中，无论是变量还是常量，数据类型和其他关键字都会放到变量名的前面。例如，下面的代码定义了 2 个 Java 变量和 1 个 Java 常量。

Java 代码

```
int n = 30;              //  Java 变量
int ok;                  //  仅定义了 ok 变量，并未初始化，需要在后期初始化
final int m = 20;        //  Java 常量，不允许再次设置 m
ok = 123;                //  后期初始化 ok 变量
m = 10;                  //  编译出错，因为 m 是常量（final 变量）
```

其中 m 在初始化完成后，是不允许再次修改的。

在 Kotlin 中，定义变量时有如下几个方面与 Java 不同。

➢ 位置不同：在 Kotlin 中，数据类型要放到变量后面，并且用冒号（:）分隔，这一点正好和 Java 相反。

➢ 变量和常量需要关键字：在 Kotlin 中，定义变量需要用 var 开头，定义常量需要用

val 开头。

> 数据类型首字母：在 Kotlin 中，数据类型都以大写字母开头，而在 Java 中，一般只有类、接口等复杂数据类型的名字才采用首字母大写的方式。

> 如果在定义变量时未进行初始化，就必须指定数据类型，如果在定义变量时进行了初始化，就可以不指定数据类型，Kotlin 编译器会自动根据等号右侧的值推导数据类型。

下面利用 Kotlin 编写同样功能的代码。

Kotlin 代码

```
var n : Int = 30       //  Kotlin 变量，此处也可以不初始化，等待后期初始化
var ok: Int            //  仅定义了 ok 变量，并未初始化，需要在后期初始化
val m: Int = 20        //  Kotlin 常量，不需要再次设置 m
ok = 123               //  后期初始化 ok 变量
m = 10                 //  编译出错，因为 m 是常量
var k = 100            //  自动推导变量 k 的数据类型
```

2.1.2　定义函数

无论是什么编程语言，函数的定义都分为如下几部分。

> 函数头，包括函数名和标识函数的关键字，如 fun、function 等。

> 参数，包括参数名和参数类型。

> 返回值，包括返回值类型，以及如果没有返回值时的类型是什么。

现在让我们先回顾一下 Java 方法的定义。

Java 代码

```
//  返回值类型是 int
int add(int m, int n)
{
    return m + n;
}
//  没有返回值，返回类型是 void
void process(int m)
{
    System.out.println(m * m);
}
```

从这段 Java 代码可以看出，函数头只是写了一个函数名，并没有任何标识，参数定义只是正常的 Java 变量的定义，如果没有返回值，返回类型是 void。

对于 Kotlin 函数来说，与 Java 方法的定义还是有很大差异的，下面先看一段具备同样功能的 Kotlin 函数的定义代码。

Kotlin 代码

```
fun add(m:Int, n:Int):Int
{
    return m + n
}
```

```
fun process(m:Int): Unit
{
    println(m * m)
}
```

可以看到，定义 Kotlin 函数时，函数头除了包含函数名外，还必须包含 fun 关键字。至于参数，与定义 Kotlin 变量的方式相同。如果 Kotlin 函数有返回值，那么返回值类型在函数定义部分末尾指定，与函数定义部分用冒号（:）分隔。如果 Kotlin 函数没有返回值，那么可以返回 Unit，也可以什么都不返回（省略 Unit），代码如下：

Kotlin 代码

```
fun process(m:Int)
{
    println(m * m)
}
```

2.1.3 注释

对于一个复杂的程序，适当的注释是必要的。Kotlin 中的注释与 Java 中的注释类似，也支持单行注释和块注释。

单行注释
```
//   这是一行注释
```

块注释
```
/* hello
      world */
```

但 Kotlin 注释更强大一些，Kotlin 块注释支持嵌套，代码如下：

Kotlin 代码

```
/*
   hello
      /*  world  */
*/
```

这几行注释放到 Java 代码中会有编译错误，因为 Java 不支持块注释嵌套。

2.2 基础数据类型

在 Kotlin 中，一切都是对象。任何变量都有相应的方法和属性。不过为了提高执行效率，Kotlin 对部分数据类型进行的优化，变成了内置的数据类型。不过这些类型的变量使用起来就像普通的类，同样有自己的方法和属性。本节主要介绍常用的数据类型，这些类型包括数值、字符、布尔类型和数组。

2.2.1　数值类型

Kotlin 提供了如表 2-1 所示的内置数据类型。

表 2-1　Kotlin 提供的内置数据类型

数据类型	占用字节数
Double	8
Float	4
Long	8
Int	4
Short	2
Byte	1

下面的代码使用了这些内置类型定义了一些变量和常量。

Kotlin 代码

```
var m: Int = 20
var price: Double = 20.4
var flag: Boolean = true
val v1: Int = 100
val v2: Double = 20.4
```

Kotlin 的数值和 Java 的数值一样，也有默认类型。例如，整数的默认类型是 Int，浮点数的默认类型是 Double。不过在 Java 中，如果将占用字节数少的变量赋给占用字节数多的变量，会自动进行转换，代码如下：

Java 代码

```
int m = 20;
byte n = 10;
m = n;                  //  将 byte 转换为 int
long x = 20;            //  将 int 转换为 long
short value = 20;
m = value;              //  将 short 转换为 int
```

从这段 Java 代码可以看出，n 是 byte 类型，value 是 short 类型，n 和 value 都赋给了 m，m 是 int 类型，因此，byte 和 short 隐式地转换为 int 类型。下面再看看实现同样功能的 Kotlin 代码。

Kotlin 代码

```
var m = 20
val n: Byte = 10
m = n                   // 编译错误，无法将 byte 隐式转换为 int
val x: Long = 20        // 可以将 int 类型的值隐式转换为 long 类型
val value: Short = 20
m = value               //  编译错误，无法将 short 隐式转换为 int
```

如果非要将 short 类型转换为 int 类型呢？为了解决这个问题，Kotlin 提供了一系列方法用来进行类型之间的转换。

- ➤ toByte()：转换到 Byte 类型。
- ➤ toShort()：转换到 Short 类型。
- ➤ toInt(): Int：转换到 Int 类型。
- ➤ toLong(): Long：转换到 Long 类型。
- ➤ toFloat(): Float：转换到 Float 类型。
- ➤ toDouble(): Double：转换到 Double 类型。
- ➤ toChar(): Char：转换到 Char 类型。

前面给出的 Java 代码，如果使用这些转换方法，那么对应的 Kotlin 代码如下：

Kotlin 代码

```
var m = 20
val n: Byte = 10
m = n.toInt()                 // 通过 toInt 方法将 Byte 转换为 Int
val x: Long = 20
val value: Short = 20
m = value.toInt()             // 通过 toInt 方法将 Short 转换为 Int
```

Kotlin 与 Java 一样，也提供了一些特殊表示法，用于表示 Long 和 Float 类型的值，以及十六进制和二进制（八进制目前还不支持）。

- ➤ 表示 Long 类型的值，在数值后面加 L 或 l，如 123L。
- ➤ 表示 Float 类型的值，在数值后面加 F 或 f，如 123.1F。
- ➤ 表示十六进制，在数值前面加 0x，如 0x1F。
- ➤ 表示二进制，在数值前面加 0b，如 0b100101。

如果数值较大，并不容易马上确定值的大小，那么 Kotlin 提供了下画线（_）作为数值分隔符，可以根据需要对数值进行分隔。分隔符可以任意插在数值之间，如 12345678，可以写成 123_456_78，也可以写成 1_2_3_4_5_6_7_8，至于写成什么样，可以根据数值具体表示什么来决定。

Kotlin 代码

```
val oneMillion = 1_000_000
val creditCardNumber = 1234_5678_9012_3456L
val socialSecurityNumber = 999_99_9999L
val hexBytes = 0xFF_EC_DE_5E
val bytes = 0b11010010_01101001_10010100_10010010
```

2.2.2　字符类型

在 Kotlin 语言中，字符类型用 Char 描述，不过和 Java 不同的是，在 Kotlin 中，字符不能直接看做是数字。例如，下面的 Java 代码，直接判断了 char 类型的 ASCII。

Java 代码

```
void check(char c)
{
    if (c == 97)
    {
        //   可以编译通过
    }
}
```

使用 Kotlin 代码实现同样的功能会出现编译错误。

Kotlin 代码

```
fun check(c: Char)
{
    //   会产生编译错误
    if (c == 97)
    {

    }
}
```

与 Java 一样，Kotlin 的字符也用单引号，代码如下：

```
fun check(c: Char)
{
    if (c == 'a')
    {
        //   正常编译通过
    }
}
```

Kotlin 也支持反斜杠（\）转义符，常用的特殊字符如下：

- ➢ \t：制表符
- ➢ \b：退格符
- ➢ \n：换行符
- ➢ \r：回车符
- ➢ \'：单引号
- ➢ \"：双引号
- ➢ \\：反斜杠

虽然字符不能直接作为数值使用，但可以使用 toInt 方法将字符转换为相应的 ASCII，也可以自定义一个函数，将数值字符转换为对应的数值。

Kotlin 代码

```
//   将字符转换为数值，如'2'会转换为 2
fun decimalDigitValue(c: Char): Int {
    //   字符必须在'0'和'9'之间
    if (c !in '0'..'9')
```

```
        throw IllegalArgumentException("Out of range")
    //  将当前指定的字符转换为对应的 ASCII，然后再与'0'的 ASCII 相减，就可以将字符转换为
对应的数值
    return c.toInt() - '0'.toInt()
}
```

2.2.3 布尔类型

Kotlin 语言中的布尔类型用 Boolean 描述，该类型有两个值：true 和 false。Boolean 类型有 3 种操作：逻辑或（||）、逻辑与（&&）和逻辑非（!）。

下面的代码是使用 Boolean 类型的案例。

Kotlin 代码

```
var flag1:Boolean = true
val flag2:Boolean = false
flag1 = false
if(flag1 && !flag2)
{
    println("flag1 && !flag2")
}
if(!flag1 || flag2)
{
    println("!flag1 || flag2")
}
```

2.2.4 数组

在 Kotlin 中，数组使用 Array 类描述，在该类中包含了 get 和 set 方法（通过操作符重载实现了[]操作，操作符重载在后面的章节会详细介绍），size 属性以及其他很多有用的成员方法。

在 Kotlin 中，定义数组有多种方式，使用 arrayOf 函数定义可以存储任意值的数组；使用 arrayOfNulls 函数定义指定长度的空数组（数组元素中没有值）；使用 Array 类的构造器指定数组长度和初始化数据的方式定义数组；使用 intArrayOf、shortArrayOf 等函数定义指定类型的数组，并初始化数组。下面是 Kotlin 数组的一些典型的例子。

Kotlin 代码

```
//  使用 arrayOf 函数定义可以存储任意值的数组
val arr1 = arrayOf(1, 2, 3,'a')
println(arr1[3])
arr1[2] = 'b'
println(arr1[2])

//  使用 arrayOfNulls 函数定义数组
var arr2 = arrayOfNulls<Int>(10)
println("arr2 的长度: " + arr2.size)

//  使用 Array 类的构造器定义数组，其中第二个参数是指初始化每一个数组元素的值
//  每个数组元素的值就是当前数组索引的乘积
val arr3 = Array(10, { i -> (i * i).toString() })
println(arr3[3])
```

```
// 使用 intArrayOf 函数定义数组
var arr4:IntArray = intArrayOf(20,30,40,50,60)
println("arr4[2] = " + arr4[2])
```

2.2.5　字符串

在 Kotlin 中，使用 String 表示字符串类型，有如下两类字符串。

➢ 普通字符串：这种字符串类似于 Java，可以在字符串中加上转义符，如\n，会让转义符后面的字符串换到下一行，这种字符串需要放在双引号中。

➢ 保留原始格式的字符串（raw string）：这种字符串不能使用转义符，如果字符串中带有格式，如换行，直接写在字符串中即可。这种字符串需要放在 3 个引号对中。

下面是这两种字符串的演示代码。

```
//　第 1 类字符串（与 Java 类似）
var s1 = "hello \nworld"
var s2:String = "世界\n 你好"
println(s1)
println(s2)

//　第 2 类字符串，保留原始格式
var s3 = """
    hello
        world
      I love you.
"""

println(s3)
```

运行这段代码，会输出如图 2-1 所示的字符串。

▲图 2-1　两种字符串的输出格式

可以看到，第 1 类字符串只是使用\n 换了一行，而第 2 类字符串与源代码中输入的格式完全相同。

2.2.6　字符串模板

Kotlin 字符串还有一项重要的功能，这就是字符串模板。所谓字符串模板，就是在字符串中添加若干个占位符，内容会在后期指定。也就是说，用模板可以设置字符串动态的部分。

模板使用美元符号（$）设置，如"i = $i"中的$i 就是一个占位符，其中$后面的 i 是变量，随着 i 的变化，"i = $i"中的值也随着变化。我们还可以使用任意表达式，不过要使用${表达式}语法。下面是在 Kotlin 字符串中使用模板的例子。

Kotlin 代码

```
val i = 10
val s1 = "i = $i" // 相当于 "i = 10"
println(s1)

val s2 = "abc"
//  使用字符串的 length 属性获取 s2 的长度
val str = "$s2 的长度是 ${s2.length}"
println(str)
```

执行这段代码后，会输出如下内容。

i = 10
abc 的长度是 3

2.3　包（Package）

用过 Java 的读者，对 Package 的概念肯定不会陌生。Package 和 C#中的命名空间类似，是为了尽可能避免类名重复而设计的。在 Java 中，Package 和目录统一在了一起，也就是说，Package 就是目录。例如，有一个 Java 类 MyClass，该类的包是 util.net.system，那么就意味着存在一个/util/net/system 目录结构（如果是 Windows，那么可能是 D:\class\util\net\system），而 MyClass.class 或 MyClass.java 文件就在这个目录中。由于 Java 是跨平台的，因此包名各部分之间用点（.）分隔（因为 Linux 是用斜杠"/"分隔目录的，而 Windows 使用反斜杠"\"分隔目录）。

在 Kotlin 中，也存在包的概念，包在表达方式上与 Java 完全一样，不过 Kotlin 中的包和目录可没什么关系，Kotlin 包仅仅是为了引用文件中的资源而设计的。例如，在下面的 Kotlin 代码中，定义了一个函数（process）和一个类（MyClass）。实际上，完整的函数名和类名分别是 foo.bar.process 和 foo.bar.MyClass。

Kotlin 代码

```
package foo.bar

fun process() {}
```

```
class MyClass {}
```

如果我们想引用其他 Kotlin 文件中的函数或类，该怎么办呢？现在让我们来做一个试验，首先建立两个 Kotlin 文件：MyKotlin.kt 和 Person.kt。首先，在 Person.kt 文件中输入如下的代码。

Kotlin 代码（Person.kt）

```
package a.b
fun getName():String
{
    return "Bill Gates"
}
class MyClass {}
```

很明显，Person.kt 文件开始部分使用 package 关键字定义了 a.b 包，如果这个包定义在*.java 文件中，当前源代码文件必须在 a/b 目录中，而对于 Kotlin 来说，Person.kt 可以在当前目录或任何其他的目录。在本例中，Person.kt 和后面要建立的 MyKotlin.kt 文件在同一个目录，而 MyKotlin.kt 文件中并未定义任何包。

Kotlin 代码（MyKotlin.kt 文件）

```
fun main(args: Array<String>)
{
    println(a.b.getName())
    println(a.b.MyClass())          //   创建对象的实例，后面的章节会详细介绍
}
```

在 MyKotlin.kt 文件的 main 函数中，直接通过引用 a.b 包的方式调用了 getName 函数和 MyClass 类。

可能很多读者会发现一个问题，如果 a.b 包中的函数和类很多，岂不是每次都要加 a.b. 前缀了？关于这个问题，Java 和 Kotlin 的解决方案一样，就是在代码的开始部分（package 语句后面）使用 import 提前导入一些资源，如函数、类或 Kotlin 文件中的所有东西。

下面的代码分别导入了 Person.kt 中的 getName 函数和 MyClass 类。

Kotlin 代码

```
import a.b.getName
import a.b.MyClass
```

当然，也可以像下面的代码一样，一次导入 Person.kt 中的所有资源。

Kotlin 代码

```
import a.b.*
```

如果按这种方式导入 Person.kt 中的资源，MyKotlin.kt 文件的 main 函数就可以按下面的方式编写。

Kotlin 代码（MyKotlin.kt 文件）

```
fun main(args: Array<String>)
{
    //  getName 和 MyClass 都不需要指定包
    println(getName())
    println(MyClass())
}
```

Kotlin 中的 import 还提供了一个功能，就是给导入资源起一个别名。

Kotlin 代码（MyKotlin.kt 文件）

```
import a.b.getName as f
import a.b.MyClass as My
```

这段代码为 getName 函数起了一个称为 f 的别名，而 MyClass 的别名是 My。如果资源拥有了别名，在当前文件（MyKotlin.kt）中，原来的资源名（getName 和 MyClass）就不可用了，因此，main 函数需要改成如下形式。

Kotlin 代码（MyKotlin.kt 文件）

```
fun main(args: Array<String>)
{
    println(f())
    println(My())
}
```

我们会发现，在 Kotlin 中使用某些 API 是不需要 import 任何资源的，其实，Kotlin 会默认导入一些包，这些包如下：

- ➤ kotlin.*
- ➤ kotlin.annotation.*
- ➤ kotlin.collections.*
- ➤ kotlin.comparisons.* (since 1.1)
- ➤ kotlin.io.*
- ➤ kotlin.ranges.*
- ➤ kotlin.sequences.*
- ➤ kotlin.text.*

以上导入的包都是 Kotlin 原生的 API。还有一些与平台有关的 API 也会默认导入。

JVM 默认导入的包如下：

- ➤ java.lang.*
- ➤ kotlin.jvm.*

JavaScript 默认导入的包如下：

kotlin.js.*

2.4　控制流

Kotlin 的控制流与 Java 的控制流基本相同，只是使用 when 代替了 switch。当然，在 Kotlin 中，if 和 when 不仅仅可以作为语句使用，还可以作为表达式使用，这些内容会在本节详细讲解。

2.4.1　条件语句

在 Kotlin 中，if 语句本身就是表达式，有返回值，因此，Kotlin 并不需要像 Java 那样提供三元操作符（condition ? then: else）。下面是传统的 if 条件语句的用法。

Kotlin 代码（传统的 if 语句用法）

```
var a:Int = 20
var b = 30
var max: Int
if (a < b) max = b

var min: Int
if (a > b) {
    min = a
} else {
    min = b
}
```

如果想将 if 语句作为表达式使用，那么可以按下面的代码形式编写 if 语句。如果 if 或 else 后面是代码块，那么最后一个表达式是返回值。

Kotlin 代码（将 if 语句作为表达式使用）

```
var a = 20
var b = 30
val max = if (a > b) a else b
println(max)

// if   else 后面是一个代码块，最后一个表达式将作为返回值
val min = if (a > b) {
    print("Choose a")
    a        // 返回值
} else {
    print("Choose b")
    b        // 返回值
}
```

2.4.2　when 语句

在 Kotlin 中，when 替换了 C 语言风格的 switch 语句。标准的 when 语句的用法如下：

Kotlin 代码（when 作为语句使用）

```kotlin
var x = 1
when (x)
{
   1 -> {
      println("x == 1")
      println("hello world")
   }
   2 -> print("x == 2")
   else -> {
      print("x is neither 1 nor 2")
   }
}
```

使用 when 语句时，应注意以下几点。

➤ when 语句会根据传入的值（这里是 x）寻找第一个满足条件的分支，找到后执行分支的语句。

➤ 如果分支中多于一条语句，要用{…}。

➤ 满足条件的分支执行后，会自动终止 when 语句的执行，因此，并不需要像 switch 语句那样每一个 case 语句都加上 break。

when 与 if 一样，既可以作为语句使用，也可以作为表达式使用。如果是后者，when 语句的第一个满足条件的分支的最后一个表达式就是 when 表达式的返回值。

Kotlin 代码（when 作为表达式使用）

```kotlin
var x = 1
var m = when (x) {
   1 -> {
      println("x == 1")
      20
   }
   2 -> {
      print("x == 2")
      60
   }
   else -> {
      print("x is neither 1 nor 2")
      40
   }
}
println(m)        //  m 的值是 20
```

如果多个分支条件执行的代码都一样，可以在一个分支用逗号（,）分隔多个条件，代码如下：

Kotlin 代码（多个分支执行相同的代码）

```kotlin
var x = 1
when (x) {
```

```
        1,2 -> {
           println("已经符合条件")
               }
        3 -> {
           println("不符合条件")
        }
        else -> {
           println("条件未知")
        }
    }
```

如果要执行相同代码的条件比较多，或无法枚举，可以使用 in 关键字确定一个范围，代码如下：

Kotlin 代码（使用 in 关键字）

```
var n = 25
when(n)
{
    in 1..10 ->println("满足条件")
    in 11.. 20 ->println("不满足条件")
    !in 30..60 ->println("hello world")      // !in 表示不在这个范围内
    else->println("条件未知")
}
```

其实，when 中的分支条件不仅可以是常量，还可以是任意表达式。例如，下面的代码分支条件就是一个函数。

Kotlin 代码（分支条件是函数）

```
fun getValue(x:Int):Int
{
    return x * x
}

fun main(args: Array<String>)
{
    var n = 4
    when(n)
    {
        getValue(2)->println("满足条件")
        getValue(3)->println("不满足条件")
        else->println("条件未知")
    }
}
```

2.4.3　for 循环

在 Kotlin 中，for 循环可以直接枚举集合中的元素，也可以按集合索引来枚举元素。下面的语法是使用迭代器（iterator）枚举集合中的所有元素。

Kotlin 代码（for-iterator 语法）

```
for (item in collection) print(item)
```

下面的代码使用这种方式枚举了数组中的所有元素值。

Kotlin 代码（枚举数组中所有的元素值）

```kotlin
var arr = intArrayOf(2,4,6,8,10)
for (item: Int in arr) {
    println(item)
}
```

下面的代码使用索引枚举数组中的元素值。

Kotlin 代码

```kotlin
var arr = intArrayOf(2, 4, 6, 8, 10)
for (i in arr.indices) {
    println("arr[$i] = " + arr[i])
}
```

执行这段代码，会输出如下结果。

arr[0] = 2

arr[1] = 4

arr[2] = 6

arr[3] = 8

arr[4] = 10

其实要想输出上面的结果，还有更简单的写法，就是在循环时，同时对索引和元素值进行循环，代码如下：

```kotlin
var arr = intArrayOf(2, 4, 6, 8, 10)
//  index 是索引, value 是当前的数组元素值
for ((index, value) in arr.withIndex()) {
    println("arr[$index] = " + value)
}
```

2.4.4 while 循环

Kotlin 中的 while 循环和 Java 中的 while 循环是一样的，也分为 while 和 do...while，代码如下：

Kotlin 代码（while 和 do...while 循环）

```kotlin
var i= 0
while(i++ < 10)
{
    println(i)
}

do
{
```

```
    if(i == 6)
        continue
    println(i)
    if(i == 5)
        break
}while(--i > 0)
```

在 do…while 循环中使用了 continue 和 break，这两个语句在 for 循环中同样可以使用。continue 是为了忽略当前循环 continue 后面的所有语句，继续从下一次循环开始。break 是为了终结当前循环，并跳出循环。这一点和 Java 完全一样。

2.5　小结

尽管编程语言之间是相通的，不过由于 Kotlin 中加入了很多语法糖，因此要想充分掌握 Kotlin 语言，还需要下一番功夫，而本章的目的就是让你练好 Kotlin 的基本功。

第 3 章　类和接口

类和接口是面向对象的两个重要概念。Kotlin 尽管加入了函数编程的概念，但仍然支持完整的面向对象体系。不过 Kotlin 中的类和接口与大多数面向对象语言的类和接口不太一样，想知道到底有什么不同吗？请继续阅读本章的内容。

3.1　类的声明

与 Java 一样，在 Kotlin 中，类的声明也使用 class 关键字。如果只是声明一个空类，Kotlin 和 Java 没有任何区别。不过要定义类的其他成员，差别就很大了。

```
class MyClass
{
}
```

3.2　构造器

构造器（也可以称为构造方法）是创建类实例必需的语法元素。在任何面向对象语言的类中，都必须只包含一个构造器，如果未显式定义构造器，编译器就会自动生成一个没有参数的构造器。不过，Kotlin 中的构造器却有一些不一样，本节将详细讲解这些差异，以及 Kotlin 类构造器的使用方法。

3.2.1　主构造器

构造器对于熟悉面向对象思想的读者也许并不陌生。任何面向对象的语言在定义类时，都需要至少指定一个构造器，如果不指定构造器，编译器会默认生成一个不带参数的构造器。这是传统面向对象语言的做法。对于 Kotlin 类的构造器来说，会有一些差别。

在 Kotlin 中，类允许定义一个主构造器（primary constructor）和若干个第二构造器（secondary constructor）。主构造器是类头的一部分，紧跟在类名的后面，构造器参数是可选的。例如，下面的代码定义了一个 Person 类，并指定了一个主构造器。

Kotlin 代码

```
class Person constructor(firstName: String)
{
}
```

如果主构造器没有任何的注释（annotation）或修饰器（modifier），constructor 关键字可以省略，代码如下：

Kotlin 代码

```
class Person(firstName: String)
{
}
```

可能有的读者会有疑问，在前面的代码中只看到了定义主构造器，那么应该在哪里实现主构造器呢？别急，Kotlin 不会忘了这个问题的！如果是主构造器，需要在 init 块中进行初始化。在 init 块中，可以直接使用主构造器的参数。

Kotlin 代码

```
class Person (firstName: String) {
    init {
        println(firstName)
    }
}
```

我们可以对比一下实现同样功能的 Java 代码，差别还是很大的！

Java 代码

```
class Person
{
    public Person(String firstName)
    {
        System.out.println(firstName);
    }
}
```

要注意的是，主构造器的参数不仅可以用在 init 块中，还可以用于对类属性的初始化。

Kotlin 代码

```
class Person(firstName: String) {
    var name = firstName    //  初始化成员属性
    init {
        println(firstName)
    }
}
```

var 和 val 关键字也可以用于主构造器的参数，如果使用 var，参数对于构造器来说是变量，可以在构造器内部修改变量的值，如果构造器的参数使用 val 声明，参数就变成了常量，在构造器内部不能修改该参数的值。要注意的是，即使使用 var 声明变量，在构造器内部修改参数变量值后，并不会把修改的值传到对象外部。

3.2.2 第二构造器

Kotlin 类除了可以声明一个主构造器外，还可以声明若干个第二构造器。第二构造器需要在类中声明，前面必须加 constructor 关键字。

Kotlin 代码（声明第二构造器）

```
class Person {
    //  第二构造器
    constructor(parent: Person) {
        println(parent)
    }
}
```

如果类中声明了主构造器，那么所有第二构造器都需要在声明后面调用主构造器，或通过另外一个第二构造器间接地调用主构造器。

Kotlin 代码（主构造器和第二构造器演示）

```
class QACommunity(var url: String)
{
    //  主构造器的实现部分
    init {
      println(url)
    }
    //  第二构造器（通过 this 直接调用了主构造器）
    constructor(value: Int):this("geekori.com")
    {
        println(value)
    }
    //  第二构造器（通过 this 直接调用了主构造器）
    constructor(description: String, url:String):this("[" + url + "]")
    {
        println(description + ":" + url)
    }
    //  第二构造器（通过 this 调用了第二构造器，并间接调用主构造器）
    constructor():this(20)
    {
        println("<https://geekori.com>")
    }
}
```

我们可以使用下面的代码调用 QACommunity 类的主构造器和第二构造器。

Kotlin 代码

```
QACommunity("https://geekori.com")
QACommunity(100)
QACommunity("IT 问答社区", "https://geekori.com")
QACommunity()
```

执行这段代码，会在 Console 输出如下内容。

https://geekori.com

geekori.com

100

[https://geekori.com]

IT 问答社区:https://geekori.com

geekori.com

20

<https://geekori.com>

在 QACommunity 类中定义了 1 个主构造器和 3 个第二构造器。前两个第二构造器直接调用了主构造器，最后一个第二构造器通过第 1 个第二构造器间接调用了主构造器。其实这 4 个构造器就是构造器的重载（overload），也就是在一个类中拥有不同个数参数和参数类型的构造器。

注意：在主构造器参数中可以使用 var 和 val，但在第二构造器参数中不能使用 var 和 val，这就意味着，第二构造器的参数都是只读的，不能在构造器内部改变参数的值。

3.2.3　Kotlin 中的 Singleton 模式

如果没有在类中定义主构造器，Kotlin 编译器也会自动生成一个没有参数的主构造器，这一点和 Java 完全一样，只是 Java 并不分主构造器和第二构造器，在 Java 中都统称为构造器。

无论是自动参数的构造器，还是按前面的方式定义的构造器，外部都是可访问的，也就是 public 类型的，如果要满足特殊需求，如实现单件模式（singleton），可以使用 private 来声明主构造器和第二构造器。

Kotlin 代码（Singleton 模式）

```
class Singleton private constructor()
{
    public var value:Singleton? = null
    private object mHolder { val INSTANCE = Singleton() }
    companion object Factory {
        fun getInstance(): Singleton
        {
            return mHolder.INSTANCE;
        }
    }
}
```

可能很多读者看到这段 Kotlin 代码，会感到很奇怪，与自己印象中的 Singleton 模式的实现完全不一样，下面让我们回顾一下 Java 中 Singleton 模式的实现。

Java 代码（Singleton 模式）

```
class Singleton
```

```
{
    private static Singleton mInstance = new Singleton();
    private Singleton()
    {
    }
    public static Singleton getInstance()
    {
        return mInstance;
    }
}
```

这段 Java 版的 Singleton 模式的实现很容易理解,但 Kotlin 版的 Singleton 模式的实现以我们现在所学的知识几乎理解不了。

之所以 Kotlin 与 Java 的实现方式不同,主要原因是因为 Kotlin 类不支持静态方法和成员。由于 Kotlin 支持全局函数和变量,因此可以直接使用全局函数和变量来代替类中静态方法和静态成员变量。不过还有一个问题没解决,如果这些全局函数要使用类的内部资源(方法、属性等)该如何处理呢?这就要用到 Kotlin 特有的技术:Objects。这是什么呢?这里先"卖个关子",总之,Objects 在某种程度上可以解决由于没有 static 而造成的一些麻烦。详细的使用方法和用途会在后面的章节介绍。

现在我们可以使用下面的代码来访问前面编写的 Kotlin 版的 Singleton 类了。

Kotlin 代码
```
//Singleton()    //  编译错误,由于主构造器声明为 private,因此无法直接调用主构造器
var obj1 = Singleton.getInstance()
var obj2 = Singleton.getInstance()
println(obj1)
println(obj2)
```

执行这段代码后,会输出如下内容,我们会发现,obj1 和 obj2 的输出结果完全一样,这就证明了 obj1 和 obj2 是完全一样的。

3.2.4　Kotlin 函数中的默认参数

现在很多编程语言的函数都支持默认参数值,如果在调用函数时不指定参数值,就会使用默认的参数值。但非常遗憾,Java 并不支持默认参数,之所以 Java 不支持默认参数,是因为 JVM 就不支持,因此,从底层解决默认参数的问题是完全不可能的(除非未来的 JVM 支持这一功能)。不过令人惊喜的是,Kotlin 函数却支持默认参数,让我们先看一个简单的例子。

Kotlin 代码
```
class Customer(val customerName: String = "Bill", var value: Float = 20.4F)
{

}
```

如果要创建 Customer 的实例,可以直接使用 Customer()。customerName 和 value 的参数

值就会使用 Bill 和 20.4。不过 JVM 并不支持默认参数，Kotlin 到底是怎么做的呢？

其实，这又是 Kotlin 的一个语法糖，要想一探究竟，只需要使用 javap 命令反编译 Kotlin 生成的.class 文件，就一目了然了。

假设前面的 Customer 类生成的是 Customer.class 文件，现在使用 "javap Customer.class" 命令反编译 Customer 类，代码如下：

Java 代码（Customer.class 反编译后）

```
public final class Customer {
  public final java.lang.String getCustomerName();
  public final float getValue();
  public final void setValue(float);
  public Customer(java.lang.String, float);
   //  自动生成的处理默认参数的构造器
  public Customer(java.lang.String, float, int,
kotlin.jvm.internal.DefaultConstructorMarker);
   //  自动生成没有参数的构造器
  public Customer();
}
```

从反编译后的结果可以看出，Kotlin 编译器在编译时，如果主构造器有默认参数，不仅会按 Kotlin 源代码生成对应的构造器，还会生成一些辅助构造器。例如，本例自动生成了一个包含 4 个参数的构造器，该构造器前两个参数与 Customer 类的主构造器相同，后两个参数，是为了处理默认参数的，这两个参数具体有什么作用，一般也不用深究，这里只是解释一下 Kotlin 默认参数的原理。

可能眼尖的读者会发现还产生了一个没有参数的构造器，这是怎么回事呢？

按照 Java 的规则，如果一个 Java 类中已经定义了至少一个构造器，那么 Java 编译器就不会自动生成一个没有参数的构造器了。这对于 Java 本身当然没什么问题，但 Java 还用在很多第三方框架中，如 Spring。这些框架很多都会利用反射技术动态创建 Java 类的实例，这就要求 Java 类必须有一个没有参数的构造器。因此，如果 Java 类要用在这些框架上，就要求必须显式在 Java 类中定义一个没有参数的构造器。

由于 Kotlin 支持默认参数值，因此不需要非要定义一个没有参数的构造器，可以直接定义一个所有的参数都有默认值的构造器，从语法和语义层次上看，当然没什么问题，但问题是 JVM 不支持默认参数。因此，从底层还是需要一个没有参数的构造器。因此，Kotlin 编译器在检测到主构造器的所有参数都有默认值的情况下，会自动生成一个没有参数的构造器。当然，这一切，对于用户都是透明的。

在生成一些辅助构造器后，就涉及调用的问题。例如，如果使用 Customer()调用 Customer 的构造器，到底发生了什么呢？要回答这个问题，我们可以使用 "javap -c" 命令反编译调用 Customer 类的代码，并输出 byte code。现在先编写如下代码。

Kotlin 代码（MyKotlin.kt）

```
fun main(args: Array<String>) {
    Customer()    // 使用 Customer 类中带默认参数值的构造器创建 Customer 实例
}
```

现在使用"javap -c MyKotlinKt.class"命令反编译，会输出一堆 byte code，其中 main 方法的 byte code 如下：

byte code（反编译 MyKotlinKt.class 后输出的代码片段）

```
public static final void main(java.lang.String[]);
  Code:
     0: aload_0
     1: ldc             #41            // String args
     3: invokestatic    #47            // Method kotlin/jvm/internal/Intrinsics.
     //checkParameterIsNotNull:(Ljava/lang/Object;Ljava/lang/String;)V
     6: new             #49  // class Customer
     9: dup
    10: aconst_null
    11: fconst_0
    12: iconst_3
    13: aconst_null
    14: invokespecial #52            // Method Customer."<init>":(Ljava/lang/
    //String;FILkotlin/jvm/internal/DefaultConstructorMarker;)V
    17: pop
    18: return
}
```

可能很多读者不了解 byte code，阅读这段代码难度有些大。其实也不需要明白这段代码的含义，只需要找到关键点即可。很明显，在这段代码的最后找到了 DefaultConstructorMarker，这个类是 Kotlin 的一个内部类，用于处理构造器默认参数值，在前面自动生成的包含 4 个参数的构造器的最后一个参数的数据类型正是 DefaultConstructorMarker。因此，可以判断，在 main 函数中，尽管在 Kotlin 源代码中是调用了 Customer 的主构造器创建了 Customer 类的实例，但实际上，是调用了另一个自动生成的构造器，并在该构造器中指定了所有的默认参数值，最后才调用了在 Customer 类中定义的构造器。我们可以使用同样的方法反编译 Customer.class，并查看自动生成的包含 4 个参数的构造器的 byte code。

byte code（Customer(String, float,int, DefaultConstructorMarker)构造器对应的 byte code）

```
public Customer(java.lang.String, float, int, kotlin.jvm.internal.DefaultCo
nstructorMarker);
  Code:
     0: iload_3
     1: iconst_1
     2: iand
     3: ifeq            9
     6: ldc             #37                    // String Bill
     8: astore_1
```

```
 9: iload_3
10: iconst_2
11: iand
12: ifeq            18
15: ldc             #38            // float 20.4f
17: fstore_2
18: aload_0
19: aload_1
20: fload_2
21: invokespecial #40             // Method "<init>":(Ljava/lang/String;F)V
24: return
```

很明显，在这段 byte code 中，先指定了参数的默认值，然后才调用了主构造器，并传入了相应的参数值。也就是说，Kotlin 中的参数默认值实际上是通过在中间函数（构造器）硬编码到 byte code 中，然后在中间函数中又调用了包含默认参数值的函数（构造器），并传入相应的默认值。

3.2.5　创建类的实例

创建 Kotlin 类的实例在前面已经多次使用过了，本节将总结一下。对于大多数编程语言来说，创建类的实例会使用 new 关键字，如 new MyClass()。不过在 Kotlin 中，把 new 关键字省略了，变成了 MyClass()。因此，在 Kotlin 中，调用函数和创建类的实例，从语法上没什么区别，只有靠语义和上下文来区分了。

当然，在 Kotlin 中，还有一些特殊的类，如 Data 类、嵌套类。这些类的定义和使用方法，会在后面的章节详细讲解。

3.3　类成员

Kotlin 中的类可以包含多种成员，如属性、函数、嵌套类等，本节将介绍这些类成员的使用方法。

3.3.1　属性的基本用法

接触过 Java EE 的读者对 Java Bean 这个术语应该很熟悉，其实 Java Bean 就是普通的 Java 类，之所以称为 Java Bean，就是因为在 Java 类中定义了一堆 getter 和 setter 方法。那么什么是 getter 和 setter 方法呢？其实这两类方法就是普通的 Java 方法，只是因为 Java 在语法上并没有属性的概念，所以为了模拟属性操作，很多框架规定 getXxx 和 setXxx 作为属性的读写方法。其中 Xxx 就是首字母大写的属性名字。

Java 代码（getter 和 setter 方法）

```java
class CustomClass
{
    private String name;
    private int value;
```

```
   //  name 属性的 getter 方法
   public String getName()
   {
      return name;
   }
   //  value 属性的 getter 方法
   public int getValue()
   {
      return value;
   }
   //  name 属性的 setter 方法
   public void setName(String name)
   {
      this.name = name;
   }
   //  value 属性的 setter 方法
   public void setValue(int value)
   {
      this.value = value;
   }
}
```

当然，在 Java 中可以直接使用 public 的成员变量来解决这个问题，但对于属性来说，不仅仅能读写属性值，还可以根据需要进行二次加工，也就是说，在读取或设置属性值时，对属性值进一步处理。如果使用成员变量，就无法拦截读写动作了，因此也就无法对属性值进行二次加工了。

在 Java 中实现属性之所以这么费劲，就是因为 JVM 并不支持属性语法。不过在 Kotlin 中提供了对属性的支持。在 Kotlin 中，属性的完整语法如下：

Kotlin 中属性的语法

```
var/val <propertyName>[: <PropertyType>] [= <property_initializer>]
   [<getter>]
   [<setter>]
```

在属性语法中，只有 var/val 和 propertyName（属性名）是必需的，其他都是可选的。也就是说，Kotlin 属性最简单的形式就是在类中定义一个变量（var）或常量（val）。如果要引用属性，就像引用变量一样。

Kotlin 代码

```
class Customer
{
   var name:String = "Bill"
   val value:Int = 20
   var flag:Boolean = true
   //  输出所有的属性值
   fun description()
   {
      println("name:${name}  value:${value}  flag:${flag}")
   }
```

　　　}

　　当然，属性还有更复杂的形式，这些在下一小节会继续介绍。

3.3.2　属性的 getter 和 setter 形式

　　由于 Kotlin 从语法上支持属性，因此并不需要为每个属性单独定义 getter 和 setter 方法，不过仍然需要在属性中使用 getter 和 setter 形式。根据上一节给出的属性完整的语法，很容易写出可以拦截属性读写操作的 getter 和 setter 形式。如果属性是只读的，需要将属性声明为 val，并只添加一个 getter 形式。如果属性是读写的，需要使用 var 声明属性，并添加 getter 和 setter 形式。如果 getter 和 setter 中只有一行实现代码，直接用等号（=）分隔 getter 和代码即可。如果包含多行代码，需要使用{...}处理。

Kotlin 代码

```
class Customer
{
    //  只读属性
    val name: String
        get() = "Bill"

    var v:Int = 20
    //  读写属性
    var value:Int
        get() = v
        set(value)
        {
            println("value 属性被设置")
            v = value
        }
}
```

3.3.3　保存属性值的字段

　　在上一小节的 Customer 类中，value 属性使用了成员变量 v 来保存属性的值。Kotlin 为我们提供了更便捷的方式解决这个问题，这就是 field 标识符。在属性的 getter 和 setter 中，可以将 field 当做成员变量使用，也就是通过 field 读写属性值。

Kotlin 代码（field 标识符演示）

```
class Customer
{
    val name: String
        get() = "Bill"


    var value:Int = 0
        get() = field                      //  从 field 中读取属性值
        set(value)
        {
            println("value 属性被设置")
```

```
                field = value                  //  将属性值写入 field 中
        }
    }
    fun main(args: Array<String>) {
        var c=  Customer()
        c.value = 30
        println(c.value)      //  输出 30
    }
```

3.3.4 函数

在 Kotlin 中，函数既可以在类外部定义，也可以在类内部定义。如果是前者，是全局函数；如果是后者，是类成员函数。无论函数在哪里定义，语法规则基本是一样的。

在前面介绍构造器时讲过默认参数值，实际上，函数也支持默认参数值。要注意的是，带默认值的参数必须是最后几个参数，也就是说，如果某个参数带默认值，那么该参数后面的所有参数必须都有默认值。

Kotlin 代码

```
class QACommunity
{
    //  schema 参数有默认值
    fun printQACommunity(url:String,schema:String = "https")
    {
        println("${schema}://${url}")
    }
}
```

可以使用下面的代码调用 printQACommunity 函数。

Kotlin 代码

```
QACommunity().printQACommunity("geekori.com")
```

执行这行代码，会输出如下的内容。

https://geekori.com

如果函数中带默认值的参数过多，在调用该函数时,可能会造成一些麻烦。先看下面 Person 类中的 process 函数。

Kotlin 代码

```
class Person
{
    fun process(value:Int, name:String = "Bill", age:Int = 30, salary:Float
= 4000F)
    {
        println("value:${value}, name:${name}, age:${age}, salary:${salary}")
    }
}
```

在 process 函数中有 4 个参数，其中后 3 个参数带有默认值。如果我们只想为 process 函数顺序传入参数值，并没有什么问题。但如果我们只想修改最后一个参数（salary）的默认值，中间两个参数的默认值保持不变，按我们以前的调用方法就很麻烦，必须按默认值先传入 name 和 age 参数值，才能指定 salary 参数的值。

Kotlin 代码

```
Person().process(30, "Bill", 30, 12000F)
```

为了解决这个问题，Kotlin 允许使用命名参数传递参数值，所谓命名参数，就是在调用函数时指定函数的形参名（本例中的 name、age、salary），这样就可以直接为指定的参数传值了。

Kotlin 代码

```
//  直接指定 salary 参数值，不需要再指定 name 和 age 参数的值了，这两个参数仍然会使用默认值
Person().process(30, salary = 15000F)
```

如果要传入函数的参数个数不固定，就要使用可变参数。在 Kotlin 中，可变参数用 vararg 关键字声明，代码如下：

Kotlin 代码（可变参数）

```
class Person(name:String)
{
   private var mName:String = name
   fun getName():String
   {
      return mName
   }
}
class Persons
{
   //  persons 为可变参数，可传入任意多个 Person 对象
   fun addPersons(vararg persons: Person): List<Person> {
      val result = ArrayList<Person>()
      //  可变参数在函数内部和处理集合的方式一样
      for (person in persons)
        result.add(person)
      return result
   }
}
```

可以使用下面的代码调用 addPersons 函数，并返回 List<Person>对象，最后循环输出每一个 Person 对象的 getName 函数返回值。

Kotlin 代码

```
fun main(args: Array<String>)
{
   //  addPersons 函数可以传入任意多个 Person 对象
   var persons = Persons().addPersons(Person("Bill"), Person("Mike"), Perso
```

```
n("John"))
   for(person in persons)
   {
      println(person.getName())
   }
}
```

在很多时候，函数体只有一行代码，使用传统的写法比较麻烦，Kotlin 提供了一种简便的写法，就是函数的单行表达式，这种写法在前面的章节已经不止一次涉及了，现在总结一下。

如果 Kotlin 函数体只有一行代码，可以直接在函数声明后面加等号（=），后面直接跟代码，这种表达方式可以省略函数返回值类型。

Kotlin 代码
```
class Person(name:String)
{
   private var mName:String = name
   fun getName():String
   {
      return mName
   }
   //   函数单行表达式
   fun getName1():String = mName
   //   函数单行表达式（省略了函数返回值类型）
   fun getName2() = mName
}
```

我们以前讲过，在 Kotlin 中，函数可以是全局的，也可以是类成员函数，这其实是两种作用域，其实函数还有一种作用域，就是本地函数，也就是在函数体内也可以定义函数，这种本地函数的作用域就是包含本地函数的函数体。

Kotlin 代码
```
fun addPerson(name: String)
{
   //   process 函数的作用域就是 addPerson 的函数体
   fun process(age: Int)
   {
      println("age:${age}")
   }

   process(40)
   println("name:${name}")
}
```

3.3.5 嵌套类

所谓嵌套类，就是在类中定义的类。

Kotlin 代码
```
class Outer
{
```

```
    private val bar: Int = 1
    //  嵌套类
    class Nested {
        fun foo() = 2
    }
}
val demo = Outer.Nested().foo()
```

嵌套类还可以使用 inner 关键字声明，这样可以通过外部类（包含嵌套类的类）的实例引用嵌套类。

Kotlin 代码

```
class Outer
{
    private val bar: Int = 1
    inner class Inner {
        fun foo() = bar
    }
}
val demo = Outer().Inner().foo()
```

3.4 修饰符（Modifiers）

我们以前曾不止一次用过修饰符。在 Kotlin 中，修饰符有 4 个：private、protected、internal 和 public。这 4 个修饰符的作用如下。

➢ private：仅仅在类的内部可以访问。

➢ protected：类似 private，但在子类中也可以访问。

➢ internal：任何在模块内部类都可以访问。

➢ public：任何类都可以访问。

这里指的模块（Module）就是一组 Kotlin 源代码文件的集合，在 IntelliJ IDEA 中可以创建 Module（在工程右键快捷菜单中单击 Module 菜单项即可）。

如果不指定任何的修饰符，默认是 public。这些修饰符可以用在普通的函数中，也可以用在构造器中。

Kotlin 代码

```
open class Outer  //  open 表明 Outer 是可继承的
{
    private val a = 1
    protected open val b = 2
    internal val c = 3
    val d = 4  // 默认是 public

    protected class Nested
    {
        public val e: Int = 5
    }
```

```
    }

class Subclass : Outer() {
    // 无法访问父类的 a 常量
    // 可以访问 b、c 和 d
    // Nested 类与 e 变量可以访问

    override val b = 5     // 重写父类的常量 b
}
```

3.5 类的继承

3.5.1 Kotlin 类如何继承

与 Java 不同，Kotlin 类的继承需要使用冒号（:），而 Java 用的是 extends。注意，冒号后面需要调用父类的构造器。Kotlin 和 Java 一样，都是单继承的，也就是说，一个 Kotlin 只能有一个父类。要注意的是，Kotlin 默认时 class 是 final 的，也就是说，默认时 class 不允许继承，需要显式地使用 open 关键字允许继承 class。

Kotlin 代码

```
open class Parent          //  需要使用 open 声明 Parent 类，才允许其他类继承 Parent 类
{
    protected var mName:String = "Bill"

    fun getName():String
    {
        return mName
    }
}

class Child:Parent()     //  Child 类继承了 Parent 类，现在 mName 和 getName 在 Child
都可以访问了
{
    fun printName()
    {
        println(mName)
    }
}
```

3.5.2 重写方法

在 Kotlin 中，不仅类默认是不可继承的，连方法默认也是不可重写的。因此，如果要在子类中重写方法，就需要在父类相应的方法前面加 open 关键字，而且要在子类重写的方法前面加 override 关键字。

Kotlin 代码（重写方法）

```
open class Parent
{
    protected var mName:String = "Bill"
```

```kotlin
    //  只有加 open 关键字，getName 才可以被子类的方法重写
    open fun getName():String
    {
        return mName
    }
}

open class Child:Parent()
{
    fun printName()
    {
        println(getName())
    }
    //  重写父类的 getName 方法
    override fun getName(): String {
        return "<" + super.getName() + ">"
    }
}
```

现在调用 Child 类的 getName 方法，实际上，执行的是 Child 自身的 getName 方法，而不是 Parent 类的 getName 方法。

如果一个方法前面加了 override，那么这个方法就可以被重写了。例如，Child 类的 getName 方法，在子类中是可以被再次重写的。

Kotlin 代码

```kotlin
class MyChild:Child()
{
    //  再次重写 getName 方法
    override fun getName(): String {
        return "[" + super.getName() + "]"
    }
}
```

如果想阻止 getName 方法被子类重写，需要在 override 前面加 final。

Kotlin 代码

```kotlin
class MyChild:Child()
{
    //  再次重写 getName 方法
    final override fun getName(): String {
        return "[" + super.getName() + "]"
    }
}
```

3.5.3　重写属性

属性的重写方式与方法类似。被重写的属性必须使用 open 声明，子类中重写的属性必须用 override 声明。不过要注意的是，val 属性可以被重写为 var 属性，但反过来不可以。

Kotlin 方法

```
open class Parent
{
    open val name:String = "Bill"
        get()
        {
            println("获取 Parent.name 属性值")
            return field
        }
}
open class Child:Parent()
{
    override var name:String = "Mike"
        get()
        {
            println("获取 Child.name 属性值")
            return field
        }
        set(value)
        {
            field = value
            println("Child.name 被写入")
        }
}
fun main(args: Array<String>)
{
    var child = Child();
    child.name = "John"
    println(child.name)
}
```

3.6 接口

接口是另一个重要的面向对象元素，用于制定规范。那么什么是规范呢？其实就是用户必须按某种规则做。我们在前面已经学习了如何让类中的方法和属性变得可重写，但在子类中，并不一定要重写父类所有可重写的方法，也就是没有强制性。但在某些需求中，要求子类必须重写父类的某些方法和属性，使用类就无法解决了。要解决这个问题，就要使用本节介绍的接口。

Kotlin 中的接口与 Java 中的接口类似，使用 interface 关键字声明。一个类可以实现多个接口，实现的方法和类继承相同。而且，接口中的属性和方法都是 open 的。

Kotlin 代码

```
// 定义 MyInterface 接口
interface MyInterface
{
    fun process()
    fun getName():String {
        return "Bill"
```

```
    }
}
//  MyClass 类实现了 MyInterface 接口，必须重写 MyInterface 中的两个方法
class MyClass:MyInterface
{
    override fun process() {
        println("process")
    }

    override fun getName(): String {
        return "Mike"
    }
}
fun main(args: Array<String>) {

    println(MyClass().getName())
    MyClass().process()
}
```

可能有的读者会发现，MyInterface 中的 getName 方法为什么有方法体呢？在 Java 中并不允许这样做，不过在 Kotlin 中，允许接口的方法包含默认的方法体。对于有方法体的接口方法，并不要求一定重写该方法。也就是说，process 方法可以在 MyClass 中不重写。

3.7　抽象类

抽象类和接口非常类似，Kotlin 接口支持默认函数体，因此就更像了。抽象类不能被实例化，需要使用 abstract 关键字声明，抽象类实现接口后，接口中没有函数体的函数可以不重写（override），接口中的这些方法就自动被继承到实现接口的抽象类中，称为抽象方法。

Kotlin 代码

```
open class Base {
    open fun f() {}
}
abstract class Derived : Base() {
    override abstract fun f()
}
```

抽象方法不需要使用 open 声明，因为抽象类本身就是可继承的。

3.8　小结

如果从作用上来说，Kotlin 中的类和接口与 Java 的类和接口没什么本质上的差异，只不过 Kotlin 为了体现差异，加了一些语法糖，如接口允许函数带函数体，支持类属性，不支持静态方法等。这些改进到底好不好，仍然需要时间去证明。不过既然 Kotlin 提供了这些功能，我们不妨去尝试一下，看看是否能给我们的开发工作提供便利。

第 4 章　枚举类和扩展

本章会通过大量的案例介绍 Kotlin 中的枚举类和扩展。枚举类在 Java 中也有类似的语法元素：枚举类型，使用方式与 Kotlin 枚举类差不多。而扩展在 Java 中并不支持，这也是 Kotlin 提供的一个重要语法糖。

4.1　枚举类

本节主要介绍了 Kotlin 枚举类的应用。Kotlin 枚举类和 Java 的枚举类型非常类似，具有类的特性。一般会将可枚举的同类型的一组值作为枚举类定义。

4.1.1　枚举类的基本用法

在很多编程语言中都有枚举类型，而在 Kotlin 中，枚举类型是以类的形式存在的，因此称为枚举类。下面的代码是最简单的枚举类定义方式。

Kotlin 代码

```
enum class Direction
{
    NORTH, SOUTH, WEST, EAST
}
```

在前面的章节曾经提到过，Kotlin 中的一切都是对象，因此，每一个枚举值也是对象，多个枚举值之间用逗号（,）分隔。

现在我们面临的第一个问题是，如何使用枚举类呢？既然枚举类也是类，那么自然可以按使用类的方式使用枚举类。使用类的方式无外乎定义变量、初始化、判断变量是否相等这几样操作。下面的代码演示了枚举类是如何使用的。

Kotlin 代码

```
// 定义一个枚举类变量
var direction1: Direction;
// 定义一个枚举类变量，并初始化
var direction2: Direction = Direction.NORTH
// 未指定数据类型，通过右侧的赋值自动检测类型
```

```
var direction3 = Direction.EAST
//   未指定数据类型，通过右侧的赋值自动检测类型
var direction4 = Direction.EAST
//   判断两个枚举类型变量的值是否相等
if(direction3 == direction4)
{
    println("枚举类型值相等")
}
else
{
    println("枚举类型值不相等")
}
```

执行这段代码，会在 Console 输出"枚举类型值相等"的字符串。要注意的是，引用枚举类中的值，需要加上枚举类名，不能直接写成 EAST、WEST 样式。

现在我们来做个试验，输出枚举类中的一个值，看看会得到什么结果。

Kotlin 代码

```
println(Direction.EAST);
println(direction2);
```

执行这两行代码，会输出如下内容。

EAST

NORTH

结果很明显，在默认状态下，直接输出枚举类的元素值，会输出元素值名称。

4.1.2　为枚举值指定对应的数值

在很多编程语言中，每一个枚举值会对应一个数值，其实，这在 Kotlin 和 Java 中都很容易实现，而且实现的方式非常接近。

首先说一说实现原理。在前面已经说了，枚举类中的每一个值都是对象，那么这个对象对应的类是什么呢？其实枚举类每一个值就是当前枚举类的对象，因此，如果要为每一个枚举类的值指定一个数字，直接通过构造器传入即可，这一点 Java 和 Kotlin 基本上是一样的。先看一段 Java 枚举类型的代码。

Java 代码

```
public class EnumTest {
    enum Direction
    {
        NORTH(1), SOUTH(2), WEST(3), EAST(4);
        private int mValue;
        //   为枚举添加一个构造器（在 Java 中，枚举是一种特殊的类，具备类的很多属性）
        //   由于外部不会创建 Direction 的实例，因此将构造器设为 private
        private Direction(int value)
        {
            mValue = value;
```

```
        }
        //  通过该方法返回每一个枚举值对应的字符串,这里mValue就是每一个枚举值对应的数字
        @Override
        public String toString() {
            return String.valueOf(mValue);
        }
    };
    public static void main(String[] args)
    {
        Direction direction = Direction.NORTH;
        //  输出1
        System.out.println(direction);
    }
}
```

从这段代码可以看出,由于枚举类型定义了一个构造器,因此在定义每一个枚举值时,需要为枚举值指定一个数字(枚举构造器的参数值)。下面再看看 Kotlin 中的实现代码。

Kotlin 代码

```
enum class Direction private constructor (val d:Int)
{
    //  通过 Direction 的构造器传入枚举值对应的值
    NORTH(1), SOUTH(2), WEST(3), EAST(4);

    override fun toString(): String
    {
        return d.toString()       //  返回当前枚举值对应的数字
    }
}
fun main(args: Array<String>)
{
    var direction1: Direction = Direction.NORTH
    var direction2 = Direction.WEST
    println(direction1)           //  输出1
    println(direction2)           //  输出2
}
```

读者可以对比 Kotlin 和 Java 的这两段代码,除了基本的语法不同,实现规则非常类似。

4.1.3 枚举类的其他功能

可能有的读者会问,如果为每一个枚举值指定一个数值,那么如何获得枚举值的名字(NORTH、EAST 等)以及枚举值的当前位置呢?(从 0 开始。)首先说明一点,为每一个枚举值指定一个数值,这个数值不一定从 0 开始,也不一定是按顺序的,因此枚举值在枚举类中的位置和枚举值对应的数值可能并不相同。

无论是 Java,还是 Kotlin,都提供了相应的 API 来获取枚举值的名字和索引(所在的位置)。Java 提供了 name 和 ordinal 方法,分别用来获取枚举值名称和索引。

Java 代码

```
println(direction.name())
```

```
println(direction.ordinal())
```

Kotlin 提供了 name 和 ordinal 属性，分别用于获取枚举值名称和索引。

Kotlin 代码

```
println(direction.name)
println(direction.ordinal)
```

除此之外，我们还可以通过 valueOf 方法传入枚举值名称来获取枚举值对应的数值。

Kotlin 代码

```
println(Direction.valueOf("WEST"))    //  输出 3
```

如果想获取枚举类中所有的枚举值对应的数值，可以使用 values 方法，代码如下：

Kotlin 代码

```
for(d in Direction.values())
{
    println(d)
}
```

执行这段代码，输出如下内容：

```
1

2

3

4
```

4.2 扩展

扩展是 Kotlin 中非常重要的功能，通过扩展，可以在没有源代码的情况下向类中添加成员，也可以在团队开发的情况下，通过扩展，将功能模块分散给多个人开发。

4.2.1 扩展原生 API

尽管 JDK 和 Kotlin 原生 Library 都提供了丰富的 API，但是这些 API 仍然无法完全满足我们的需要，这就要为这些 Library 添加额外的 API。但问题是，很难直接修改这些 Library 中类的代码，就算修改了这些代码，会造成用户自己的程序无法在其他的 JDK 和 Kotlin Library 上运行，因此就需要使用本小节要介绍的扩展技术，在类的外部对系统的类进行扩展，由于将扩展的部分都放到了自己的源代码中，因此这些源代码仍然可以运行在其他机器的 JDK 和 Kotlin 运行时上。

Kotlin 扩展既可以对 JDK API 进行扩展，也可以对 Kotlin 原生 API 进行扩展。下面的代码通过对 Kotlin 原生集合类 MutableList 的扩展，让该类有交换任意两个集合元素位置的能力。

Kotlin 代码

```
// 为 MutableList 类添加一个 swap 方法,用于交互任意两个集合元素的位置
fun MutableList<Int>.swap(index1: Int, index2: Int)
{
    val tmp = this[index1]
    this[index1] = this[index2]
    this[index2] = tmp
}
```

这段代码放到哪个 Kotlin 文件都可以,一般会放到 Kotlin 文件顶层,当然,也可以放在调用 swap 方法的位置的前面。

现在使用下面的代码调用 swap 方法。

Kotlin 代码

```
val mutableList = mutableListOf(1, 2, 3)
mutableList.swap(0, 2)    // 交换第一个和最后一个元素的位置
println(mutableList)      // 输出[3,2,1]
```

下面的代码为 JDK 标准集合类 ArrayList 添加一个 swap 方法,并实现和前面同样的功能。

Kotlin 代码

```
// 为 ArrayList 类添加一个 swap 方法,用于交换任意两个集合元素的位置
fun ArrayList<Int>.swap(index1:Int, index2:Int)
{
    val tmp = this[index1]
    this[index1] = this[index2]
    this[index2] = tmp
}
```

下面的代码调用了 ArrayList.swap 方法来交互数据。

Kotlin 代码

```
var list:ArrayList<Int> = ArrayList()
list.add(20)
list.add(30)
list.add(40)
list.swap(0,2)         // 交换第一个和最后一个集合元素
println(list)          // 输出结果[40,30,20]
```

4.2.2　扩展自定义类

扩展类的目的有很多,除了系统类需要扩展外,我们自己编写的类也需要扩展。原因有很多,可能是没有源代码,或是团队开发,也许是团队成员要往某个类中添加一个方法,又不便直接修改类的代码。

扩展自定义类的方式和扩展系统类相同,下面定义了两个类:Parent 和 Child。在 Parent 和 Child 类中各定义了一个方法,并通过扩展向 Parent 和 Child 各添加一个方法。

Kotlin 代码

```kotlin
open class Parent(val value1:Int, val value2:Int)
{
    var mValue1: Int = value1
    var mValue2: Int = value2
    fun add():Int
    {
        return mValue1 + mValue2
    }
}
class Child(value1:Int, value2:Int): Parent(value1, value2)
{
    fun  sub(): Int
    {
        return mValue1 - mValue2
    }
}
//  通过扩展向 Parent 类添加一个 printResult 方法
fun Parent.printResult()
{
    println("${mValue1} + ${mValue2} = ${add()}")
}
//  通过扩展向 Child 类添加一个 printResult 方法
fun Child.printResult()
{
    println("${mValue1} - ${mValue2} = ${sub()}")
}
fun main(args: Array<String>)
{

    var parent1: Parent = Parent(1, 2)
    var parent2: Parent = Child(1,2)
    parent1.printResult()         //  输出 1 + 2 = 3
    parent2.printResult()         //  输出 1 + 2 = 3
}
```

从这段代码可以看出，尽管 parent2 的实例是 Child，但由于通过扩展向 Child 添加的 printResult 方法并没有重写 Parent.printResult 方法，因此 parent2.printResult 仍然调用的是 Parent.printResult 方法。而且，因为 open 不能用在顶层函数中，所以通过扩展是不能添加可继承的成员函数的（Kotlin 默认不允许继承）。如果要让 printResult 函数可继承，那么可以将该函数放到 Parent 类中，代码如下：

Kotlin 代码

```kotlin
open class Parent(val value1:Int, val value2:Int)
{
    var mValue1: Int = value1
    var mValue2: Int = value2
    fun add():Int
    {
        return mValue1 + mValue2
    }
```

```
    open fun printResult()
    {
        println("${mValue1} + ${mValue2} = ${add()}")
    }
}
class Child(value1:Int, value2:Int): Parent(value1, value2)
{
    fun  sub(): Int
    {
        return mValue1 - mValue2
    }
    override fun printResult()
    {
        println("${mValue1} - ${mValue2} = ${sub()}")
    }
}
```

如果使用这段代码，执行 parent2.printResult()后的输出内容是 1 - 2 = -1。很明显，这是调用 Child.printResult 方法的结果。

4.2.3 成员函数冲突的解决方案

如果通过扩展向类中添加的成员函数与类中原来的成员函数的结构完全相同，那么哪个优先呢？例如，在下面的代码中，MyClass 类有一个 newInstance 函数，现在使用扩展为 MyClass 类再添加一个同样的 newInstance 函数，函数的结构相同，但实现代码不同。

Kotlin 代码

```
class MyClass
{
    private var strValue:String = ""
    constructor()
    {
    }
    private constructor(str:String)
    {
        strValue = str;
    }
    override fun toString(): String {
        return strValue
    }
    fun newInstance(value:Int):MyClass
    {
        return MyClass("内部成员函数")
    }
}
// 向 MyClass 类中添加一个 newInstance 函数，与原来 newInstance 成员函数完全相同
fun MyClass.newInstance(value:Int):MyClass
{
    return MyClass()
}
fun main(args: Array<String>)
{
    println(MyClass().newInstance(20))    // 输出 "内部成员函数"
```

　　}

　　很明显，如果类内部的成员函数和通过扩展添加的成员函数冲突，那么内部成员函数的优先级更高，因此，通过扩展无法覆盖内部成员函数。

4.2.4　扩展属性

　　扩展属性和扩展函数类似，Kotlin 属性在类中必须初始化，而初始化需要使用 backing field，也就是那个 field 字段，可以将属性设置的值保存在 field 中，也可以从 field 获得属性值。不过，通过扩展添加的属性是没有 backing field 的，因此，扩展属性需要实现 setter 部分，这样才能为扩展属性初始化。

Kotlin 代码

```
class MyClass
{
    //  需要声明为 public，或不加修饰符（默认是 public），否则扩展属性无法访问该变量
    var mValue:Int = 0
    //  内部属性
    var str:String = ""
        get() = field
        set(value)
        {
            field = value

        }
}
//  扩展属性，需要实现 setter 部分
var MyClass.value:Int
    get() = mValue
    set(value)
    {
        mValue = value
    }

fun main(args: Array<String>)
{
    var myClass = MyClass()
    myClass.str = "hello"
    myClass.value = 400            //  设置扩展属性的值
    println(myClass.str)
    println(myClass.value)         //  输出扩展属性的值
}
```

　　由于扩展属性没有 backing field 字段，因此保存和获取属性值，需要使用一个类成员变量。但成员变量需要声明为 public，否则扩展属性无法访问。

4.2.5　扩展伴随对象（Companion Object）

　　如果类中有伴随对象[①]，那么可以利用扩展为伴随对象添加成员。

---

① 由于 Kotlin 类不支持静态成员，因此引入了伴随对象（Companion Object）来解决类没有静态成员所带来的尴尬。

Kotlin 代码

```
class MyClass
{
    companion object { }
}
fun MyClass.Companion.test() {
    println("这是伴随对象成员函数")
}
fun main(args: Array<String>)
{
    MyClass.test()        // 与调用静态成员函数一样，不需要使用类的实例

}
```

4.2.6 扩展的范围

我们以前编写的扩展代码都是在同一个包的同一个 Kotlin 文件中，当然，在同一个包的不同 Kotlin 文件中也是一样的。但是，如果在不同包的 Kotlin 文件中使用扩展，就要使用 import 导入相应的资源了。

现在假设有两个包：a.b.c 和 x.y。在这两个包中，分别有一个 Kotlin 文件：kotlin1.kt 和 kotlin2.kt。在 kotlin1.kt 文件中定义了一个 MyClass 类，在 kotlin2.kt 文件中对 MyClass 进行扩展，为 MyClass 类添加了一个 add 成员函数。在 kotlin1.kt 文件中，由于没有 MyClass 类，因此需要使用 import 导入 x.y 包中的资源。在 kotlin2.kt 文件中，由于没有 add 方法，因此也要使用 import 导入 a.b.c 包中的资源。也就是说，这两个 Kotlin 文件导入各种的资源。

Kotlin 代码（a.b.c 包，kotlin1.kt 文件）

```
// 导入 x.y 包中的资源
import x.y.*
class MyClass
{
}
fun main(args: Array<String>)
{
    var myClass = MyClass()
    println(myClass.add(20,30))        // 输出 50
}
```

Kotlin 代码（x.y 包，kotlin2.kt 文件）

```
import a.b.c.*
// 使用扩展为 MyClass 类添加 add 方法
fun MyClass.add(m:Int, n:Int):Int
{
    return m + n;
}
```

4.2.7 在类中使用扩展

在前面使用的扩展代码都是写在顶层的，其实，扩展也可以在类中定义。

Kotlin 代码

```kotlin
class D {
    fun bar()
    {
        println("D.bar")
    }
}

class C {
    fun baz()
    {
        println("C.baz")
    }
    //  在 C 类中扩展 D 类
    fun D.foo()
    {
        bar()    // 调用 D 类的 bar 方法
        baz()    // 调用 C 类的 baz 方法
    }

    fun caller(d: D)
    {
        d.foo()    // 调用扩展方法
    }
}

fun main(args: Array<String>)
{
  C().caller(D())
}
```

执行这段代码，会在 Console 中输出如下内容。

D.bar

C.baz

4.2.8　调用特定类的成员函数

如果在 D 类中扩展 C 类，那么在 D 类扩展方法中调用 C 类和 D 类都有的成员函数（如 toString），那么到底是调用 C 类的成员函数，还是 D 类的成员函数呢？先看下面的代码。

Kotlin 代码

```kotlin
class D {
    override fun toString(): String
    {
        return "D 类"
    }
}

class C
{
    //  扩展 D 类
```

```
    fun D.foo()
    {
        println(toString())                    //  调用 D.toString()方法
        println(this@C.toString())             //  调用 C.toString()方法
    }

    fun process(d:D)
    {
        d.foo()
    }
    override fun toString(): String {
        return "C 类"
    }
}

fun main(args: Array<String>)
{
    C().process(D())

}
```

执行这段代码，会输出如下内容。

D 类
C 类

很明显，在 D.foo 函数中调用 toString 函数，会调用 D.toString，如果想在 D.foo 函数中调用 C 类的 foo 函数，需要使用 this@C.toString()。

要注意的是，在 C 类中扩展 D 类，只能在 C 类中访问扩展的 D 类成员，如能在外部访问在 C 类中扩展的 D 类成员。例如，下面的代码不能写在代码的顶层。

Kotlin 代码

```
D().foo()
```

4.2.9　扩展成员的继承

我们以前提到过，扩展成员是不能被继承的，其实这个结论并不严谨。更准确的说法是，写在顶层的扩展成员不能被继承，因为无法添加 open 关键字。但在类中对另外一个类扩展却可以添加 open 关键字。

Kotlin 代码

```
package d.b
open class D {
}

class D1 : D() {
}

open class C {
```

```
    open fun D.foo() {
        println("D.foo in C")
    }

    open fun D1.foo() {
        println("D1.foo in C")
    }

    fun caller(d: D) {
        d.foo()    // 调用扩展函数
    }
}
class C1 : C() {
    override fun D.foo() {
        println("D.foo in C1")
    }

    override fun D1.foo() {
        println("D1.foo in C1")
    }
}
fun main(args: Array<String>)
{
    C().caller(D())    // 输出"D.foo in C"
    C1().caller(D())   // 输出 "D.foo in C1"
    C().caller(D1())   // 输出 "D.foo in C"
}
```

执行这段代码，会输出如下内容。

D.foo in C

D.foo in C1

D.foo in C

从这段代码看出，在 C 类中通过扩展向 D 类和 D1 类添加扩展时都加了 open 关键字，并且在 C1 类中，通过扩展重写了 D 类和 D1 类中的 foo 方法。

4.3　小结

尽管枚举类并不是在代码中总出现，但用来定义可枚举的一组相关值还是非常好的，至少让代码变得更可读（远比使用常量或直接使用数字要好）。而扩展在很多语言中都支持，如 Apple 公司推出的 Swift 语言，也支持扩展。Kotlin 这种 Google 强力推荐的语言自然也会支持扩展。充分利用 Kotlin 扩展，可以让代码变得更容易维护，同时也带来了更大的灵活性。

第5章　数据类和封闭类

数据类和封闭类是 Kotlin 中两种特殊的类，前者用于描述数据和相应的操作，后者相当于枚举类的扩展，用于描述有限的数据。本章将详细介绍这两种特殊类的使用方法。

5.1　数据类（Data Class）

数据类是 Kotlin 的一个语法糖。 Kotlin 编译器会自动为数据类生成一些成员函数，以提高开发效率。本节会深入介绍数据类的用法。

5.1.1　使用数据类

如果在程序中使用数据库，或映射 JSON 数据，很可能会将查询结果集或 JSON 格式的数据映射成为对象，或将对象映射成为数据集或 JSON 格式的数据。无论是哪一种，我们总是需要一个类来表示数据。例如，要表示用户的数据，需要建立一个 User 类，并通过构造器传入两个参数值：name 和 age。

Kotlin 代码

```
class User(name:String, age:Int)
{
   var name:String = name
   var age:Int = age
}
```

我们可以看到，在 User 类中，主构造器有两个参数：name 和 age，在类中还定义了两个属性：name 和 age，并用主构造器的两个参数分别初始化了两个成员属性。

对于表示数据的类来说，除了要保存数据外，还要进行一些操作，如输出对象的值，比较对象是否相等。前者会调用对象的 toString 函数，后者会调用对象的 equals 函数。

Kotlin 代码

```
var user1 = User("Mike", 34)
var user2 = User("Mike", 34)
println(user1)
println(user2)
```

```
println(user1.equals(user2))
```

执行这段代码，会输出如下的内容。

User@3764951d

User@4b1210ee

false

从输出结果可以看出，输出 user1 和 user2 时，调用了这两个对象的 toString 函数。而 toString 函数默认会调用 hashcode 函数输出当前对象的 hashcode，并在前面加上"类名@"，如本例的 User@。

对象的 equals 方法默认比较了对象之间的 hashcode，如果相同，就是一个对象，它们也就相等了。不过，在实际应用中，需要 toString 函数输出对象属性值，而 equals 函数通过属性值是否相等进行比较。只有所有的属性值都相等，两个对象才会判定相等。

为了使用 toString 函数输出 name 和 age 属性值，使用 equals 函数比较两个 User 对象是否相等，需要在 User 类中重写这两个函数，代码如下：

Kotlin 代码

```kotlin
class User(name:String, age:Int)
{
    var name:String = name
    var age:Int = age
    //  重写 toString 方法
    override fun toString(): String
    {
        return "User(name = ${name}, age = ${age})"
    }
    //  重写 equals 方法
    override fun equals(other: Any?): Boolean {
        //  判断 other 是否为 User 对象，如果不是 User 对象，直接返回 false
        if(other is User)
        {
            //  Kotlin 会自动转换数据类型，根据 is 来判断，other 现在已经是 User 对象了
            if(name == other.name && age == other.age)
            {
                return true
            }
        }
        else
        {
            return false
        }
        return false
    }
}
```

现在使用下面的代码，就会认为 user1 和 user2 是相等的对象了。

Kotlin 代码

```
var user1 = User("Mike", 34)
var user2 = User("Mike", 34)
println(user1.equals(user2))
println(user1)
println(user2)
```

执行这段代码，会输出如下内容。

true

User(name = Mike, age = 34)

User(name = Mike, age = 34)

我们可以看到，前面编写的 User 类尽管可以完全满足我们的要求，但如果每个表示数据的类都要重写 toString 和 equals 方法，而且都要加属性，岂不是很麻烦，为了让开发效率更进一步提升，Kotlin 加入了本节要介绍的数据类。所谓数据类，其实就是只定义必要的部分，其余的部分，可以自动推导。

从 User 类的代码可以看出，只有 name 和 age 是必要的，其余的都可以自动推导，因此，只需要在 User 类中指定 name 和 age 即可。如何指定 name 和 age 呢？数据类规定，属性要通过主构造器指定，而且数据类要在 class 关键字前面加 **data**。因此，如果前面的 User 类用数据类的写法，就变成了下面的样子。

Kotlin 代码（用数据类重写 User 类）

```
data class User(val name: String, var age: Int)
```

可以看到，通过数据类，原来需要写几十行代码的 User 类直接变成了一行代码，其余的代码 Kotlin 编译器会自动生成。如果再次执行下面的代码，仍然会输出同样的结果。

Kotlin 代码

```
var user1 = User("Mike", 34)
var user2 = User("Mike", 34)
println(user1.equals(user2))
println(user1)
println(user2)
```

执行这段代码，会输出如下内容。

true

User(name = Mike, age = 34)

User(name = Mike, age = 34)

在前面的 User 数据类中并没有类的实现体，实际上，数据类和普通类完全一样，也可以拥有类的实现体。数据类和普通类的最大不同，就是数据类可以根据主构造器的参数自动生成相关的代码。因此，如果一个 Kotlin 类，同时兼有普通类，以及存储和管理数据的功能，建议直接使用数据类。

Kotlin 代码

```
open class MyClass
{
}
//  User 类从 MyClass 类继承
data class User(val name: String, var age: Int):MyClass()
{
    //  在数据类中添加一个成员函数
    fun process()
    {
        println("process")
    }
}
```

编写一个数据类需要注意的事项如下。

➢　主构造器至少要有一个参数。

➢　主构造器的所有参数必须标记为 val 或 var。

➢　数据类不能是抽象类、open 类、封闭（sealed）类或内部（inner）类。

由于数据类要求主构造器必须至少有一个参数，因此在数据类中，不可能存在没有参数的主构造器，要想让数据类拥有一个没有参数的构造器，有如下两种方法。

➢　为主构造器每一个参数都加上默认值。

➢　添加一个没有参数的次构造器，并在调用主构造器时指定主构造器参数的默认值。

其实这两种方法的效果是一样的，就是主构造器的每一个参数必须要有一个默认值才能实现没有参数的构造器。

Kotlin 代码（为主构造器的每一个参数添加一个默认值）

```
data class User(val name: String = "Bill", val age: Int = 20)
```

Kotlin 代码（添加一个次构造器）

```
data class User(val name: String, var age: Int)
{
    //  次构造器
    constructor():this("Bill", 20)
    {
    }
}
```

5.1.2　对象复制

在实际应用中，经常需要复制一个对象，然后修改它的一部分属性，这就需要数据类提供一种机制可以复制对象。在前面讲过，Kotlin 编译器会为数据类自动生成一些代码（byte code），这些代码不仅包括 toString 和 equals，还包括一个 copy 函数，该函数的作用就是复制数据类的实例。

　　如果还原 copy 函数的代码，核心代码就是下面的样子。很明显，在 copy 函数中，就是创建了一个当前数据类的实例，并传入了 name 和 age 属性（仍然以前面的 User 数据类为例）。

Kotlin 代码

```
fun copy(name: String = this.name, age: Int = this.age) = User(name, age)
```

　　如果读者想证明这一点，那么可以使用 "javap -c User.class" 命令反编译 User 类，生成 Byte Code。

User 类 Byte Code 中的 copy 方法

```
public final User copy(java.lang.String, int);
  Code:
    0: aload_1
    1: ldc             #25              // String name
    3: invokestatic    #31              // Method kotlin/jvm/internal/Intrin
sics.checkParameterIsNotNull:(Ljava/lang/Object;Ljava/lang/String;)V
    6: new             #2               // 创建 User 对象
    9: dup
   10: aload_1
   11: iload_2
   12: invokespecial #38               // Method "<init>":(Ljava/lang/Strin
g;I)V
   15: areturn
```

　　很明显，在代码行号为 6 的位置，使用了 new 指令创建了 User 对象，这一点与我们希望看到的完全一致。

Kotlin 代码（copy 函数演示）

```
val john = User(name = "John", age = 30)
val olderJohn = john.copy(age = 60)
```

5.1.3　数据类成员的解构

　　现在先来解释一下什么叫数据类成员的解构，这里的关键是解构，也就是解除结构。在数据类中，用属性表示数据，这些属性属于同一个数据类。要想使用这些属性，必须要首先引用数据类对象。这里的解构就是指将这些数据对象中的属性提取出来，分别赋给单个的变量，这样就可以单独使用它们了。

　　Kotlin 编译器会自动为数据类生成组件函数（Component Function），会在后面的章节介绍，因此，可以直接将数据类成员解构。

```
val jane = User("Jane", 35)
//  将 User.name 和 User.age 分别赋给 name 和 age 变量
val (name, age) = jane
println("$name, $age years of age") // 打印结果："Jane, 35 years of age"
```

5.2 封闭类（Sealed Classes）

封闭类也是 Kotlin 的一个语法糖。可以把它理解为枚举的扩展。一个封闭类，前面用 sealed 关键字标识。可以有任意多个子类或对象。封闭类的值只能是这些子类或对象。使用封闭类的好处主要是 when 表达式，不需要再使用 else 形式了。下面给出一个例子。

Kotlin 代码

```
sealed class Expr
data class Const(val number: Double) : Expr()
data class Sum(val e1: Expr, val e2: Expr) : Expr()
object NotANumber : Expr()
```

在这段代码中，Expr 是一个封闭类，该类有两个数据类（Const 和 Sum）和一个对象（NotANumber）。下面的函数判断 Expr 类型参数的种类，这里面只有 3 个种类：Const、Sum 和 NotANumber。

Kotlin 代码

```
fun eval(expr: Expr): Double = when(expr)
{
    is Const -> expr.number
    is Sum -> eval(expr.e1) + eval(expr.e2)
    NotANumber -> Double.NaN
    // 在这里并不要求使用 else 子句匹配其他所有的情况
}
```

5.3 小结

在 Kotlin 中提供了一些特殊的类，其中数据类和封闭类就是其中的两个。尽管这些特殊的类并不是必需的，但在很多时候使用它们的确会给我们带来好处，尤其是数据类，在进行数据映射时将会变得得心应手。

第 6 章　泛型

无论是 Java，还是 Kotlin，泛型都是一个重要概念，简单的泛型应用很容易理解，不过泛型要是难度大起来，理解的难度也会加大，想体验一下吗？那就继续阅读下面的内容吧！

6.1　泛型基础

在学习泛型之前，首先要了解什么是泛型。现在先来举个 Java 的例子（换成 Kotlin 代码同样适用）。在 JDK 中，有一类列表对象，这些对象对应的类都实现了 List 接口。List 中可以保存任何对象，下面创建 List 对象，并向其中添加数据的代码。

Java 代码

```java
List list = new ArrayList();
list.add("abc");
list.add(30);
```

在这段代码中，List 对象保存了 String 和 Integer 类型。尽管这样做可以保存任意的对象，但每个列表元素就失去了原来对象的特性。这是因为在 Java 中，任何类都是 Object 的子类，所以只要将变量类型声明为 Object，就可以保存任意的对象，但这样做的弊端是原来对象中的成员变量和方法都没有了。但如果在定义 List 时就指定元素的数据类型，那么这个 List 就不通用了，只能存储一种类型的数据。为了解决这个问题，从 JDK 1.5 开始，引入了一个新的概念：泛型（Generics）。所谓泛型，就是指在定义数据结构时，只指定类型的占位符，待到使用该数据结构时再指定具体的数据类型。下面的 Box 类是用 Java 编写的自定义泛型类，在使用时指定了 Integer 和 String 类型。

Java 代码

```java
class Box<T>
{
    public T value;
    public Box(T t)
    {
        value = t;
    }
```

```
}
public class Test {
    public static void main(String[] args)
    {
        //  在使用时指定了 Integer 类型
        Box<Integer> box1 = new Box<>(20);
        //  在使用时指定了 String 类型
        Box<String> box2 = new Box<>("Bill");
        //  这里的 value 是 Integer 类型
        System.out.println(box1.value);
        //  这里的 value 是 String 类型
        System.out.println(box2.value);      }
}
```

在 Kotlin 中也同样支持泛型，下面是用 Kotlin 实现的具备同样功能的代码。

Kotlin 代码

```
//  T 为泛型的占位符
class Box<T>(t: T)
{
    var value = t
}
fun main(args: Array<String>)
{
    var box1:Box<Int> = Box(20)
    var box2:Box<String> = Box("Bill")
    //  这里的 value 是 Int 类型
    println(box1.value)
    //  这里的 value 是 String 类型
    println(box2.value)
}
```

6.2　类型变异

　　Java 泛型中的大多数概念都很好理解，唯有泛型中的通配符，对于初学者来说，不太容易理解。不过在 Kotlin 泛型中，并没有通配符。为了对比 Java 和 Kotlin 的泛型，这里先给出一个例子。

Java 代码

```
List<String> strs = new ArrayList<String>();
List<Object> objs = strs; // 编译错误
```

　　在这段代码中，有两个 List 对象，类型分别是 List<String> 和 List<Object>，很明显，String 是 Object 的子类，但遗憾的是，Java 编译器并不认为 List<String> 和 List<Object> 有什么关系，直接将 strs 赋给 objs，Java 编译器是禁止的，因此会产生编译错误。

　　由于 List 的父接口是 Collection，现在看一下 Collection 接口的声明代码。

Java 代码

```
public interface Collection<E> extends Iterable<E>{…}
```

这样的定义会让下面这样简单的操作无法完成,尽管这样的操作是绝对安全的,因为String 肯定是 Object 的子类,也就是一个值属于 String,那么肯定会属于 Object。

Java 代码

```
void copyAll(Collection<Object> to, Collection<String> from)
{
    to.addAll(from);            // 编译错误,因为 Collection<String> 不是 Collection
<Object> 的子类型
}
```

为了解决这个问题,Java 泛型提供了问号(?)通配符来解决这个问题。例如,Collection 接口中的 addAll 方法的定义如下:

Java 代码

```
boolean addAll(Collection<? extends E> c);
```

那么 "? extends E" 表示什么呢? 这种语法就表示任何父类是 E 的类型都满足条件。使用 通配符就可以解决 List<String> 赋给 List<Object> 的问题。下面的代码自定义了一个 CustomClass 类,并提供了 copyTo 方法,两个参数的类型都是 CustomClass<? extends T>。

Java 代码

```
class CustomClass<T>
{
    //   这两个参数只要满足 T 的子类型即可
    public void copyTo(CustomClass<? extends  T> from, CustomClass<? extends
 T> to)
    {

    }
}
public class Test
{

    public static void main(String[] args)
    {

        CustomClass<Object> customClass1 = new CustomClass<>();
        CustomClass<String> customClass2 = new CustomClass<>();
        //可以编译通过,如果 CustomClass<?extends T>改成 CustomClass<T>,则无法编译通过
        customClass1.copyTo(customClass1, customClass2);
    }
}
```

Kotlin 泛型并没有提供通配符,取而代之的是 out 和 in 关键字。用 out 声明的泛型占位符

只能在获取泛型类型值的地方，如函数的返回值。用 in 声明的泛型占位符只能在设置泛型类型值的地方，如函数的参数。我们习惯将只能读取的对象称为生产者（Producer），将只能设置的对象称为消费者（Consumer）。如果你使用一个生产者对象，如 List<? extends Foo>，将无法对这个对象调用 add()或 set()方法，但这并不代表这个对象的值是不变的（immutable）。例如，你完全可以调用 clear()方法来删除 List 内的所有元素，因为 clear()方法不需要任何参数。通配符类型（或者其他任何的类型变异）唯一能够确保的仅仅是类型安全。对象值的不变性（Immutability）是与此完全不同的另一个问题。

Kotlin 代码（使用 out 关键字）

```
abstract class Source<out T>
{
    abstract fun nextT(): T
}

fun demo(strs: Source<String>) {
    val objects: Source<Any> = strs // 编译通过，因为 T 是一个 out 类型参数
    // ...
}
```

Kotlin 代码（使用 in 关键字）

```
abstract class Comparable<in T> {
    abstract fun compareTo(other: T): Int  //  这里不能用 T，因为 T 被声明为 in
}

fun demo(x: Comparable<Number>) {
    x.compareTo(1.0) // 1.0是 Double 类型，Double 是 Number 的子类型
    val y: Comparable<Double> = x // OK!
}
```

6.3　类型投射

如果将泛型类型 T 声明为 out，就可以将其子类化（List<String>是 List<Object>的子类型），这是非常方便的。如果我们的类能够仅仅只返回 T 类型的值，那么的确可以将其子类化。但如果在声明泛型时未使用 out 声明 T 呢？下面让我们给出一个例子来解释一下。

现在有一个 Array 类，代码如下：

Kotlin 代码

```
class Array<T>(val size: Int)
{
    fun get(index: Int): T { /* ... */ }
    fun set(index: Int, value: T) { /* ... */ }
}
```

从 Array 类可以看出，T 既作为 get 方法的返回类型，也作为 set 方法第 2 个参数的类型，也就是说，Array 既是 T 的生产者（见 6.2 节的描述），也是 T 的消费者。如果恰好遇到像 Array

这样既是生产者，又是消费者的类，就无法进行子类化。

Kotlin 代码

```
fun copy(from: Array<Any>, to: Array<Any>)
{
    assert(from.size == to.size)
    for (i in from.indices)
        to[i] = from[i]
}
```

这个 copy 函数从一个 Array 复制到另一个 Array，现在我们来试试这个函数。

Kotlin 代码

```
val ints: Array<Int> = arrayOf(1, 2, 3)
val any = Array<Any>(3)
copy(ints, any) // 编译错误，因为 Array<Int>不是 Array<Any>的子类型
```

在这里，我们又遇到了熟悉的老问题：Array<T>对于类型参数 T 是不可变的，因此 Array<Int>和 Array<Any>谁也不是谁的子类型，为什么会这样？原因与以前一样，因为 copy 函数有可能会进行一些不安全的操作，也就是说，这个函数可能会试图向 from 数组中写入数据。例如，一个 String，这时假如我们传入的实际参数是一个 Int 的数组，就会导致抛出 ClassCastException 异常。

因此，我们需要确保的就是 copy 函数不会做这类不安全的操作。我们希望禁止这个函数向 from 数组写入数据，我们可以这样声明。

Kotlin 代码

```
fun copy(from: Array<out Any>, to: Array<Any>)
{
  // ...
}
```

这种声明在 Kotlin 中称为类型投射（type projection）。我们声明的含义是：from 不是一个单纯的数组，而是一个被限制（投射）的数组，我们只能对这个数组调用那些返回值为类型参数 T 的函数，在这个例子中，我们只能调用 get()方法。这就是我们实现使用处的类型变异（use-site variance）的方案，与 Java 的 Array<? extends Object>相同，但略为简单一些。

我们也可以使用 in 关键字来投射一个类型：

Kotlin 代码

```
fun fill(dest: Array<in String>, value: String)
{
  // ...
}
```

Array<in String>与 Java 的 Array<? super String>相同，也就是说，你可以使用 CharSequence 数组，或者 Object 数组作为 fill()函数的参数。

6.4 星号投射

有些时候，你可能想表示你并不知道类型参数的任何信息，但是仍然希望能够安全地使用它。这里所谓"安全地使用"是指，对泛型类型定义一个类型投射，要求这个泛型类型的所有的实体实例，都是这个投射的子类型。对于这个问题，Kotlin 提供了一种语法，称为星号投射（star-projection）。

假如类型定义为 Foo<out T>，其中 T 是一个变异类型参数，上界（upper bound）为 TUpper，Foo<*> 等价于 Foo<out TUpper>。它表示，当 T 未知时，你可以安全地从 Foo<*> 中读取 TUpper 类型的值。

假如类型定义为 Foo<in T>，Foo<*> 等价于 Foo<in Nothing>。它表示，当 T 未知时，你不能安全地向 Foo<*> 写入任何东西。

假如类型定义为 Foo<T>，上界（upper bound）为 TUpper，对于读取值的场合，Foo<*> 等价于 Foo<out TUpper>，对于写入值的场合，等价于 Foo<in Nothing>。

如果一个泛型类型中存在多个类型参数，那么每个类型参数都可以单独投射。例如，如果类型定义为 "interface Function<in T, out U>"，那么可以出现以下几种星号投射。

Kotlin 代码

```
Function<*, String>, 代表 Function<in Nothing, String>;
Function<Int, *>, 代表 Function<Int, out Any?>;
Function<*, *>, 代表 Function<in Nothing, out Any?>.
```

注意：星号投射与 Java 的原生类型（raw type）非常类似，但可以安全使用。

6.5 泛型函数

不仅类可以有泛型参数，函数一样可以有泛型参数。泛型参数放在函数名称之前。

Kotlin 代码

```
fun <T> singletonList(item: T): List<T>
{
    // ...
}

fun <T> T.basicToString() : String
{
    // 扩展函数
    // ...
}
```

调用泛型函数时，应该在函数名称之后指定调用端类型参数：

Kotlin 代码

```kotlin
val l = singletonList<Int>(1)
```

6.6 泛型约束

对于一个给定的泛型参数，所允许使用的类型，可以通过泛型约束（generic constraint）来限制。

最常见的约束是上界（upper bound），与 Java 中的 extends 关键字相同。

Kotlin 代码

```kotlin
fun <T : Comparable<T>> sort(list: List<T>)
{
    // ...
}
```

冒号之后指定的类型就是泛型参数的上界：对于泛型参数 T，只允许使用 Comparable<T> 的子类型。下面查看如下代码。

```kotlin
sort(listOf(1, 2, 3)) // 正确:Int 是 Comparable<Int>的子类型
// 错误:HashMap<Int, String>不是 Comparable<HashMap<Int, String>>的子类型
sort(listOf(HashMap<Int, String>()))
```

如果没有指定，则默认使用的上界类型是"Any?"。在定义泛型参数的尖括号内，只允许定义唯一一个上界。如果同一个类型参数需要指定多个上界，这时就需要使用单独的 where 子句。

```kotlin
fun <T> cloneWhenGreater(list: List<T>, threshold: T): List<T>
    where T : Comparable,
        T : Cloneable {
  return list.filter { it > threshold }.map { it.clone() }
}
```

6.7 小结

本章深入讲解了 Kotlin 中的泛型技术。Kotlin 泛型在 Java 泛型的基础上进行了改进，变得更好用，也更安全。尽管本章介绍的泛型技术并不一定都用得上，但对于全面了解 Kotlin 泛型会起到很大的帮助作用。

第7章 对象和委托

本章将详细介绍 Kotlin 中对象（Object）和委托（Delegate）的详细用法。

7.1 对象

由于 Kotlin 没有静态类成员的概念，因此 Kotlin 推出了一个有趣的语法糖：对象。那么对象能取代静态类成员吗？应该怎么做呢？本节会为读者详细介绍其中涉及的知识。

7.1.1 对象表达式

对象是 Kotlin 中的一个重要概念，可能很多读者会有疑问：什么是对象？对象是实例化类后的东西吗？为什么要提供对象呢？要回答这些问题，还要从 Java 说起。

在 Java 中，有一个匿名类的概念，也就是在创建类时，无须指定类的名字。匿名类一般用于方法的参数类型。基本理念是方法参数需要接收一个类或接口的实例，而这个实例只是在该方法中临时用一下，并没有必要单独定义一个类，或单独创建一个对象变量。因此，就在传入方法参数值的同时创建了类的实例。下面的代码演示了 Java 中匿名类的使用。

Java 代码（匿名类的使用）

```java
class MyClass
{
    public String name;
    public MyClass(String name)
    {
        this.name = name;
    }
    public void verify()
    {
        System.out.println("verify");
    }
}
public class Test
{
    public static void process(MyClass obj)
    {
        obj.verify();
```

```
    }
    public static void main(String[] args)
    {
        //参数类型是MyClass，这里创建了一个匿名的类，该类是MyClass的子类，并创建了该类的
实例
        process(new MyClass("Bill")
        {
            public void verify()
            {
                System.out.println("object verify");　　//执行代码，会输出object
verify
            }
        });
    }
}
```

在 Kotlin 中，也有类似的功能，但不是匿名类，而是对象。例如，下面的 Kotlin 代码完全实现了前面 Java 代码的功能。要想建立一个对象，需要使用 object 关键字，该对象要继承的类需要与 object 之间用冒号（:）分隔，如 MyClass("Bill")。

Kotlin 代码

```
open class MyClass(name: String)
{
    open var  name = name
    open fun verify()
    {
        println("verify")
    }
}
fun process(obj: MyClass)
{
    obj.verify()
}

fun main(args:Array<String>)
{
    //process 参数值是一个对象，该对象是 MyClass 匿名子类的实例，并在对象中重写 verify 函数
    process(object: MyClass("Bill"){
        override fun verify() {
            println("object verify")      //执行会输出 object verify
        }
    })
}
```

对象和类一样，只能有一个父类，但可以实现多个接口。在下面的代码中，对象不仅继承了 MyClass 类，还实现了 MyInterface 接口，该接口的成员函数有一个默认实现。

Kotlin 代码

```
open class MyClass(name: String)
{
    open var  name = name
```

```
    open fun verify()
    {
        println("verify")
    }
}
interface MyInterface
{
    //  默认实现了 closeData 函数
    fun closeData()
    {
        println("closeData")
    }
}
fun process(obj: MyClass)
{
    obj.verify()
    //  判断 obj 是否是 MyInterface 的实例，如果是，则调用 closeData 方法
    if(obj is MyInterface)
    {
        obj.closeData()
    }
}

fun main(args:Array<String>)
{
    //  对象不仅继承了 MyClass 类，还实现了 MyInterface 接口
    process(object: MyClass("Bill"),MyInterface{
        override fun verify() {
            println("object verify")
        }
    })
}
```

执行这段代码，会输出如下内容。

object verify

closeData

如果只想建立一个对象，不想从任何类继承，也不实现任何接口，可以按下面的方式建立对象。

Kotlin 代码

```
fun foo()
{
    //  建立一个对象，该对象没有任何父类型
    val adHoc = object
    {
        var x: Int = 0
        var y: Int = 0
    }
    print(adHoc.x + adHoc.y)
}
```

7.1.2 声明匿名对象

匿名对象只能用在本地（函数）或 private 声明中。如果将匿名对象用于 public 函数的返回值，或 public 属性的类型，那么 Kotlin 编译器会将这些函数或属性的返回类型重新定义为匿名对象的父类型，如果匿名对象没有实现任何接口，也没有从任何类继承，那么父类型就是Any。因此，添加在匿名对象中的任何成员将无法访问。

Kotlin 代码

```
class MyClass
{
    // private 函数，返回类型是匿名对象本身，可以访问 x
    private fun foo() = object {
        val x: String = "x"
    }

    // public 函数，由于匿名对象没有任何父类型，因此函数的返回类型是 Any
    fun publicFoo() = object
    {
        val x: String = "x"
    }

    fun bar()
    {
        val x1 = foo().x              // 可以访问
        //val x2 = publicFoo().x//编译错误，因为 publicFoo 是 public 方法，返回类型是 Any
    }
}
```

7.1.3 访问封闭作用域内的变量

在 Java 中，匿名对象访问封闭作用域内的变量，需要用 final 声明该变量，这也就意味着在匿名对象中无法修改封闭作用域内变量的值。在 Java 8 中，如果只是使用封闭作用域内的变量，该变量并不需要使用 final，但一旦修改变量的值，就必须使用 final 来声明变量。其实，在 Java 8 中，规则并没有改变，只是在使用变量时，封闭作用域内的变量是一个隐式的 final 变量，直到该变量被修改的那一刻，才要求使用 final 声明变量。

现在先看下面的 Java 代码。在这段代码中，process 函数参数类型是 MyClass。调用 process 方法时使用匿名对象，并在匿名对象的实现函数 test 中访问了 main 函数作用域中的 n 变量。在这种情况下，在 test 函数中只能读取 n 的值（无论 n 是否使用 final 声明）。

Java 代码

```
class MyClass
{
    public void test()
    {

    }
}
```

```
public class Test
{
    public static void process(MyClass obj)
    {
        obj.test();
    }
    public static void main(String[] args)
    {
        int n = 20;    // 该变量对象当前封闭作用域内的匿名方法是 final 的
        process(new MyClass(){
            public void test()
            {
                //   编译错误，n 必须使用 final，但使用 final 后，
                //   仍然会有编译错误，因为 final 变量的值是不可以修改的
                int m = n;
                if(n == 20)
                {
                    System.out.println("success");
                }
                else
                {
                    System.out.println("failed");
                }
            }

        });
    }
}
```

如果这段代码用 Kotlin 实现，在匿名对象中就可以任意访问变量 n 了，包括修改 n 的值。

Kotlin 代码

```
open class MyClass()
{
    open fun test()
    {

    }
}

fun process(obj: MyClass) {
    obj.test()
}

fun main(args:Array<String>)
{
    var n = 20
    process(object:MyClass(){
        override fun test() {
            if(n == 20)
            {
                println("success")
                n = 30    // 可以修改 n 的值
            }
            else
            {
```

```
                println("failed")
            }
        }
    })
}
```

7.1.4 陪伴对象

在 Kotlin 中并没有静态类成员的概念，但并不等于不能实现类似于静态类成员的功能。陪伴对象（Companion Objects）就是 Kotlin 用来解决这个问题的语法糖。

如果在 Kotlin 类中定义对象，那么就称这个对象为该类的陪伴对象。陪伴对象要使用 companion 关键字声明。

Kotlin 代码

```
class MyClass
{
companion object Factory
{
        fun create(): MyClass = MyClass()
    }
}
```

陪伴对象中定义的成员是可以直接通过类名访问的。

Kotlin 代码

```
val instance = MyClass.create()
```

注意，虽然陪伴对象的成员看起来很像其他语言中的类的静态成员（static member），但在运行期间，这些成员仍然是真实对象的实例的成员，它们与静态成员是不同的。不过使用 @JvmStatic 进行注释，Kotlin 编译器会将其编译成 Byte Code 真正的静态方法。这些内容会在后面的章节详细介绍。

7.2 委托

委托（Delegate）其实是一种非常好的代码重用方式，有点类似 AOP（面向方面编程），也就是将在多个地方出现的代码放到同一个地方，以便被多个类和属性重用。

7.2.1 类的委托

委托模式已被实践证明为类继承模式之外的另一种很好的替代方案，Kotlin 直接支持委托模式，因此用户不必再为了实现委托模式而手动编写那些"无聊"的重复代码。例如，Derived 类可以继承 Base 接口，并将 Base 接口所有的 public 方法委托给一个指定的对象。

Kotlin 代码

```
interface Base
```

```
{
    fun print()
}

class BaseImpl(val x: Int) : Base
{
    override fun print() { print(x) }
}

class Derived(b: Base) : Base by b
{
    // Derived 本身的方法
    fun getName():String
    {
        return "Bill"
    }
}
fun main(args: Array<String>) {
    val b = BaseImpl(10)
    Derived(b).print() // 打印结果为: 10
}
```

　　从这段代码可以看出，Derived 类使用 by 关键字将 Base 类的 print 函数委托给了一个对象。该对象需要通过 Derived 类的主构造器传入，而且该对象的类必须实现 Base 接口。在本例中，该对象是 BaseImpl 类的实例。如果 Derived 类不进行委托，就需要再实现一遍 print 函数。

7.2.2　委托属性

　　在实际应用中，有很多类属性的 getter 和 setter 函数的代码相同或类似，当然，从技术上来说，在每一个类中编写相同的代码是可行的，但这样就会造成代码的大量冗余，而且维护困难。为了解决这个问题，Kotlin 允许属性委托，也就是将属性的 getter 和 setter 函数的代码放到一个委托类中，如果在类中声明属性，只需要指定属性委托类。这样，相同的代码，就可以在同一个地方，大大减少代码的冗余，也让代码更容易维护。下面先看一个不使用属性委托的例子。

Kotlin 代码

```
class MyClass1
{
    var name:String = ""
    get():String
    {
        println("MyClass1.get 已经被调用")
        return field
    }
    set(value:String)
    {
        println("MyClass1.set 已经被调用")
        field = value

    }
}
```

```
class MyClass2
{
   var name:String = ""
       get():String
       {
           println("MyClass2.get 已经被调用")
           return field
       }
       set(value:String)
       {
           println("MyClass2.set 已经被调用")
           field = value

       }
}
fun main(args: Array<String>) {
   var c1 = MyClass1()
   var c2 = MyClass2()
   c1.name = "Bill"
   c2.name = "Mike"
   println(c1.name)
   println(c2.name)
}
```

执行这段代码，会输出如下内容。

MyClass1.set 已经被调用

MyClass2.set 已经被调用

MyClass1.get 已经被调用

Bill

MyClass2.get 已经被调用

Mike

在这段代码中，有两个类：MyClass1 和 MyClass2，这两个类都有一个 name 属性，该属性的 getter 和 setter 函数的代码非常相似，因此产生了代码冗余。下面就用委托类解决这个问题。

所谓委托类，就是一个包含 getValue 和 setValue 函数的类。这两个函数用 operator 声明。在使用委托类时，需要用 by 关键字，创建委托类实例的代码放在 by 后面，代码如下：

Kotlin 代码

```
import kotlin.reflect.KProperty
// 委托类
class Delegate
{
   // 用于保存属性值的成员变量
   var name:String = ""
   // 调用委托属性的 getter 函数，会调用委托类的 getValue 函数
   operator fun getValue(thisRef: Any?, property: KProperty<*>): String
   {
       // 获取 thisRef 指定的类名
```

```kotlin
        val className = thisRef.toString().substringBefore('@')
        println("${className}.get 已经被调用")
        return name
    }
    // 调用委托属性的 setter 函数，会调用委托类的 setValue 函数
    operator fun setValue(thisRef: Any?, property: KProperty<*>, value: String)
    {
        // 获取 thisRef 指定的类名
        val className = thisRef.toString().substringBefore('@')
        println("${className}.set 已经被调用")
        name = value
    }
}
class MyClass1
{
    // 将 name 属性委托给 Delegate 类
    var name:String by Delegate()

}
class MyClass2
{
    // 将 name 属性委托给 Delegate 类
    var name:String by Delegate()
}

fun main(args: Array<String>) {
    var c1 = MyClass1()
    var c2 = MyClass2()
    c1.name = "Bill"
    c2.name = "Mike"
    println(c1.name)
    println(c2.name)
}
```

现在执行这段代码，与前面未使用委托类时输出的内容完全一样。现在即使有更多的拥有 name 属性的类，只要 name 属性的 getter 和 setter 函数的实现类似，都可以将 name 属性委托给 Delegate 类。

7.2.3　委托类的初始化函数

如果委托类有主构造器，也可以向主构造器传入一个初始化函数。这时，可以定义一个委托函数的返回值是委托类，并在委托时指定初始化函数。下面的代码是基于上一小节代码的改进。在这段代码中，为委托类加了一个主构造器，并传入了一个初始化函数。初始化函数返回 String 类型的值，该值会在委托类中的 getValue 和 setValue 函数中调用。

Kotlin 代码

```kotlin
import kotlin.reflect.KProperty
// delegate 是委托泛型函数，可以适应任何 Kotlin 类型，该函数的返回值类型是泛型委托类
// 函数体只有一行代码，就是传入初始化函数的泛型委托类的实例（Delegate(initializer)）
public fun <T>delegate(initializer:() -> T):Delegate<T> = Delegate(initializer)
```

```
class MyClass1
{
    // name 委托给了 delegate 函数，并指定了初始化函数
    var name:String by delegate{
        //   这里面的代码是委托类的初始化函数（通过主构造器传入）
        println("MyClass1.name 初始化函数调用")
        "<MyClass1>"        //   初始化函数返回的字符串
    }
}
class MyClass2
{
    // name 委托给了 delegate 函数，并指定了初始化函数

    var name:String by delegate {
        //   这里面的代码是委托类的初始化函数（通过主构造器传入）
        println("MyClass2.name 初始化函数调用")
        "<MyClass2>"        //   初始化函数返回的字符串

    }
}
//   泛型委托类
class Delegate<T>(initializer: () -> T)
{
    var name:String = ""
    var className = initializer()        //   调用初始化函数，返回相应的类名
    operator fun getValue(thisRef: Any?, property: KProperty<*>): String
    {
        println("${className}.get 已经被调用")
        return name
    }
    operator fun setValue(thisRef: Any?, property: KProperty<*>, value: String)
    {
        println("${className}.set 已经被调用")
        name = value
    }
}
fun main(args: Array<String>) {
    var c1 = MyClass1()
    var c2 = MyClass2()
    c1.name = "Bill"
    c2.name = "Mike"
    println(c1.name)
    println(c2.name)
}
```

执行这段代码后，会输出如下内容。

MyClass1.name 初始化函数调用

MyClass2.name 初始化函数调用

<MyClass1>.set 已经被调用

<MyClass2>.set 已经被调用

<MyClass1>.get 已经被调用

Bill

<MyClass2>.get 已经被调用

Mike

7.2.4　委托的前提条件

在这一小节总结一下委托的前提条件。

对于一个只读属性（也就是 val 属性），它的委托必须提供一个名为 getValue 的函数，这个函数接受以下参数。

- ➢ receiver：这个参数的类型必须与属性所属的类相同，或者是它的基类。对于扩展属性，这个参数的类型必须与被扩展的类型相同，或者是它的基类。
- ➢ metadata：这个参数的类型必须是 KProperty<*>，或者是它的基类，这个函数的返回值类型必须与属性类型相同，或者是它的子类型。

对于一个值可变的属性（也就是 var 属性），除 getValue 函数之外，它的委托类还必须另外再提供一个名为 setValue 的函数，这个函数接受以下参数。

- ➢ receiver：与 getValue()函数的参数相同。
- ➢ metadata：与 getValue()函数的参数相同。
- ➢ new value：这个参数的类型必须与属性类型相同，或者是它的基类。

getValue 和 setValue 函数可以是委托类的成员函数，也可以是它的扩展函数。如果你需要将属性委托给一个对象，而这个对象本来没有提供这些函数，这时使用扩展函数会更便利一些。这两个函数都需要标记为 operator。

委托类可以实现 ReadOnlyProperty 和 ReadWriteProperty 接口中的一个，前者只包含 getValue 函数，后者包含了 getValue 和 setValue 函数。这些接口被声明在 Kotlin 标准库中的 kotlin.properties 包内。这两个接口的定义代码如下：

Kotlin 代码

```
interface ReadOnlyProperty<in R, out T>
{
    operator fun getValue(thisRef: R, property: KProperty<*>): T
}

interface ReadWriteProperty<in R, T>
{
    operator fun getValue(thisRef: R, property: KProperty<*>): T
    operator fun setValue(thisRef: R, property: KProperty<*>, value: T)
}
```

7.3　标准委托

Kotlin 标准库中提供了一些委托函数，可以实现几种很有用的委托。

7.3.1 惰性装载

lazy 是一个函数，接受一个 Lambda 表达式作为参数（初始化函数，与前面实现的 delegate 委托函数类似，返回一个 Lazy<T>类型的实例，这个实例可以作为一个委托，实现惰性加载属性（lazy property）：第一次调用 get()时，将会执行从 lazy 函数传入的 Lambda 表达式，然后会记住这次执行的结果，以后所有对 get()的调用都只会简单地返回以前记住的结果。

Kotlin 代码

```kotlin
//   惰性装载属性
val lazyValue: String by lazy
{
    //   该属性初始化函数的执行部分，只有第一次访问该属性时才会调用
    println("computed!")
    "Hello"
}

fun main(args: Array<String>)
{
    println(lazyValue)
    println(lazyValue)
}
```

执行这段代码，会输出如下内容。

computed!

Hello

Hello

默认情况下，惰性加载属性（lazy property）的执行是同步的（synchronized）。属性值只会在唯一一个线程内执行，然后所有线程都将得到同样的属性值。如果委托的初始化函数不需要同步，多个线程可以同时执行初始化函数，那么可以向 lazy 函数传入一个 LazyThreadSafetyMode.PUBLICATION 参数。相反，如果你确信初始化函数只可能在一个线程中执行，那么可以使用 LazyThreadSafetyMode.NONE 模式，这种模式不会保持线程同步，因此不会带来这方面的性能损失。

7.3.2 可观察属性

所谓可观察属性就是当属性变化时可以拦截其变化。实现观察属性值变化的委托函数是 Delegates.observable。该函数接受两个参数，第 1 个是初始化值，第 2 个是属性值变化事件的响应器（handler）。每次我们向属性赋值时，响应器都会被调用（在属性赋值处理完成之后）。响应器函数有 3 个参数，被赋值的属性（prop）、赋值前的旧属性值（old），以及赋值后的新属性值（new）。

Kotlin 代码

```kotlin
import kotlin.properties.Delegates
class User
{
    //  Mike 是 name 属性的初始值
    var name: String by Delegates.observable("Mike") {
        prop, old, new ->   //  响应器函数的 3 个参数
        println("旧值: $old  新值: $new")    //  输出旧的属性值和新的属性值
    }
}

fun main(args: Array<String>)
{
    val user = User()
    user.name = "Bill"
    user.name = "John"
}
```

执行这段代码，会输出如下内容。

旧值：Mike　新值：Bill

旧值：Bill　新值：John

7.3.3　阻止属性的赋值操作

如果你希望能够拦截属性的赋值操作，并且还能够"否决"赋值操作，那么不要使用 observable 函数，而应该使用 vetoable 函数。传递给 vetoable 函数的事件响应器会返回一个布尔类型的值，如果返回 true，表示允许给属性赋值，如果返回 false，就会否决属性的赋值（仍然保留原来的值）。

Kotlin 代码

```kotlin
import kotlin.properties.Delegates
class User
{
    var name: String by Delegates.vetoable("Mike")
    {
        prop, old, new ->
        println("旧值: $old  新值: $new")
        var result = true
        //  name 属性值不能是 Mary
        if(new.equals("Mary"))
        {
            result = false
            println("name 属性值不能是 Mary")
        }
        result                    //  返回 true 或 false，表示允许或否决属性的赋值
    }
}
fun main(args: Array<String>) {
    val user = User()
```

```
    user.name = "Bill"
    println(user.name)
    user.name = "Mary"              //  属性赋值被拦截，仍然保留原来的值（Bill）
    println(user.name)
}
```

执行这段代码，会输出如下内容。

旧值：Mike　新值：Bill

Bill

旧值：Bill　新值：Mary

name 属性值不能是 Mary

Bill

7.3.4 Map 委托

有一种常见的使用场景是将 Map 中的 key-value 映射到对象的属性中，这通常在解析 JSON 数据时用到。下面的代码中有一个 User 类，该类有 name 和 age 两个属性。通过主构造器传入一个 Map 对象，并将 Map 中的 key 的值映射到同名的属性中。所使用的方法就是每一个需要映射的属性使用 by 指定 Map 作为自己的委托。

Kotlin 代码

```
class User(var map:Map<String, Any>)
{
    val name: String by map         //  将 map 用作 name 属性的委托
    val age: Int    by map          //  将 map 作为 age 属性的委托
}
fun main(args: Array<String>)
{

    var map = mapOf(
            "name" to "John",
            "age"  to 25
    )
    val user = User(map)            // 将 map 中的 key-value 直接映射到 User 类的属性上
    println(user.name)
    println(user.age)
}
```

执行这段代码，会输出如下内容。

John

25

我们可以看到，在 User 类中使用了 val 声明 name 和 age 属性，这就意味着这两个属性值是不可修改的，即使将 val 改成 var 也不行，因为 Map 只有 getValue 方法，而没有 setValue 方法，所以 Map 只能通过 User 对象读取 name 和 age 属性值，而不能通过 User 对象设置 name

和 age 属性值。

7.3.5　MutableMap 委托

如果要让上一小节 User 类的 name 和 age 属性映射到可读写的委托，需要将这两个属性委托给 MutableMap。

Kotlin 代码

```
class User(var map: MutableMap<String, Any>)
{
  var name: String by map       //  name 属性和 map 中的值是同步的
  var age: Int     by map       //  age 属性和 map 中的值是同步的
}
fun main(args: Array<String>) {

  var mutableMap = mutableMapOf(
      "name" to "Mike",
      "age"  to 30
  )

  val user = User(mutableMap)
  println(user.name)
  println(user.age)
  user.name = "Mary"            // 修改 name 属性值，mutableMap 中相应的值也会变化
  println(mutableMap)
  mutableMap.put("age", 56);  // 修改 mutableMap 中 age 值，User.age 也会跟着变化
  println(user.age)
}
```

执行这段代码，会输出如下内容。

Mike

30

{name=Mary, age=30}

56

我们可以看到，如果将属性委托给 MutableMap，那么变化是双向的。无论是修改 MutableMap 中的值，还是 User 类的属性值，变化都是同步的。

7.4　小结

对象和委托是 Kotlin 中两个比较大的语法糖。对象相当于 Java 中的匿名对象，陪伴对象也可以代替 Java 中的静态类成员使用。而委托的主要作用就是实现代码重用，有点类似 AOP（面向方面编程）。

第 8 章　高阶函数与 Lambda 表达式

在调用高阶函数时使用 Lambda 表达式，可以使调用语法更加简洁，不过要想使用这种调用方式，就需要深入了解 Lambda 表达式的用法，本章则会满足读者这方面的需求。

8.1　高阶函数

高阶函数（higher-order function）是一种特殊的函数，它接受函数作为参数，或者返回一个函数。在下面的例子中，processProduct 是一个高阶函数，该函数的第 1 个参数是一个对象（Product 类型），第 2 个参数是一个函数类型。这个函数类型需要传递一个 name 参数（String 类型），并返回一个 String 类型。processProduct 函数会通过第 2 个参数 area 为产品添加产地。

Kotlin 代码

```
interface Product
{
   var area:String
   fun sell(name:String)
}
class MobilePhone:Product
{
   override var area: String = ""

   override fun sell(name: String) {
      println("销售${name}")
   }

   override fun toString(): String {
      return area
   }
}
fun mobilePhoneArea(name:String):String
{
   return "${name} 美国"
}
//   高阶函数
fun processProduct(product: Product, area:(name:String)->String):Product
{
   //   调用第 2 个参数指定的函数
```

```
    product.area = area("iPhone")
    return   product
}
fun main(args: Array<String>)
{
    var product = MobilePhone()
    //  将函数作为参数值传入高阶函数，需要在函数名前加两个冒号（::）作为标记
    processProduct(product, ::mobilePhoneArea)
    println(product)
}
```

现在执行这段代码，会输出如下内容。

iPhone 美国

Kotlin 为我们提供了更好的传递函数参数值的方法，就是 Lambda 表达式（会在 8.2 节详细介绍）。如果使用 Lambda 表达式，可以按如下形式调用 processProduct 函数，并以 Lambda 表达式方式将值传入 processProduct 函数。

Kotlin 代码

```
processProduct(product, {name->"${name}  美国" })
```

Lambda 表达式还提供了另外一个表达方式，如果 Lambda 表达式是函数的最后一个参数，可以将大括号写在外面，如下面代码所示。这种形式就好像是定义一个函数。

Kotlin 代码

```
processProduct(product)
{
    name->"${name}  美国"
}
```

8.2　Lambda 表达式与匿名函数

Lambda 表达式，或者称为匿名函数，是一种"函数字面值"（function literal），也就是一个没有声明的函数，但是可以作为表达式传递出去。我们来看看下面的代码。

Kotlin 代码

```
max(strings, { a, b -> a.length < b.length })
```

函数 max 是一个高阶函数，也就是说，它接受一个函数值作为第二个参数。第二个参数是一个表达式，本身又是另一个函数，也就是说，它是一个函数字面量。作为函数，它等价于如下代码。

Kotlin 代码

```
fun compare(a: String, b: String): Boolean = a.length < b.length
```

8.2.1　函数类型

对于接受另一个函数作为自己参数的函数，我们必须针对这个参数指定一个函数类型（Function Type）。例如，前面提到的 max 函数，它的定义如下：

kotlin 代码

```kotlin
fun <T> max(collection: Collection<T>, less: (T, T) -> Boolean): T?
{
    var max: T? = null
    for (it in collection)
        if (max == null || less(max, it))
            max = it
    return max
}
```

参数 less 的类型是（T，T）-> Boolean，也就是说，它是一个函数，接受两个 T 类型参数，并且返回一个 Boolean 类型结果。如果第一个参数小于第二个参数，则返回 true，否则返回 false。

在函数 max 内部，less 作为一个函数使用，并传递给 less 两个 T 类型的参数。函数类型的定义可以写成上面例子中那样。

8.2.2　Lambda 表达式的语法

Lambda 表达式的完整语法形式，也就是函数类型的字面值，如下：

Kotlin 代码

```kotlin
val sum = { x: Int, y: Int -> x + y }
```

Lambda 表达式包含在大括号之内，在完整语法形式中，参数声明在小括号之内，参数类型的声明可选，函数体在 "->" 符号之后。如果 Lambda 表达式自动推断的返回值类型不是 Unit，那么在 Lambda 表达式函数体中，最后一条（或者就是唯一一条）表达式的值会被当做整个 Lambda 表达式的返回值。

如果我们把所有可选的内容都去掉，那么剩余的部分如下：

Kotlin 代码

```kotlin
val sum: (Int, Int) -> Int = { x, y -> x + y }
```

很多情况下，Lambda 表达式只有唯一一个参数。如果 Kotlin 能够自行判断出 Lambda 表达式的参数定义，那么它将允许我们省略唯一一个参数的定义（"->" 也可以一同省略），并且会为我们隐含地定义这个参数，使用的参数名为 it。例如，8.1 节调用 processProduct 函数的代码可以改写成如下形式。

```kotlin
processProduct(product)
{
    "${it}美国"
```

```
        }
```

　　如果使用带标签限定的 return 语法，那么可以在 Lambda 表达式内明确地返回一个结果值。否则，会隐含地返回 Lambda 表达式内最后一条表达式的值。因此，下面两段代码是等价的。

未使用 return 语句

```
processProduct(product)
{
    "${it}美国"
}
```

使用 return 语句

```
processProduct(product)
{
    return "${it}美国"
}
```

8.2.3　匿名函数

　　上面讲到的 Lambda 表达式语法，还遗漏了一点，就是可以指定函数的返回值类型。大多数情况下，不需要指定函数类型，因为可以自动推断得到。但是，如果的确需要明确指定返回值类型，那么可以选择另一种语法：匿名函数（anonymous function）。

Kotlin 代码

```
fun(x: Int, y: Int): Int = x + y
```

　　匿名函数看起来与通常的函数声明很类似，区别在于省略了函数名。函数体可以是一个表达式（如上例），也可以是多条语句组成的代码段。

Kotlin 代码

```
fun(x: Int, y: Int): Int
{
    return x + y
}
```

　　参数和返回值类型的声明与通常的函数一样，但如果参数类型可以通过上下文推断得到，那么类型声明可以省略。

Kotlin 代码

```
ints.filter(fun(item) = item > 0)
```

　　对于匿名函数，返回值类型的自动推断方式与通常的函数一样：如果函数体是一个表达式，那么返回值类型可以自动推断得到；如果函数体是多条语句组成的代码段，则返回值类型必须明确指定（否则会认为是 Unit）。

　　注意，匿名函数参数一定要在小括号内传递。允许将函数类型参数写在小括号之外的语法，仅对 Lambda 表达式有效。

8.2.4 闭包（Closure）

Lambda 表达式、匿名函数（此外还有局部函数、对象表达式）可以访问它的闭包，也就是定义在外层范围中的变量。与 Java 不同，闭包中捕获的变量是可以修改的，而在 Java 中必须用 final 声明变量，才能被 Lambda 表达式、匿名函数等访问。

```
var sum = 0
ints.filter { it > 0 }.forEach {
    sum += it
}
print(sum)
```

8.3 小结

高阶函数和 Lambda 表达式听起来似乎很"高端"，其实它们在使用上并没有那么复杂，尤其是 Lambda 表达式，是很多现代语言都支持的，因此，读者要仔细阅读本章的内容，否则真看到使用 Lambda 表达式编写的代码，就不知所云了。

尽管函数在前面的章节已经多次使用了,但我们并没有全面介绍函数的用法,到现在为止,仍然有很多函数的用法未涉及。本章将全面地阐述 Kotlin 函数的形式和用法,以便读者可以充分利用函数的各种高级特性。

9.1　函数基本用法

本节回顾一下函数的基本定义,如果对此熟悉的读者,可以直接忽略本节的内容。

Kotlin 函数必须使用 fun 关键字开头,后面紧跟着函数名,以及一对小括号,小括号中是函数参数列表,如果函数有返回值,在小括号后面加冒号(:),冒号后面是函数的返回值类型。

Kotlin 代码(函数的标准定义)

```
fun double(x: Int): Int
{
    return 2*x
}
```

在 Kotlin 中,调用函数的方式与 Java 完全相同,函数名后面是小括号,里面是要传递给函数的参数值。下面是调用 double 函数的代码。

Kotlin 代码(调用函数)

```
val result = double(2)
```

如果是调用成员函数,需要使用点(.)符号。假设 Sample 是一个类,该类中有一个 foo 函数,调用该函数的代码如下:

```
Sample().foo()          // 首先会实例化 Sample,然后调用该实例中的 foo 函数
```

9.2　使用中缀标记法调用函数

Kotlin 允许使用中缀表达式调用函数。所谓中缀表达式,就是指将函数名称放到两个操作数中间。这两个操作数,左侧是包含函数的对象或值,右侧是函数的参数值。从这个描述可以看

出，并不是所有的函数都支持中缀表达式。支持中缀标记法调用的函数必须满足下面 3 个条件。

➤ 成员函数或者扩展函数。

➤ 只有 1 个参数。

➤ 使用 infix 关键字声明函数。

下面举一个例子，在这个例子中，使用扩展给 String 类添加一个除法操作。什么是字符串的除法操作呢？这里的字符串的除法实际上也是一个语法糖，就是去除分子字符串中包含的所有分母字符串。

Kotlin 代码（字符串除法）

```
infix fun String.div(str: String):String
{
    return this.replace(str, "")    // 将当前字符串中的所有 str 都替换成空串
}
```

如果按一般的方式调用 div 函数，那么可以通过下面的方法调用。

Kotlin 代码

```
var str = "hello world"
println(str.div("l"))
```

如果使用中缀表达式调用，那么需要使用下面的代码。

Kotlin 代码（中缀表达式）

```
println(str div "l")    // 输出 heo word
```

中缀表达式可以连续使用。

Kotlin 代码（中缀表达式）

```
println(str div "l" div "o")    // 输出 he wrd
```

9.3 单表达式函数

如果一个函数的函数体只有一条语句，而且是 return 语句，那么可以省略函数体的大括号，以及 return 关键字。return 后面的表达式可以直接写在函数声明的后面，用等号与函数声明分隔。

Kotlin 代码

```
fun double(x: Int): Int = x * 2
```

如果 Kotlin 编译器可以推断出等号右侧的表达式的类型，那么可以省略函数的返回值类型。例如，前面的代码可以简化为如下形式。

Kotlin 代码

```
fun double(x: Int) = x * 2
```

9.4 函数参数和返回值

本节主要介绍与函数参数和返回值相关的知识点。

9.4.1 可变参数

一个函数的一个参数（一般是最后一个参数）可以标记为 vararg，这样会将该参数作为可变参数处理。所谓可变参数，就是指可以任意多个参数，在函数内部，会按数组来处理这些参数值。下面的 asList 函数是一个泛型函数，该函数只有一个参数，并且是可变参数。该函数返回 List<T>类型。asList 函数的功能是将一组值转换为 List<T>对象，并返回该对象。

Kotlin 代码

```kotlin
fun <T> asList(vararg ts: T): List<T>
{
   val result = ArrayList<T>()
   for (t in ts)
      result.add(t)
   return result
}
```

由于 ts 是可变参数，因此可以传递任意多个参数值，并且可以是任意类型的。

Kotlin 代码

```kotlin
var list = asList(1,2,"a",4,5)
println(list)
```

在 asList 函数内部，类型为 T 的 vararg 参数会被看作一个 T 类型的数组，也就是说，asList 函数中的 ts 变量的类型为 Array<out T>。

只有一个参数可以标记为 vararg。如果 vararg 参数不是函数的最后一个参数，那么对于 vararg 参数之后的其他参数，可以使用命名参数语法来传递参数值，或者，如果参数类型是函数，可以在括号之外传递一个 Lambda 表达式。例如，下面的 asList 函数有 3 个参数，第 1 个参数是可变参数，后两个是 value1 和 value2 参数。由于最后一个参数不是可变参数，因此在传递 value1 和 value2 参数的值时需要使用命名参数。其中 Lambda 表达式会在后面的章节详细介绍。

Kotlin 代码

```kotlin
fun <T> asList (vararg ts: T, value1:Int, value2:String): List<T>
{
   val result = ArrayList<T>()
   for (t in ts)
      result.add(t)
   println("value1=${value1}  value2 = ${value2}")
   return result
```

```
    }
fun main(args: Array<String>)
{
    //  使用命名参数传递 value1 和 value2 参数的值
    var list = asList (1,2,3,value1=2, value2="abc")
    println(list)
}
```

执行这段代码，会输出如下内容。

value1=2   value2 = abc

[1, 2, 3]

调用一个存在 vararg 参数的函数时，我们可以逐个传递参数值，如 asList(1, 2, 3)，或者，如果我们已经有了一个数组，希望将它的内容传递给函数，可以使用展开（spread）操作符（在数组之前加一个 *）：

Kotlin 代码

```
val a = arrayOf(1, 2, 3)
val list = asList(-1, 0, *a, 4)
```

9.4.2 返回值类型

如果函数体为多行语句组成的代码段，那么就必须明确指定返回值类型，除非这个函数打算返回 Unit（不返回任何值），这时返回类型的声明可以省略。对于多行语句组成的函数，Kotlin 不会推断其返回值类型，因为这样的函数内部可能存在复杂的控制流，而且返回值类型对于代码的阅读者来说并不是那么一目了然（有些时候，甚至对于编译器来说也很难判定返回值类型）。

9.5 函数的范围

在 Kotlin 中，函数可以定义在源代码的顶级范围内（top level），这就意味着你不必像在 Java、C#或 Scala 等语言中那样，创建一个类来容纳这个函数，除顶级函数之外，Kotlin 中的函数也可以定义为局部函数、成员函数及扩展函数。

9.5.1 局部函数

Kotlin 支持局部函数，也就是嵌套在另一个函数内的函数。

Kotlin 代码

```
fun saveFile()
{
    //  局部函数
    fun getFullFileName(fn:String):String
    {
        return "/users/${fn}"
```

```
    }
    var filename = getFullFileName("test.txt")
    println("${filename} 已经保存成功")
}
```

局部函数可以访问外部函数中的局部变量，因此，在上面的例子中，fn 可以定义为一个局部变量。

Kotlin 代码

```
fun saveFile()
{
    var fn:String
    fn = "test.txt"
    fun getFullFileName():String
    {
        return "/users/${fn}"
    }

    var filename = getFullFileName()
    println("${filename} 已经保存成功")
}
```

9.5.2 成员函数

成员函数是指定义在类或对象之内的函数。

Kotlin 代码

```
class Sample()
{
    //  成员函数
    fun foo() { print("Foo") }
}
```

对成员函数的调用使用点号标记法。

Kotlin 代码

```
Sample().foo() // 创建 Sample 类的实例，并调用 foo 函数
```

关于类，以及重写成员函数、成员属性的详细描述，可参见第 3 章的相关内容。

9.6 泛型函数

函数可以带有泛型参数，泛型参数通过函数名之前的尖括号来指定。

Kotlin 代码

```
fun <T> singletonList(item: T): List<T>
{
    // ...
```

　　}

　　关于泛型函数，详情可参见 6.5 节的内容。

9.7 内联函数

　　内联函数是 Kotlin 中比较复杂的概念，用起来也要当心。那么在使用内联函数时，应该注意什么，以及 Kotlin 内联函数应该如何使用呢？本节介绍的内容将回答上面提出的问题。

9.7.1 让 Lambda 表达式内联进函数

　　使用高阶函数，在运行时会带来一些不利。每个函数都是一个对象，而且它还要捕获一个闭包，也就是在函数体内部访问的那些外层变量。内存占用（函数对象和类都会占用内存）以及虚方法调用都会带来运行时的消耗。

　　但在很多情况下，通过将 Lambda 表达式内联在使用处，可以消除这些运行时消耗。要想让函数支持内联，需要在定义函数时使用 inline 关键字。

　　先看下面的 Kotlin 代码。

Kotlin 代码（未使用 inline）

```
// Test.kt
fun processProduct( area:(name:String)->String):String
{
   return  area("iPhone")
}
fun main(args: Array<String>)
{
   println(processProduct({name->"${name} 美国"}))
}
```

　　在这段代码中，processProduct 函数有一个函数类型的参数，在 main 函数中通过 Lambda 表达式向 processProduct 函数传入了参数值。对于这种调用方式，Kotlin 编译器会为 Lambda 表达式单独创建一个对象，然后将 Lambda 表达式转换为相应的函数并调用，这样做很消耗资源，尤其是这种情况非常多的时候。为了证明我们的观点，可以使用 "javap -c TestKt.class" 命令反编译 TestKt.class（该文件是 Test.kt 文件编译生成的.class 文件）。

Byte Code（TestKt.class 文件反编译生成的 main 函数代码）

```
public static final void main(java.lang.String[]);
Code:
 0: aload_0
 1: ldc            #30                    // String args
 3: invokestatic   #15                    // Method kotlin/jvm/internal/Intrins
//ics.checkParameterIsNotNull:(Ljava/lang/Object;Ljava/lang/String;)V
 6: getstatic      #36             // Field TestKt$main$1.INSTANCE:LTestKt$main$1;
 9: checkcast      #19             // class kotlin/jvm/functions/Function1
```

```
12: invokestatic  #38        // Method processProduct:(Lkotlin/jvm/functions/
//Function1;)Ljava/lang/String;
15: astore_1
16: getstatic     #44        // Field java/lang/System.out:Ljava/io/PrintStream;
19: aload_1
20: invokevirtual #50        // Method java/io/PrintStream.println:(Ljava/lang/
//Object;)V
23: return
}
```

从这段 Byte Code 的第 12 行，可以找到 Lkotlin/jvm/functions/Function1，Function1 是 Kotlin 标准库提供的一个接口，用于调用对象。其实我们也不需要关心 Function1 到底如何使用，只需要知道 Kotlin 编译器并没有把 Lambda 表达式{name->"${name} 美国"}嵌入到 main 函数中即可。

接下来，在 processProduct 函数 fun 关键字前面加 inline，代码如下：

Kotlin 代码（使用 inline）

```
inline fun processProduct( area:(name:String)->String):String
{
    return  area("iPhone")
}
```

运行程序后，重新使用"javap -c TestKt.class"反编译，会看到如下的 main 函数代码。

Byte Code（TestKt.class 文件反编译生成的 main 函数代码）

```
public static final void main(java.lang.String[]);
Code:
 0: aload_0
 1: ldc           #32                 // String args
 3: invokestatic  #15                 // Method kotlin/jvm/internal/Intrins
ics.checkParameterIsNotNull:(Ljava/lang/Object;Ljava/lang/String;)V
 6: nop
 7: ldc           #17                 // String iPhone
 9: astore_1
10: new           #34                 // class java/lang/StringBuilder
13: dup
14: invokespecial #38        // Method java/lang/StringBuilder."<init>":()V
17: aload_1
18: invokevirtual #42                 // Method java/lang/StringBuilder.app
//end:(Ljava/lang/String;)Ljava/lang/StringBuilder;
21: ldc           #44                 // String 美国
23: invokevirtual #42                 // Method java/lang/StringBuilder.app
//end:(Ljava/lang/String;)Ljava/lang/StringBuilder;
26: invokevirtual #48                 // Method java/lang/StringBuilder.to
//String:()Ljava/lang/String;
29: astore_1
30: getstatic     #54        // Field java/lang/System.out:Ljava/io/PrintStream;
33: aload_1
34: invokevirtual #60                 // Method java/io/PrintStream.println:
//(Ljava/lang/Object;)V
```

```
37: return
 }
```

　　明显，在第 21 行出现了"// String　美国"字样，其实我们并不需要理解这是什么，这些内容与调用 processProduct 函数时指定的 Lambda 表达式有关。因此，基本上可以断定，通过指定 inline 关键字，Kotlin 编译器将 Lambda 表达式直接放到了 main 函数，这就称为函数的内联。

　　需要注意的是，要内联的函数带的 Lambda 不宜过大，否则会造成生成的.class 文件尺寸过大。因为函数存在的意义就是为了重用，也就是编写一次，在任何地方都可以调用。但把函数内联进其他函数，就违背了这个原则，相当于在每一个调用的地方都复制一份函数，尽管这是自动完成的，但如果每一个内联的 Lambda 表达式都比较大，而且类似的情况比较多的话，会大大增加生成的.class 文件的尺寸。

9.7.2　内联部分 Lambda 表达式

　　如果一个需要内联的函数，多个参数都是函数类型，使用 inline 后，会将所有使用 Lambda 表达式的参数值都内联进当前函数。例如，processProduct 函数的两个参数都是函数类型。在 main 函数调用 processProduct 时传入了两个 Lambda 表达式，并在声明 processProduct 函数时指定了 inline 关键字。

Kotlin 代码

```
inline fun processProduct( area1:(name:String)->String,noinline area2:(name
:String)->String):String
{
   return  area1("iPhone") + "   " + area2("埃菲尔铁塔")
}
fun main(args: Array<String>)
{
   println(processProduct({name->"${name} 美国"},{name->"${name} 法国"}))
}
```

　　运行这段代码后，使用"javap -c TestKt.class"命令反编译 TestKt.class，会得到如下的 main 函数的 Byte Code。

Byte Code

```
public static final void main(java.lang.String[]);
Code:
 0: aload_0
 1: ldc            #52                      // String args
 3: invokestatic  #15                      // Method kotlin/jvm/internal/Intrinsics.
//checkParameterIsNotNull:(Ljava/lang/Object;Ljava/lang/String;)V
 6: nop
 7: new            #19                      // class java/lang/StringBuilder
10: dup
11: invokespecial #23              // Method java/lang/StringBuilder."<init>":()V
```

```
14: ldc            #25         // String iPhone
16: astore_1
17: astore          4
19: new            #19                     // class java/lang/StringBuilder
22: dup
23: invokespecial #23          // Method java/lang/StringBuilder."<init>":()V
26: aload_1
27: invokevirtual #37                     // Method java/lang/StringBuilder.app
//end:(Ljava/lang/String;)Ljava/lang/StringBuilder;
30: ldc            #54                     // String 美国
32: invokevirtual #37                     // Method java/lang/StringBuilder.app
//end:(Ljava/lang/String;)Ljava/lang/StringBuilder;
35: invokevirtual #45                     // Method java/lang/StringBuilder.to
//String:()Ljava/lang/String;
38: astore          5
40: aload           4
42: aload           5
44: invokevirtual #37                     // Method java/lang/StringBuilder.app
//end:(Ljava/lang/String;)Ljava/lang/StringBuilder;
47: ldc            #39                     // String
49: invokevirtual #37                     // Method java/lang/StringBuilder.app
//end:(Ljava/lang/String;)Ljava/lang/StringBuilder;
52: ldc            #41                     // String 埃菲尔铁塔
54: astore_1
55: astore          4
57: new            #19                     // class java/lang/StringBuilder
60: dup
61: invokespecial #23          // Method java/lang/StringBuilder."<init>":()V
64: aload_1
65: invokevirtual #37                     // Method java/lang/StringBuilder.app
//end:(Ljava/lang/String;)Ljava/lang/StringBuilder;
68: ldc            #56                     // String 法国
70: invokevirtual #37                     // Method java/lang/StringBuilder.app
//end:(Ljava/lang/String;)Ljava/lang/StringBuilder;
73: invokevirtual #45                     // Method java/lang/StringBuilder.to
//String:()Ljava/lang/String;
76: astore          5
78: aload           4
80: aload           5
82: invokevirtual #37                     // Method java/lang/StringBuilder.app
//end:(Ljava/lang/String;)Ljava/lang/StringBuilder;
85: invokevirtual #45                     // Method java/lang/StringBuilder.to
//String:()Ljava/lang/String;
88: astore_1
89: getstatic      #62         // Field java/lang/System.out:Ljava/io/PrintStream;
92: aload_1
93: invokevirtual #68         // Method java/io/PrintStream.println:(Ljava/lang/
//Object;)V
96: return
    }
```

　　明显，从这段代码中很容易找到"美国"和"法国"字样，这说明 Kotlin 编译器已经将这两个 Lambda 表达式都内联进了 main 函数。

如果只想内联部分 Lambda 表达式该怎么办呢？要想达到这个目的，只需要在相应参数前加 noinline 关键字即可。

Kotlin 代码

```
inline fun processProduct( area1:(name:String)->String,noinline area2:(name
:String)->String):String
{
    return  area1("iPhone") + "    " + area2("埃菲尔铁塔")
}
```

在这段代码中，第二个参数（area2）前面加了 noinline，这就意味着即使 processProduct 函数前面加了 inline，第二个参数值仍然不会内联进调用函数。现在重新运行 Test 程序，并使用 "javap -c TestKt.class" 反编译 TestKt.class 文件，会得到如下 main 函数的 Byte Code。

Byte Code

```
public static final void main(java.lang.String[]);
Code:
 0: aload_0
 1: ldc            #52                    // String args
 3: invokestatic   #15                    // Method kotlin/jvm/internal/Intrins
//ics.checkParameterIsNotNull:(Ljava/lang/Object;Ljava/lang/String;)V
 6: getstatic      #58            // Field TestKt$main$2.INSTANCE:LTestKt$main$2;
 9: checkcast      #27            // class kotlin/jvm/functions/Function1
12: astore_1
13: new            #19                    // class java/lang/StringBuilder
16: dup
17: invokespecial  #23        // Method java/lang/StringBuilder."<init>":()V
20: ldc            #25                    // String iPhone
22: astore_2
23: astore         5
25: new            #19                    // class java/lang/StringBuilder
28: dup
29: invokespecial  #23        // Method java/lang/StringBuilder."<init>":()V
32: aload_2
33: invokevirtual  #37                    // Method java/lang/StringBuilder.app
//end:(Ljava/lang/String;)Ljava/lang/StringBuilder;
36: ldc            #60                    // String 美国
38: invokevirtual  #37                    // Method java/lang/StringBuilder.app
//end:(Ljava/lang/String;)Ljava/lang/StringBuilder;
41: invokevirtual  #45                    // Method java/lang/StringBuilder.to
//String:()Ljava/lang/String;
44: astore         6
46: aload          5
48: aload          6
50: invokevirtual  #37                    // Method java/lang/StringBuilder.app
//end:(Ljava/lang/String;)Ljava/lang/StringBuilder;
53: ldc            #39                    // String
55: invokevirtual  #37                    // Method java/lang/StringBuilder.app
//end:(Ljava/lang/String;)Ljava/lang/StringBuilder;
58: aload_1
```

```
 59: ldc              #41                  // String 埃菲尔铁塔
 61: invokeinterface #31, 2                // InterfaceMethod kotlin/jvm/functions/
//Function1.invoke:(Ljava/lang/Object;)Ljava/lang/Object;
 66: checkcast        #33                  // class java/lang/String
 69: invokevirtual #37                     // Method java/lang/StringBuilder.app
//end:(Ljava/lang/String;)Ljava/lang/StringBuilder;
 72: invokevirtual #45                     // Method java/lang/StringBuilder.to
//String:()Ljava/lang/String;
 75: astore_1
 76: getstatic        #66    // Field java/lang/System.out:Ljava/io/PrintStream;
 79: aload_1
 80: invokevirtual #72      // Method java/io/PrintStream.println:(Ljava/lang/
//Object;)V
 83: return
 }
```

明显，在这段代码中，只能看到"美国"，并没有提到"法国"，这说明第 2 个 Lambda 表达式并没有内联进 main 函数。

9.7.3　非局部返回（Non-local return）

在 Kotlin 中，使用无限定符的 return 语句，只能用来退出一个有名称的函数或匿名函数。这就意味着，要退出一个 Lambda 表达式，必须使用一个标签，无标签的 return 在 Lambda 表达式内是禁止使用的，因为 Lambda 表达式不允许强制包含它的函数返回。

Kotlin 代码

```
fun foo()
{
   ordinaryFunction {
       return   // 错误：这里不允许让 'foo' 函数返回
   }
}
```

但是，如果 Lambda 表达式被传递去的函数是内联函数，那么 return 语句也可以内联，因此 return 是允许的。

```
fun foo()
{
   inlineFunction
   {
       return        // OK: 这里的 Lambda 表达式是内联的
   }
}
```

这样的 return 语句（位于 Lambda 表达式内部，但是退出包含 Lambda 表达式的函数）称为非局部（non-local）返回。我们在循环中经常用到这样的结构，而循环也常常就是包含内联函数的地方。

```
fun hasZeros(ints: List<Int>): Boolean
```

```
{
   ints.forEach
   {
      if (it == 0) return true // 从 hasZeros 函数返回
   }
   return false
}
```

注意，有些内联函数可能并不在自己的函数体内直接调用传递给它的 Lambda 表达式参数，而是通过另一个执行环境来调用，如通过一个局部对象或者一个嵌套函数。这种情况下，在 Lambda 表达式内，非局部的控制流同样是禁止的。为了标识这一点，Lambda 表达式参数需要添加 crossinline 修饰符。

```
inline fun f(crossinline body: () -> Unit)
{
   val f = object: Runnable
   {
      override fun run() = body()
   }
   // ...
}
```

9.7.4　实体化的类型参数（Reified type parameter）

有些时候我们需要访问作为参数传递来的类型。

Kotlin 代码

```
fun <T> TreeNode.findParentOfType(clazz: Class<T>): T?
{
   var p = parent
   while (p != null && !clazz.isInstance(p)) {
      p = p?.parent
   }
   @Suppress("UNCHECKED_CAST")
   return p as T
}
```

在这段代码中，向上遍历一棵树，然后使用反射来检查节点是不是某个特定的类型。这些都没问题，但这个函数的调用代码不太"漂亮"。

Kotlin 代码

```
myTree.findParentOfType(MyTreeNodeType::class.java)
```

我们真正需要的只是简单地将一个类型传递给这个函数，也就是说，像下面这样调用它。

Kotlin 代码

```
myTree.findParentOfType<MyTreeNodeType>()
```

为了达到这个目的，内联函数支持实体化的类型参数（reified type parameter），使用这个功能我们可以将代码写成如下形式。

Kotlin 代码

```
inline fun <reified T> TreeNode.findParentOfType(): T?
{
    var p = parent
    while (p != null && p !is T)
    {
        p = p?.parent
    }
    return p as T
}
```

我们给类型参数添加了 reified 修饰符，现在它可以在函数内部访问了，就好像它是一个普通的类一样。由于函数是内联的，因此不必使用反射，通常的操作符，如!is 和 as 都可以正常工作了。此外，我们可以像前面提到的那样来调用这个函数。

Kotlin 代码

```
myTree.findParentOfType<MyTreeNodeType>()
```

虽然很多情况下并不需要，但是仍然可以对一个实体化的类型参数使用反射。

Kotlin 代码

```
inline fun <reified T> membersOf() = T::class.members
fun main(s: Array<String>) {
    println(membersOf<StringBuilder>().joinToString("\n"))
}
```

通常的函数（没有使用 inline 标记的）不能使用实体化的类型参数。一个没有运行时表现的类型（例如，一个没有实体化的类型参数，或者一个虚拟类型，如 Nothing）不可以用作实体化的类型参数。

9.7.5　内联属性

inline 同样可以用在属性的 get 和 set 函数，但这两个函数中不能包含 field 字段。

Kotlin 代码

```
val foo: Foo
    inline get() = Foo()

var bar: Bar
    get() = ...
    inline set(v) { ... }
```

除了单独内联 get 和 set 外，还可以内联整个属性。

Kotlin 代码

```
inline var bar: Bar
    get() = ...
    set(v) { ... }
```

9.8　小结

　　尽管函数的基本用法很简单，但实际上，Kotlin 中的函数相当复杂，尤其是内联函数。内联函数并不是 Kotlin 专有的，C++也有内联函数，含义也类似，就是为了提高执行效率，将函数直接复制一份到当前的调用位置，不过这也会造成代码冗长，可以说，内联函数是一把"双刃剑"！

第 10 章 其他 Kotlin 技术（1）

尽管到现在为止，我们已经讲了很多关于 Kotlin 的新技术，但 Kotlin 中的技术远不止这些，在这一章，我们继续来学习更多关于 Kotlin 的新知识。

10.1 数据解构

数据解构在前面的章节已经接触过了，这里再总结一下。所谓数据解构，就是将对象中的数据解析成相应的独立变量，也就是脱离原来的对象而存在。

Kotlin 代码

```
val (name, age) = person
```

在这行代码中，将 person 对象的 name 和 age 属性解构了出来，分别赋给了 name 和 age 变量。如果要实现这样的功能，那么 person 对象需要是数据类的实例。

Kotlin 代码

```
data class Person(var name:String, var age:Int, var salary:Float)
```

这行代码是一个 Person 数据类，该数据类有 3 个参数，下面的代码要将这 3 个参数对应的属性值赋给相应的 3 个变量。

Kotlin 代码

```
var person = Person("Bill", 30, 1200F)
var (name, age, salary) = person    // 数据解构
println("name=${name} age = ${age}  salary=${salary}")
```

执行这段代码，会输出如下内容。

name=Bill age = 30   salary=1200.0

如果要想让一个函数返回多个值，并能解构这些值，也需要返回数据类对象。

Kotlin 代码

```
fun deletePerson(id:Int):Person
{
    println("已经成功删除指定 Person")
    //  查询出 Person 的数据
    var person = Person("Bill", 30, 1200F)
    return person
}
```

调用 deletePerson 函数，并解构其返回值的代码如下：

Kotlin 代码

```
var (name, age, salary) = deletePerson(20)    //  解构方法返回值
println("name=${name} age = ${age}  salary=${salary}")
```

有很多对象，可以保存一组值，并且可以通过 for...in 语句，将这些值解构出来。例如，Map 对象就是这样。下面的代码创建了一个 MutableMap 对象，并保存了两个 key-value 值对，然后使用 for...in 语句将其解构出来。

Kotlin 代码

```
var map = mutableMapOf<Int, String>()
map.put(10, "Bill")
map.put(20, "Mike")
//  解构 map 对象中的 key-value 值对
for((key, value) in map)
{
    println("key=${key}  value=${value}")
}
```

执行这段代码，会输出如下内容。

key=10　value=Bill

key=20　value=Mike

其中这些对象都是通过数据类实现的。例如，我们也可以自己来实现类似的功能。

Kotlin 代码

```
data class MyArrayItem(var key:Int, var value:String, var comment: String)
fun valueArray():Collection<MyArrayItem>
{
    var result = arrayListOf<MyArrayItem>(MyArrayItem(20, "A", "Comment1"),
        MyArrayItem(30, "B", "Comment2"), MyArrayItem(40, "C", "Comment3"))
    return result
}
```

在这段代码中，valueArray 函数返回了一个集合对象（Collection），每一个集合元素都是 MyArrayItem 类型，MyArrayItem 是一个数据类，因此，可以使用下面的代码输出 valueArray

函数的返回值。

Kotlin 代码

```
for((key, value, comment) in valueArray())
{
    println("key = ${key}, value=${value}, comment=${comment}")
}
```

执行这段代码，会输出如下内容。

key = 20, value=A, comment=Comment1

key = 30, value=B, comment=Comment2

key = 40, value=C, comment=Comment3

10.2　集合

　　尽管 Kotlin 可以使用 JDK 中提供的集合，但 Kotlin 标准库仍然提供了自己的集合 API。与 Java 不同的是，Kotlin 标准库将集合分为可修改的和不可修改的，这一点和 Apple 的 Cocoa Touch 类似。在 Kotlin 中，不可修改的集合 API 包括 List、Set、Map 等；可修改集合的 API 包括 MutableList、MutableSet、MutableMap 等，也就是前面需要加 Mutable 前缀。这些 API 都是接口，而且它们都是 Collection 的子接口。

　　Kotlin 之所以这样设计，是为了尽可能避免漏洞（Bug）。因为集合变量在声明时就确定是否为只读或读写的，所以可以避免在操作过程中向集合中误写入数据。

　　由于 Byte Code 并没有只读集合的指令，因此 Kotlin 通过语法糖来实现只读集合。也许很多读者还记得前面讲过的用来声明泛型的 out 关键字。如果泛型用 out 声明，那么该泛型只能用于读操作。因此，前面提到的不可修改的集合 API（List、Set 和 Map），在定义时都使用了 out 声明泛型。

Kotlin 代码（List 接口）

```
public interface List<out E> : Collection<E>
{
    …
}
```

Kotlin 代码（Set 接口）

```
public interface Set<out E> : Collection<E>
{
    …
}
```

Kotlin 代码（Map 接口）

```
public interface Map<K, out V>
```

```
{
    ...
}
```

很显然，这 3 段代码都使用了 out 声明泛型，其中 Map 只使用 out 声明了 V，K 表示 Map 的 key。

下面是一些集合常用的方式。

Kotlin 代码

```
val numbers: MutableList<Int> = mutableListOf(1, 2, 3)  // 创建可读写的列表对象
val readOnlyView: List<Int> = numbers              //  将读写列表变成字段列表
println(numbers)                                   //  输出[1, 2, 3]
numbers.add(4)                                      //  向 numbers 添加一个新元素
println(readOnlyView)                               //  输出[1, 2, 3, 4]
readOnlyView.clear()                                //  编译错误，没有 clear 函数

val strings = hashSetOf("a", "b", "c", "c")    //  建立一个只读的集合
assert(strings.size == 3)
```

从这段代码可以看出，集合类并没有提供构造器创建集合对象，而是提供了一些函数来创建集合对象。下面是一些常用的创建集合对象的函数。

➤ listOf：用于创建 List 对象。
➤ setOf：用于创建 Set 对象。
➤ mapOf：用于创建 Map 对象。
➤ mutableListOf：用于创建 MutableList 对象。
➤ mutableSetOf：用于创建 MutableSet 对象。
➤ mutableMapOf：用于创建 MutableMap 对象。

下面是上述部分函数的应用案例。

Kotlin 代码

```
//  创建 List 对象
val items = listOf(1, 2, 3)
//  创建 MutableSet 对象
val mutableSet = mutableSetOf<Int>(4,5,6,7,8)
//  创建 Map 对象
val map = mapOf<String, String>(Pair("name","Bill"), Pair("area","中国"))
```

在前面的章节讲过，定义泛型时，如果使用 out，那么 List<String>会被认为是 List<Any>的子类型。根据这个规则，List、Set 和 Map 都符合，而 MutableList、MutableSet 和 MutableMap 由于未使用 out 定义泛型，因此并不符合这个规则。

Kotlin 代码

```
var list1:List<String> = listOf()
var list2:List<Any> = listOf()
var map1:Map<Int, String> = mapOf()
```

```
var map2:Map<Int, Any> = mapOf()

var mutableList1:MutableList<String> = mutableListOf()
var mutableList2:MutableList<Any> = mutableListOf()

list2 = list1
map2 = map1
//   编译出错，MutableList<String>不是 MutableList<Any>的子类型
mutableList2 = mutableList1
```

对于可读写的集合，可以通过 toXxx 函数将其转换为只读的版本，其中 Xxx 是 List、Set 和 Map。

Kotlin 代码

```
var mutableList:MutableList<String> = mutableListOf()
var list:List<String> = mutableList.toList()   //   将读写集合转换为只读版本
```

10.3　值范围

本节主要介绍与值范围相关的技术，包括值范围如何使用，以及其实现原理。

10.3.1　值范围的应用

值范围表达式使用 rangeTo 函数实现，该函数的操作符形式是两个点（..），另外还有两个相关操作符 in 和!in。任何可比较大小的数据类型（comparable type）都可以定义值范围，但对于整数基本类型，值范围的实现进行了特殊的优化。下面的代码使用了 in 和!in 操作符判断了 n 的值范围。

Kotlin 代码

```
var n = 20
if(n in 1..100)
{
    println("满足要求")
}
if(n !in 30..80)
{
    println("符合条件")
}
```

整数的值范围（IntRange、LongRange、CharRange）还有一种额外的功能，就是可以对这些值范围进行遍历。编译器会负责将这些代码变换为 Java 中基于下标的 for 循环，不会产生不必要的性能损耗。

Kotlin 代码

```
for(i in 1..10)     //   相当于Java中的for(int i = 1; i <= 10; i++)
{
    println(i*i)
```

```
}
```

如果执行这段代码，会输出 1 到 100 内 10 个数。但如果按下面的代码倒序，则什么也不会输出。

Kotlin 代码

```
for(i in 10..1)
{
    println(i*i)          // 什么也不会输出
}
```

如果非要按倒序输出，该怎么办呢？其实很简单，只要使用标准库中的 downTo 函数即可。

Kotlin 代码

```
for(i in 10 downTo 1)
{
    println(i*i)          // 输出 100 到 1 共 10 个数
}
```

在前面的代码中，i 是顺序加 1 或减 1 的，也就是步长为 1。如果要修改步长，就要使用 step 函数。

Kotlin 代码

```
for(i in 1..10 step 2)
{
    println(i*i)
}
for(i in 10 downTo 1 step 3)
{
    println(i*i)
}
```

执行这段代码，会输出如下内容。

```
1
9
25
49
81
100
49
16
1
```

在前面的代码中，使用的范围都是闭区间。例如，1..10 表示 $1 \leqslant i \leqslant 10$。如果要表示 $1 \leqslant i$

＜10，需要使用 until 函数，代码如下：

Kotlin 代码
```
for (i in 1 until 10)
{
    // i in [1, 10), 不包含 10
    println(i)
}
```

10.3.2　值范围的工作原理

值范围实现了标准库中的一个共通接口 ClosedRange<T>。ClosedRange<T>表示数学上的一个闭区间（closed interval），由可比较大小的数据类型（comparable type）构成。这个区间包括两个端点：start 和 endInclusive，这两个端点的值都包含在值范围内。主要的操作是 contains，主要通过 in/!in 操作符的形式来调用。

整数类型的数列（IntProgression、LongProgression、CharProgression）代表算术上的一个整数数列。数列由 first 元素、last 元素，以及一个非 0 的 increment 来定义。第一个元素就是 first，后续的所有元素等于前一个元素加上 increment。除非数列为空，否则遍历数列时一定会到达 last 元素。

数列是 Iterable<N>的子类型，这里的 N 分别代表 Int、Long 和 Char，因此数列可以用在 for 循环内，还可以用于 map 函数、filter 函数等。在 Progression 上的遍历等价于 Java/JavaScript 中基于下标的 for 循环。

Java 代码
```
for (int i = first; i != last; i += increment)
{
  // ...
}
```

对于整数类型，范围操作符（..）会创建一个实现了 ClosedRange<T>和*Progression 接口的对象。例如，IntRange 实现了 ClosedRange<Int>，并继承 IntProgression 类，因此 IntProgression 上定义的所有操作对于 IntRange 都有效。downTo 和 step 函数的结果永远是一个 *Progression。

要构造一个数列，可以使用对应的类的同伴对象中定义的 fromClosedRange 函数。

Kotlin 代码
```
IntProgression.fromClosedRange(start, end, increment)
```

数列的 last 元素会自动计算，对于 increment 为正数的情况，会得到一个不大于 end 的最大值，对于 increment 为负数的情况，会得到一个不小于 end 的最小值，并且使得（last - first）% increment == 0。

10.3.3 常用工具函数

1. rangeTo

整数类型上定义的 rangeTo 操作符，只是简单地调用*Range 类的构造器。

Kotlin 代码

```
class Int
{
   //...
   operator fun rangeTo(other: Long): LongRange = LongRange(this, other)
   //...
   operator fun rangeTo(other: Int): IntRange = IntRange(this, other)
   //...
}
```

浮点数值（Double、Float）没有定义自己的 rangeTo 操作符，而是使用标准库为共同的 Comparable 类型提供的操作符。

Kotlin 代码

```
public operator fun <T: Comparable<T>> T.rangeTo(that: T): ClosedRange<T>
```

这个函数返回的值范围不能用来遍历。

2. downTo

downTo 扩展函数可用于一对整数类型值，下面是通过扩展为 Long 和 Byte 添加 downTo 函数的代码。

Kotlin 代码

```
fun Long.downTo(other: Int): LongProgression {
   return LongProgression.fromClosedRange(this, other, -1.0)
}

fun Byte.downTo(other: Int): IntProgression {
   return IntProgression.fromClosedRange(this, other, -1)
}
```

3. reversed

对每个*Progression 类都定义了 reversed 扩展函数，所有这些函数都会返回相反的数列。

Kotlin 代码

```
fun IntProgression.reversed(): IntProgression
{
   return IntProgression.fromClosedRange(last, first, -increment)
}
```

4.　step

对每个 *Progression 类都定义了 step 扩展函数，所有这些函数都会返回使用新 step 值（由函数参数指定）的数列。步长值参数要求永远是正数，因此这个函数不会改变数列遍历的方向。

Kotlin 代码

```
fun IntProgression.step(step: Int): IntProgression
{
    if (step <= 0) throw IllegalArgumentException("Step must be positive, was:
$step")
    return IntProgression.fromClosedRange(first, last, if (increment > 0) st
ep else -step)
}
fun CharProgression.step(step: Int): CharProgression {
    if (step <= 0) throw IllegalArgumentException("Step must be positive, was:
$step")
    return CharProgression.fromClosedRange(first, last, step)
}
```

注意，函数返回的数列的 last 值可能会与原始数列的 last 值不同，这是为了保证（last - first）% increment == 0 原则。下面是一个相关的例子。

Kotlin 代码

```
(1..12 step 2).last == 11   // 数列中的元素为 [1, 3, 5, 7, 9, 11]
(1..12 step 3).last == 10   // 数列中的元素为 [1, 4, 7, 10]
(1..12 step 4).last == 9    // 数列中的元素为 [1, 5, 9]
```

10.4　类型检查与类型转换

本节主要介绍 Kotlin 中类型检查和类型转换的相关知识。Kotlin 的类型检查操作符更智能，会自动转换类型，也就是本节主要介绍的类型智能转换，当然，还有很多其他很棒的功能。

10.4.1　is 与 !is 操作符

我们可以使用 is 操作符，在运行时检查一个对象与一个给定的类型是否一致，或者使用与它相反的 !is 操作符。

Kotlin 代码

```
var obj:Any = 456
var obj1 = 123
var obj2 = "hello"
//  判断 obj 是否为 String 类型
if (obj is String)
{
    println("obj 是字符串")
}
//  判断 obj 是否为 Int 类型
if(obj is Int)
```

```
{
    println("obj 是 Int 类型")
}
if(obj !is Int)
{
    println("obj 不是 Int 类型")
}
```

is 和!is 操作符比其他语言同类的操作符更智能，如果 is 表达式满足条件，Kotlin 编译器会自动转换 is 前面的对象到后面的数据类型，也就是说，下面代码中，在第一个 if 语句中，obj 已经是 String 类型了（这称为智能类型转换，在 10.4.2 节会详细介绍）。

Kotlin 代码

```
var obj:Any = "abcd"
//   判断 obj 是否为 String 类型
if (obj is String)
{
    println("obj 是字符串")
    println(obj.length)
}
```

要注意的是，对象和 is 后面的类型要兼容，如果不兼容，无法编译通过。

Kotlin 代码

```
open class ParentClass
{

}
class ChildClass:ParentClass()
{

}
fun main(args: Array<String>)
{
    var obj1 = 123
    var obj2 = "hello"
    var c1 = ParentClass()
    var c2 = ChildClass()

    //   编译错误，类型不兼容
    if(obj1 is String)
    {
        // ...
    }

    if(c1 is ChildClass)
    {

    }
    if(c2 is ChildClass)
    {
```

```
    }
    if(c2 is ParentClass)
    {

    }
    if(c2 is ChildClass)
    {

    }
    if(obj2 is String)
    {
        println("obj2 是 Int 类型的值")
    }

}
```

10.4.2　智能类型转换

很多情况下，在 Kotlin 中你不必使用显式的类型转换操作，因为编译器会对不可变的值追踪 is 检查，然后在需要的时候自动插入（安全的）类型转换。

Kotlin 代码

```
fun demo(x: Any)
{
    if (x is String)
    {
        print(x.length)  // x 被自动转换为 String 类型
    }
}
```

如果一个相反的类型检查导致了 return，此时编译器足够智能，可以判断出转换处理是安全的。

Kotlin 代码

```
if (x !is String) return
print(x.length)          // x 被自动转换为 String 类型
```

在 && 和 || 操作符的右侧也是如此。

```
// 在 '||' 的右侧，x 被自动转换为 String 类型
if (x !is String || x.length == 0) return
// 在 '&&' 的右侧，x 被自动转换为 String 类型
if (x is String && x.length > 0)
{
    print(x.length) // x 被自动转换为 String 类型
}
```

这种智能类型转换（smart cast）对于 when 表达式和 while 循环同样有效。

Kotlin 代码

```
var x:Any = "abc"
```

```
when (x)
{
    is Int -> print(x + 1)
    is String -> print(x.length + 1)
    is IntArray -> print(x.sum())
}
```

注意，在类型检查语句与变量使用语句之间，假如编译器无法确保变量不会改变，此时智能类型转换是无效的。更具体地说，必须在满足以下条件时，智能类型转换才有效。

➢ 局部的 val 变量：永远有效。

➢ val 属性：如果属性是 private 的，或 internal 的，或者类型检查处理与属性定义出现在同一个模块（module）内，那么智能类型转换是有效的。对于 open 属性，或存在自定义 get 方法的属性，智能类型转换是无效的。

➢ 局部的 var 变量：如果在类型检查语句与变量使用语句之间，变量没有被改变，而且它没有被 Lambda 表达式捕获并在 Lambda 表达式内修改它，那么智能类型转换是有效的。

➢ var 属性：永远无效（因为其他代码随时可能改变变量值）。

10.4.3 强行类型转换

如果类型强制转换，而且类型不兼容，类型转换操作符通常会抛出一个异常。因此，我们称之为不安全的（unsafe）。在 Kotlin 中，不安全的类型转换使用中缀操作符 as。

Kotlin 代码

```
val y:Any = "abcd"
val x: Int = y as Int          //  abcd 无法转换为数值，因此会抛出异常
```

注意，null 不能被转换为 String，因为这个类型不是可为 null 的（nullable），也就是说，如果 y 为 null，上例中的代码也会抛出一个异常。为了实现与 Java 相同的类型转换，我们需要在类型转换操作符的右侧使用可为 null 的类型。

Kotlin 代码

```
val y:Any? = null
val x: Int? = y as Int?
```

为了避免抛出异常，我们可以使用安全的类型转换操作符 "as?"，当类型转换失败时，它会返回 null。

Kotlin 代码

```
val y:Any? = "abcd"
val x: Int? = y as? Int?          //  转换错误，但不会抛出异常，x 的值是 null
println(x)                        //  输出 null
```

注意，尽管 "as?" 操作符的右侧是一个非 null 的 String 类型，但这个转换操作的结果仍

然是可为 null 的。

10.5　this 表达式

为了表示当前函数的接收者（receiver），可以使用 this 表达式。在类的成员函数中，this 指向这个类的当前对象实例。在扩展函数中，或带接收者的函数字面值（function literal）中，this 代表调用函数时，在点号左侧传递的接收者参数。

如果 this 没有限定符，那么它指向包含当前代码的最内层范围。如果想要指向其他范围内的 this，需要使用标签限定符。

为了访问更外层范围（如类、扩展函数或有标签的带接收者的函数字面值）内的 this，我们使用 this@label，其中的@label 是一个标签，代表我们想要访问的 this 所属的范围。

Kotlin 代码

```
class A { // 隐含的标签 @A
    inner class B { // 隐含的标签 @B
        fun Int.foo() { // 隐含的标签 @foo
            val a = this@A // 指向 A 的 this
            val b = this@B // 指向 B 的 this

            val c = this // 指向 foo() 函数的接收者，一个 Int 值
            val c1 = this@foo // 指向 foo() 函数的接收者，一个 Int 值

            val funLit = lambda@ fun String.() {
                val d = this // 指向 funLit 的接收者
            }

            val funLit2 = { s: String ->
                // 指向 foo() 函数的接收者，因为包含当前代码的 Lambda 表达式没有接收者
                val d1 = this
            }
        }
    }
}
```

10.6　相等判断

在 Kotlin 中存在两种相等判断。

➢　引用相等，也就是说，两个引用指向同一个对象。

➢　结构相等，使用 equals 函数判断。

引用相等使用===操作（以及它的相反操作!==）来判断。当且仅当 a 与 b 指向同一个对象时，a === b 结果为 true。

结构相等使用==操作（以及它的相反操作!=）来判断。按照约定，a==b 这样的表达式将

被转换为如下形式。

Kotlin 代码

```
a?.equals(b) ?: (b === null)
```

也就是说，如果 a 不为 null，将会调用 equals(Any?)函数，否则（也就是 a 为 null）将会检查 b 是否指向 null。

10.7 操作符重载

Kotlin 允许我们对数据类型的一组预定义的操作符提供实现函数。这些操作符的表达符号是固定的（如+或*），优先顺序也是固定的。要实现这些操作符，我们需要对相应的数据类型实现一个固定名称的成员函数或扩展函数，这里所谓"相应的数据类型"，对于二元操作符，是指左侧操作数的类型，对于一元操作符，是指唯一一个操作数的类型。用于实现操作符重载的函数应该使用 operator 修饰符进行标记。

10.7.1 一元操作符重载

一元操作符与对应的函数的关系如表 10-1 所示。

表 10-1   一元操作符与对应的函数的关系

表达式	对应的函数
+a	a.unaryPlus()
-a	a.unaryMinus()
!a	a.not()
a++	a.inc()
a--	a.dec()

表 10-1 告诉我们，当编译器处理一元操作符时，如表达式 +a，它将执行以下步骤。

（1）确定 a 的类型，假设为 T。

（2）查找带有 operator 修饰符，并且无参数的 unaryPlus 函数，而且函数的接收者类型为 T，也就是说，寻找 T 类型中名为 unaryPlus 的成员函数或扩展函数。

（3）如果这个函数不存在，或者找到多个，则认为是编译错误。

（4）如果这个函数存在，并且返回值类型为 R，则表达式 "+a" 的类型为 R。

表 10-1 中的 a.inc 和 a.dec 应该改变它们的接收者，并且返回一个值（可选）。inc()/dec() 不应该改变接收者对象的值。这里所谓"改变它们的接收者"，我们指的是改变接收者变量，而不是改变接收者对象的值。

对于后缀形式操作符，如 a++，编译器解析时将执行以下步骤。

（1）确定 a 的类型，假设为 T。

（2）查找带有 operator 修饰符，无参数的 inc 函数，而且函数的接收者类型为 T。

（3）如果这个函数返回值类型为 R，那么它必须是 T 的子类型。

计算这个表达式的步骤如下。

（1）将 a 的初始值保存到临时变量 a0 中。

（2）将 a.inc() 的结果赋值给 a。

（3）返回 a0，作为表达式的计算结果值。

对于 a--，计算步骤类似。

对于前缀形式的操作符++a 和--a，解析过程是一样的，计算表达式的步骤如下。

（1）将 a.inc() 的结果赋值给 a。

（2）返回 a 的新值，作为表达式的计算结果值。

我们现在来看一个例子，这个例子重载了 String 的++操作符，执行 String++或++String 操作后，会将字符串再复制一份，并首尾相连。

Kotlin 代码

```
//  重载 String 的++操作符
operator fun String.inc():String
{
    return this + this      //  字符串首尾相连
}
fun main(args: Array<String>)
{

    var str1 = "x"
    var str2 = "y"
    println(str1++)         //  输出 x
    println(str1)           //  输出 xx
    println(++str2)         //  输出 yy
}
```

由于 str1++是后自加，因此会先输出 str1 的初始值，再修改 str1 的值。因为++str2 是前自加，所以会先改变 str2 的值，然后输出最后的结果。

10.7.2　二元操作符

二元操作符与对应的函数的关系如表 10-2 所示。

表 10-2　二元操作符与对应的函数的关系

表达式	对应的函数
a + b	a.plus(b)
a - b	a.minus(b)
a * b	a.times(b)
a / b	a.div(b)
a % b	a.mod(b)

续表

表达式	对应的函数
a..b	a.rangeTo(b)
a in b	b.contains(a)
a !in b	!b.contains(a)

对于表 10-2 所示的操作符，编译器只是简单地翻译为列中的表达式。对于 in 和!in 操作符，解析过程也是一样的，但参数顺序被反转了。

下面我们看一个例子。在这个例子中，对 String 的 a*b 和 a/b 进行重载。其中 a*b 中的 a 是 String，b 是 Int，这个表达式的含义是将 a 复制 b 份，并首尾相加，如"a"*10 的结果是 aaaaaaaaaa。而对于 a/b，在前面的章节已经实现过类似的功能了，但以前实现的是用中缀标识法调用函数，而这次干脆直接重载了字符串的除法操作符（/），实现的功能就是删除 a 中所有的 b 字符串。

Kotlin 代码

```kotlin
//  重载 String 的乘法操作符
operator fun String.times(other: Any?):String
{
    var result = ""
    if(other != null)
    {
        if(other is Int)
        {
//  用循环将当前字符串（this）复制 other 份，并首尾相加
            for(i in 1..other)
            {
                result += this
            }
        }
    }
    return result
}
//  重载 String 的除法操作符（/）
operator fun String.div(other: Any?):String
{
    var result = ""
    if(other != null)
    {
        if(other is String)
        {
            return this.replace(other, "")
        }
    }
    return result
}
fun main(args: Array<String>)
{
    var str1 = "hello"
```

```
    println(str1 * 10)
    println(str1 / "l")
}
```

执行这段代码，会输出如下内容。

hellohellohellohellohellohellohellohellohellohello

heo

10.7.3　方括号操作符重载

表 10-3 是方括号操作符对应的函数。

表 10-3　方括号操作符与对应的函数的关系

表达式	对应的函数
a[i]	a.get(i)
a[i, j]	a.get(i, j)
a[i_1, ..., i_n]	a.get(i_1, ..., i_n)
a[i] = b	a.set(i, b)
a[i, j] = b	a.set(i, j, b)
a..b	a.rangeTo(b)
a[i_1, ..., i_n] = b	a.set(i_1, ..., i_n, b)

表 10-3 所示的大多数都是方括号操作符，只有 a..b 是范围操作符。对于方括号操作符来说，可以是字符串，也可以是数组。如果是字符串，那么就是利用方括号获取字符串中的某一个字符，如"abcd"[1]的值是 b。如果是后者，那么就是获取数组（一维、二维、……、多维）中的元素值。

现在我们来看一个例子，在这个例子中，重载了访问一维数组和二维数组的[i]和[i,j]操作符。重载的功能是获取数组的某一个元素时，如果这个数组的元素类型是 Int，直接返回元素值，如果是 String，将其转换为 Int，并返回。如果无法转换为 Int 类型，或数组元素是其他类型的值，都会返回 0。

Kotlin 代码

```
//  重载一维数组的[i]操作符
operator fun Array<Any>.get(i:Int):Int
{
    //  如果数组元素类型是 Int，直接返回
    if(this[i] is Int)
    {
        return this[i] as Int
    }
    //  如果数组元素类型是 String，强行转换为 Int，并返回
    else if(this[i] is String)
    {
```

```kotlin
        try
        {
            return this[i].toString().toInt()
        }
        catch(e:Exception)
        {
        }
    }
    return 0
}
//   重载二维数组的[i,j]操作符
operator fun Array<Array<Any>>.get(i:Int,j:Int):Int
{
    if(this[i][j] is Int)
    {
        return this[i][j] as Int
    }
    else if(this[i][j] is String)
    {
        try
        {
            return this[i][j].toString().toInt()
        }
        catch(e:Exception)
        {

        }
    }
    return 0
}
fun main(args: Array<String>)
{
    var arr1:Array<Any> = arrayOf("5","4","c")       //   创建一维数组
    var arr2:Array<Any> = arrayOf("x","5","z")       //   创建一维数组
    //   创建二维数组
    var arr:Array<Array<Any>> = arrayOf(arr1, arr2)
    //   输出执行一维数组和二维数组元素的值
    println("arr1[1] = ${arr1[1]}  arr1[2] = ${arr1[2]}  arr[1,0] = ${arr[1,0]}
arr[0,0] = ${arr[0,0]}")
}
```

执行这段代码，会输出如下内容。

```
arr1[1] = 4  arr1[2] = c  arr[1,0] = 0  arr[0,0] = 5
```

我们可以看到，二维数组 arr 的输出结果是正确的，因为 arr[1,0]的值是"x"，arr[0,0]的值是"5"。很明显，前者无法转换为 Int 类型的值，因此返回 0，后者可以转换为 Int 类型的值，因此返回 5。但一维数组 arr1 的[i]操作符好像有些问题，arr1[1]没有问题，返回 4，但 arr1[2]的原始值是"c"，这个值根本无法转换到 Int 类型，因此 arr1[2]输出 c 是毫无道理的。那么，这是怎么回事呢？

如果跟踪代码，就会发现 Array<Any>.get(...)函数压根没有执行。而 Array<Array<Any>>

.get(...)函数肯定是执行了，要不也不会得到正确的输出结果。

我们不妨跟踪到 Array 类的内部，会发现 Array 类中已经有一个 get 函数了。

Kotlin 代码
```
public operator fun get(index: Int): T
```

根据扩展的优先级规则，如果扩展的类已经存在与扩展函数完全一样的函数，那么类中原生函数的优先级更高，因此前面的代码实际上并没有扩展 Array 类中的 get 函数，因为 Array 类中已经存在了同样的函数。而二维、三维这样的数组，在 Array 类中并没有 get(i,j)、get(i,j,k) 等函数，因此二维以上的数组可以通过扩展覆盖[ ]操作符。

其实 String 类也存在这个问题，在 String 类中，同样存在一个 get 函数，因此，无法通过扩展改变 get 函数的行为。

Kotlin 代码
```
public override fun get(index: Int): Char
```

还有，我们在 Array<Array<Any>>.get(...)函数中可以看到，在函数内部通过 this[i][j]而不是 this[i,j]获取指定的数组元素值。其实这两种方式获取数组元素值都可以，只是如果在该函数内部使用 this[i,j]方式获取指定的数组元素值，会引发递归操作，堆栈会溢出。因为我们重载的就是[i,j]，如果在函数内部再使用[i,j]，就意味着在 Array<Array<Any>>.get(...)函数内部调用 Array<Array<Any>>.get(...)函数了。

10.7.4　赋值操作符重载

这里的赋值操作符主要是指 a+=b、a-=b 等，也就是赋值和运算符组合的操作符。这些操作符与对应的函数如表 10-4 所示。这些函数都要求返回 Unit（没有返回值）。

表 10-4　赋值操作符与对应的函数的关系

表达式	对应的函数
a += b	a.plusAssign(b)
a -= b	a.minusAssign(b)
a *= b	a.timesAssign(b)
a /= b	a.divAssign(b)
a %= b	a.modAssign(b)

下面我们看一个重载赋值操作符的例子。在这个例子中，我们会重载 String 的 timesAssign 函数，也就是说，我们的目标是执行 str *= 10 后，会有 10 个 str 首尾连接起来。

Kotlin 代码
```
operator fun String.timesAssign(n:Int):Unit
{
```

```
    println("timesAssign 函数已经调用")
}
```

我们发现，timesAssign 函数体是没办法写了，因为该函数要求返回 Unit，而且要求更新字符串本身，但 this 是不可以改变的，因此在 timesAssign 函数内部根本无法改变字符串本身。因此，尽管使用下面的代码可以调用我们重载的 timesAssign 函数，但却无法在执行 str*=10 后更新 str 的值。

Kotlin 代码

```
var str = "a"
str *= 10
println(str)
```

为了解决这个问题，我们可以在字符串外面包一个类。

Kotlin 代码

```
//  用该类封装一个 String 变量
class MyString
{
    var value:String = "hello"
    override fun toString(): String {
        return value
    }
}
//  通过扩展为 MyString 添加 timesAssign 函数
operator fun MyString.timesAssign(n:Int):Unit
{
    val v = this.value
    for(i in 1..n - 1)
    {
        this.value += v
    }
}
fun main(args: Array<String>)
{

    val c = MyString()
    c.value = "<https://geekori.com>"
    c *= 3
    println(c)
}
```

执行这段代码，会输出如下内容：

<https://geekori.com><https://geekori.com><https://geekori.com>

10.7.5 逻辑操作符重载

表 10-5 是逻辑操作符与相关函数的对应关系。

表 10-5　逻辑操作符与对应的函数的关系

表达式	对应的函数
a > b	a.compareTo(b) > 0
a < b	a.compareTo(b) < 0
a >= b	a.compareTo(b) >= 0
a <= b	a.compareTo(b) <= 0
a == b	a?.equals(b) ?: (b === null)
a != b	!(a?.equals(b) ?: (b === null))

从表 10-5 的描述可以看出，要想重载逻辑操作符，只需要重载相关类的 compareTo 和 equals 函数即可。

下面给出一个例子，在这个例子中，定义了一个 MyClass 类。在该类中，有两个 private 属性：a 和 b，这两个属性通过主构造器的两个参数初始化。现在要比较任意两个 MyClass 对象的大小，因此，需要在 MyClass 类中重载 compareTo 和 equals 函数。由于 compareTo 函数在父类中并不存在，因此直接将 compareTo 函数添加到 MyClass 类中即可，而 equals 函数需要使用 override 关键字声明。

判断 MyClass 对象大小时，需要先计算 a + b 的值，然后比较两个 MyClass 对象中 a + b 的值是否相等。a + b 的值大的 MyClass 对象就大于另外一个 MyClass 对象。

Kotlin 代码

```
class MyClass(a:Int, b:Int)
{
    private var a:Int = a
    private var b:Int = b
    //  重载比较操作符对应的函数
    operator fun compareTo(c:MyClass):Int
    {
        var m = this.a + this.b
        var n = c.a + c.b
        return m - n
    }
    // 重载等于和不等于操作符对应的函数
    operator  override fun equals(other: Any?): Boolean {
        if(other is MyClass)
        {
            var m = this.a + this.b
            var n = other.a + other.b
            return m == n
        }
        return false
    }
}

fun main(args: Array<String>)
{
    var c1 = MyClass(20,30)
```

```
    var c2 = MyClass(40,5)
    var c3 = MyClass(35,15)
    println(c1 > c2)            //   输出 true
    println(c1 == c3)           //   输出 true
}
```

注意，===和!==（同一性检查）操作符不允许重载，因此对这两个操作符不存在约定。

10.8 小结

当阅读完本章后，可能很多读者会感慨：Kotlin 的新功能好多，尤其是重载操作符，这是只有少数编程语言（如 C++、Swift）才有的功能。这也是 Kotlin 存在的目的，现在新出现的编程语言，还无法突破面向对象的"天花板"，因此只能在语法糖上"做文章"。Kotlin 和 Apple 的 Swift 都在这方面做足了文章。在后面的章节，我们还会看到更多的 Kotlin 语法糖。

第 11 章　其他 Kotlin 技术（2）

本章继续讲解 Kotlin 技术，这些技术包括 null 值安全性、异常类、注解及反射。

11.1　null 值安全性

在 Java 中，有些用户可能经常饱受 null 异常的困扰，而在 Kotlin 中可以试图解决这个问题。Kotlin 添加的很多语法糖中就包含了与 null 值安全性相关的东西，这些新的语法糖会尽可能避免 null 异常带来的麻烦。

11.1.1　可为 null 的类型与不可为 null 的类型

Kotlin 类型系统的设计目标就是希望消除代码中 null 引用带来的危险，这是因为一个小小的 null，可能会给自己的程序带来大麻烦，甚至会造成不小的损失。

在许多编程语言（包括 Java）中，最常见的陷阱之一就是对一个指向 null 值的对象访问它的成员，导致一个 null 引用异常。在 Java 中，就是 NullPointerException 异常，简称 NPE。

Kotlin 的类型系统致力于从我们的代码中消除 NullPointerException。只有以下情况可能导致 NPE。

➢　明确调用 throw NullPointerException()。

➢　使用 "!!" 操作符，在后面会详细介绍。

➢　外部的 Java 代码导致异常。

➢　初始化过程中存在某些数据不一致（在构造器中使用了未初始化的 this）。

在 Kotlin 中，类型系统明确区分可以指向 null 的引用（可为 null 引用）与不可以指向 null 的引用（非 null 引用）。例如，一个通常的 String 类型变量不可以指向 null。

Kotlin 代码

```
var a:String = null          // 编译错误，a 不可为 null
var b: String = "abc"
b = null                     // 编译错误，b 不可为 null
```

要允许 null 值，我们可以将变量声明为可为 null 的字符串类型：String?。

Kotlin 代码

```
var a:String = "xyz"
var b: String? = "abc"
b = null
```

现在，假如你对 a 调用方法或访问属性，可以确信不会产生 NPE，因此你可以安全地编写以下代码。

Kotlin 代码

```
val len = a.length          //  由于 a 不允许为 null，因此 a.length 不会产生 NPE
```

但如果你要访问 b 的属性，就不是安全的，Kotlin 编译器压根就不会让编译通过。

Kotlin 代码

```
val len = b.length          // 编译错误，因为变量 b 可能为 null
```

11.1.2 在条件语句中进行 null 检查

在 11.1.1 节中，由于 b 变量的类型是 String?，无法直接访问 b 的属性，但如果非要访问 b 的属性呢？

一种方案就是可以明确地检查 b 是否为 null，然后对 null 和非 null 的两种情况分别处理。

Kotlin 代码

```
val len = if (b != null) b.length else -1
```

编译器将会追踪你执行过的检查，因此允许在 if 内访问 length 属性。更复杂的条件也是支持的。

Kotlin 代码

```
if (b != null && b.length > 0)
{
    print("b 的长度: ${b.length}")
}
else
{
    print("空字符串")
}
```

注意，以上方案需要的前提是 b 的内容不可变（也就是说，对于局部变量的情况，在 null 值检查与变量使用之间，要求这个局部变量没有被修改，对于类属性的情况，要求是一个使用 val 声明的属性，并且该属性没有被子类重写），因为，假如没有这样的限制的话，b 就有可能会在检查之后被修改为 null 值。

11.1.3 安全调用操作符

第二个选择方案是使用安全调用操作符：?。

Kotlin 代码

```
var b: String? = "abc"
b = null
println(b?.length)            // 输出 null
```

如果 b 不是 null，这个表达式将会返回 b.length，否则返回 null。这个表达式本身的类型为 Int?。

安全调用在链式调用的情况下非常有用。例如，假设雇员 Bob，可能属于某个部门 Department（也可能不属于任何部门），这个部门可能存在另一个雇员担任部门主管，那么，为了取得 Bob 所属部门的主管的名字（如果存在的话），我们可以编写下面的代码。

```
bob?.department?.head?.name
```

这样的链式调用，只要属性链中任何一个属性为 null，整个表达式就会返回 null。

如果需要只对非 null 的值执行某个操作，可以组合使用安全调用操作符和 let。

Kotlin 代码

```
val listWithNulls: List<String?> = listOf("A", null)
for (item in listWithNulls)
{
    item?.let { println(it) } // 打印 A，并忽略 null 值
}
```

11.1.4 Elvis 操作符

假设我们有一个可为 null 的引用 r，我们可以认为："如果 r 不为 null，那么就使用它，否则，就使用某个非 null 的值 x"。

Kotlin 代码

```
val len: Int = if (b != null) b.length else -1
```

除了上例这种完整的 if 表达式之外，还可以使用 Elvis 操作符来表达。Elvis 操作符的表示形式是?:。

Kotlin 代码

```
val len = b?.length ?: -1
```

如果 "?:" 左侧的表达式值不是 null，Elvis 操作符就会返回它的值，否则，返回右侧表达式的值。注意，只有在左侧表达式值为 null 时，才会计算右侧表达式。

在 Kotlin 中，由于 throw 和 return 都是表达式，因此它们也可以用在 Elvis 操作符的右侧。

这种用法可以带来很大的方便。例如，可以用来检查函数参数值是否合法。

Kotlin 代码

```kotlin
fun foo(node: Node): String?
{
    val parent = node.getParent() ?: return null
    val name = node.getName() ?: throw IllegalArgumentException("name expect
ed")
    // ...
}
```

11.1.5 !!操作符

对于 NPE 的热爱者来说，还有第 3 种选择方案。我们可以写 b!!，对于 b 不为 null 的情况，这个表达式将会返回这个非 null 的值（例如，在我们的例子中，就是一个 String 类型值）；如果 b 是 null，这个表达式就会抛出一个 NPE。

Kotlin 代码

```kotlin
val len = b!!.length
```

因此，如果你确实想要 NPE，那么可以抛出它，但必须明确地提出这个要求，否则 NPE 不会在你没有注意的地方无声无息地出现。

11.1.6 安全的类型转换

如果对象不是我们期望的目标类型，那么通常的类型转换就会导致 ClassCastException。另一种选择是使用安全的类型转换，如果转换不成功，它将会返回 null。

Kotlin 代码

```kotlin
val value: Int? = a as? Int
```

11.1.7 可为 null 的类型构成的集合

如果你有一个集合，其中的元素是可为 null 的类型，并且希望将其中非 null 值的元素过滤出来，那么可以使用 filterNotNull 函数。

Kotlin 代码

```kotlin
val nullableList: List<Int?> = listOf(1, 2, null, 4)
val intList: List<Int> = nullableList.filterNotNull()
```

11.2 异常类

Kotlin 中所有的异常类都是 Throwable 的子类。每个异常都带有一个错误消息，调用堆栈，以及可选的错误原因。

要抛出异常，可以使用 throw 表达式。

Kotlin 代码

```
throw MyException("Hi There!")
```

要捕获异常，可以使用 try 表达式。

Kotlin 代码

```
try
{
    throw Exception("这是错误信息")
}
catch (e: Exception)
{
    // 异常处理
    println(e.message)
}
finally
{
    // 可选的 finally 代码段
    println("finally")
}
```

执行这段代码，会输出如下内容。

这是错误信息

finally

try 表达式中可以有 0 个或多个 catch 代码段，finally 代码段可以省略，但是要注意，catch 或 finally 代码段至少要出现一个。

try 是一个表达式，也就是说，它可以有返回值。

Kotlin 代码

```
val a: Int? = try { parseInt(input) } catch (e: NumberFormatException) { null }
```

try 表达式的返回值，要么是 try 代码段内最后一个表达式的值，要么是 catch 代码段内最后一个表达式的值。finally 代码段的内容不会影响 try 表达式的结果值。

Kotlin 中不存在受控异常（checked exception），原因有很多，我们举一个简单的例子。

下面的例子是 JDK 中 StringBuilder 类所实现的一个接口。

Java 代码

```
Appendable append(CharSequence csq) throws IOException;
```

这个方法签名代表什么意思？它代表每次想要将一个字符串追加到某个对象（例如，一个 StringBuilder、某种 log、控制台等）时，都必须要捕获 IOException 异常。为什么？因为这个对象有可能会执行 IO 操作（如 Writer 类也会实现 Appendable 接口）。因此，就导致程序中充满了这样的代码。

Java 代码

```
try
{
    log.append(message)
}
catch (IOException e)
{
    // 实际上前面的代码必然是安全的
}
```

这样的结果就很不好。在小型程序中的试验证明，在方法定义中要求标明异常信息，可以提高开发者的生产性，同时提高代码质量，但在大型软件中的经验则指向一个不同的结论：生产性降低，而代码质量改善不大，或者根本没有改善。

11.3　注解（Annotations）

注解是用来为代码添加元数据（metadata）的一种手段。要声明一个注解，需要在类之前添加 annotation 修饰符。

Kotlin 代码

```
annotation class Fancy
```

注解的其他属性，可以通过向注解类添加元注解（meta-annotation）的方式来指定。

➢　@Target 指定这个注解可被用于哪些元素（类、函数、属性和表达式等）。

➢　@Retention 指定这个注解的信息是否被保存到编译后的 class 文件中，以及在运行时是否可以通过反射访问到它（默认情况下，这两个设定都是 true）。

➢　@Repeatable 允许在单个元素上多次使用同一个注解。

➢　@MustBeDocumented 表示这个注解是公开 API 的一部分，在自动产生的 API 文档的类或者函数签名中，应该包含这个注解的信息。

下面的代码是一个完整的使用注解的案例。

Kotlin 代码（声明注解类）

```
@Target(AnnotationTarget.CLASS, AnnotationTarget.FUNCTION,
    AnnotationTarget.VALUE_PARAMETER, AnnotationTarget.EXPRESSION)
@Retention(AnnotationRetention.SOURCE)
@MustBeDocumented
annotation class MyAnnotationClass
```

通过使用这些注解修饰注解类 MyAnnotationClass，可以清楚地知道 MyAnnotationClass 类的功能。例如，可用于类和函数，注解信息不会存储到.class 文件中，因此，也不能通过反射（在后面介绍）获取注解信息。同时，MyAnnotationClass 是公开 API 的一部分，在自动产生的 API 文档的类或者函数签名中，应该包含这个注解信息。

11.3.1　使用注解

注解可以在类、函数、函数参数和函数返回值中使用。

Kotlin 代码

```
@ MyAnnotationClass class Foo
{
    @ MyAnnotationClass fun baz(@MyAnnotationClass foo: Int): Int
    {
        return (@MyAnnotationClass 1)
    }
}
```

如果需要对一个类的主构造器添加注解，那么必须在主构造器声明中添加 constructor 关键字，然后在这个关键字之前添加注解。

Kotlin 代码

```
class Foo @MyAnnotationClass constructor(n: Int)
{
    // ...
}
```

如果直接将 MyAnnotationClass 应用于 Foo 的主构造器，按前面定义的 MyAnnotationClass 类的代码是会报错的，因为该注解类没有指定可以应用于类构造器，因此，需要修改 MyAnnotationClass 类的声明代码，添加 AnnotationTarget.CONSTRUCTOR。

Kotlin 代码

```
@Target(AnnotationTarget.CLASS, AnnotationTarget.CONSTRUCTOR,
AnnotationTarget.FUNCTION,
    AnnotationTarget.VALUE_PARAMETER, AnnotationTarget.EXPRESSION)
@Retention(AnnotationRetention.SOURCE)
@MustBeDocumented
annotation class MyAnnotationClass
```

我们也可以对属性的访问器函数添加注解。

Kotlin 代码

```
class Foo
{
    var x: Int? = null
        @MyAnnotationClass get
        @MyAnnotationClass set
}
```

如果用 MyAnnotationClass 修饰属性的 get 和 set 函数，那么应该为 MyAnnotationClass 添加如下两个 Target。

➢　AnnotationTarget.PROPERTY_GETTER：可用于修饰属性的 get 函数。

> ➤ AnnotationTarget.PROPERTY_SETTER：可用于修饰属性的 set 函数。

也可以直接为属性添加注解。

Kotlin 代码

```
class Foo
{
    @MyAnnotationClass var x: Int? = null
}
```

并不是为 MyAnnotationClass 添加前面两个 Target，就可以直接用 MyAnnotationClass 注解属性。如果想为属性添加注解，那么注解要使用如下的 Target。

AnnotationTarget.PROPERTY

11.3.2　注解类的构造器

注解类可以拥有带参数的构造器。

Kotlin 代码

```
annotation class Special(val why: String)
```

使用 Special 注解类的代码如下：

Kotlin 代码

```
@Special("example") class Foo {}
```

并不是所有类型的参数都允许在注解类的构造器中使用，注解类构造器只允许使用下面类型的参数。

> ➤ 与 Java 基本类型对应的数据类型（Int、Long 等）
> ➤ String
> ➤ 枚举类
> ➤ KClass
> ➤ 其他注解类

下面是一些声明注解类构造器参数类型的例子。

Kotlin 代码

```
// 构造器参数类型是 String 和 Int
annotation  class Person(val value:String, val num:Int)
// 定义一个枚举类
enum class MyEnum
{
    VALUE1,VALUE2
}
// 构造器参数类型是 MyEnum 和 Person，其中 Person 是另一个注解类
annotation class NewWorld(val value:MyEnum,val p:Person)
```

```
//  构造器参数类型使用了 KClass，在使用该注解时需要指定 String::class、Int::class 等形式
//   Kotlin 编译器会将其转换为相应的 Java 类，因此，Java 类也可以正常访问这些注解
annotation class Ann(val arg1: KClass<*>, val arg2: KClass<out Any>)
//  使用 Ann 注解
@Ann(String::class, Int::class) class MyClass
```

如果在注解类构造器参数中使用了不支持的数据类型，就会产生编译错误。

Kotlin 代码（产生编译错误）

```
//  构造器参数类型使用了 Array<Int>，该类型不支持，会产生编译错误
annotation class NewWorld(val value:MyEnum,val values:Array<Int>)
interface MyInterface
{
}
class MyClass
{
}
//  构造器参数类型使用了类和接口，该类型不支持，会产生编译错误
annotation class NewWorld(val c1:MyClass,val c2:MyInterface)
```

在为注解类构造器添加参数时，应注意如下两点。

➢　参数类型只能使用 val 声明，不能使用 var，什么都不使用也不可以。

➢　当参数类型是另一个注解类时，该注解类的名字前面不能使用@。

11.3.3　Lambda 表达式

注解也可以用在 Lambda 上。此时，Lambda 表达式的函数体内容将会生成一个 invoke()方法，注解将被添加到这个方法上。这个功能对于 Quasar 这样的框架非常有用，因为这个框架使用注解来进行并发控制。

Kotlin 代码（用于 Lambda 表达式的注解）

```
annotation class Suspendable
val f = @Suspendable { println("test") }
```

11.4　反射（Reflection）

反射是 Java、C#这样的基于虚拟机的编程语言都有的功能，通过反射，可以在运行时获取对象的元数据。例如，可以获取对象对应的类，对象中的属性、方法等。

尽管 Kotlin 是基于 JVM 的编程语言，但在 Kotlin 中使用反射，需要引用额外的库（kotlin-reflect.jar），这样做的目的是为了让那些不需要使用反射功能的应用程序减小尺寸。如果要在 Kotlin 中使用反射，需要引用这个 jar 文件。如果用命令行方式运行 Kotlin 程序，需要引用该 jar 文件，或将这个 jar 文件添加到 CLASSPATH 环境变量中。如果使用 IntelliJ IDEA、Android Studio 等 IDE 运行 Kotlin 程序，一般在创建工程时，会自动引用 kotlin-reflect.jar。

图 11-1 是 IntelliJ IDEA 引用 kotlin-reflect.jar 文件的设置窗口。

▲图 11-1　IntelliJ IDEA 引用 kotlin-reflect.jar

11.4.1　类引用（Class Reference）

最基本的反射功能就是获取一个 Kotlin 类的运行时引用。要得到一个静态的已知的 Kotlin 类的引用，可以使用如下的代码。

Kotlin 代码

```
val c = MyClass::class
```

类引用是一个 KClass 类型的值。

注意，Kotlin 的类引用不是一个 Java 的类引用。要得到 Java 的类引用，可使用 KClass 对象实例的 java 属性。

Kotlin（获取 Java 的类引用）

```
val c = MyClass::class.java
```

11.4.2　枚举类成员

反射最常用的功能之一就是枚举类的成员，如类的属性、方法等。在 Kotlin 的引用类中，有多个 memberXxx 函数可以实现这个功能。其中 Xxx 是 Properties、Functions 等。下面的代码使用相应的函数获取了 Person 类中所有的成员，以及单独获取了所有的属性和所有的函数。

Kotlin 代码

```
class Person(val value:String, val num:Int)
{
```

```
    fun process()
    {
    }
}
//   获取 Person 的类引用
var c = Person::class
fun main(args: Array<String>)
{
    //   获取 Person 类中所有的成员列表（属性和函数）
    println("成员数: " + c.members.size)
    //   枚举 Person 类中所有的成员
    for(member in c.members)
    {
        //   输出每个成员的名字和返回类型
        print(member.name + " " + member.returnType)
        println()
    }
    //   获取 Person 类中所有属性的个数
    println("属性个数: " + c.memberProperties.size)
    //   枚举 Person 类中所有的属性
    for(property in c.memberProperties)
    {
        //   输出当前属性的名字和返回类型
        print(property.name+ " " + property.returnType)
        println()
    }
    //   获取 Person 类中所有函数的个数
    println("函数个数: " + c.memberFunctions.size)
    //   枚举 Person 类中所有的函数
    for(function in c.memberFunctions)
    {
        //   输出当前函数的名字和返回类型
        println(function.name + " " + function.returnType)
    }
}
```

执行这段代码，会输出如下内容。

成员数：6

num kotlin.Int

value kotlin.String

process kotlin.Unit

equals kotlin.Boolean

hashCode kotlin.Int

toString kotlin.String

属性个数：2

num kotlin.Int

value kotlin.String

函数个数：4

process kotlin.Unit

equals kotlin.Boolean

hashCode kotlin.Int

toString kotlin.String

11.4.3　动态调用成员函数

反射的另外一个重要应用就是可以动态调用对象中的成员，如成员函数、成员属性等。所谓的动态调用，就是根据类成员的名字进行调用，可以动态指定成员的名字。

通过::操作符，可以直接返回类的成员。例如，MyClass 类有一个 process 函数，使用 MyClass::process 可以获取该成员函数的对象，然后使用 invoke 函数调用 process 函数即可。不过这也不算是动态指定 process 函数的名字，而是将函数名字硬编码在代码中。不过通过调用 Java 的反射机制，就可以实现动态指定函数名，并调用该函数的功能。

Kotlin 代码

```
class Person(val value:String, val num:Int)
{
    fun process()
    {
        println("value:${value}  num:${num}")
    }
}
fun main(args: Array<String>)
{
    //  获取 process 函数对象
    var p = Person::process
    //  调用 invoke 函数执行 process 函数
    p.invoke(Person("abc",20))
    //  利用 Java 的反射机制指定 process 方法的名字
    var method = Person::class.java.getMethod("process")
    //  动态调用 process 函数
    method.invoke(Person("Bill", 30))
}
```

执行这段代码，会输出如下内容。

value:abc　num:20

value:Bill　num:30

11.4.4　动态调用成员属性

Kotlin 类的属性与函数一样，也可以使用反射动态调用。不过 Kotlin 编译器在处理 Kotlin 类属性时，会将其转换为 getter 和 setter 方法，而不是与属性同名的 Java 字段。例如，对于下面的 Person 类，在编译后，name 属性会变成两个方法：getName 和 setName。

Kotlin 代码

```
class Person
{
   var name:String = "Bill"
      get() = field
      set(v)
      {
         field = v
      }
}
```

使用 "javap Person.class" 命令反编译 Person.class 后，会看到如下 Java 代码。

Java 代码（反编译 Person.class 的结果）

```
public final class Person
{
  public final java.lang.String getName();
  public final void setName(java.lang.String);
  public Person();
}
```

很明显，name 属性变成了 getName 和 setName 方法。因此，在使用反射技术访问 Kotlin 属性时，仍然需要按成员函数处理。如果使用 Java 的反射技术，仍然要使用 getMethod 方法获取 getter 和 setter 方法对象，而不能使用 getField 方法来获得字段。

Kotlin 代码

```
class Person
{
   var name:String = "Bill"
      get() = field
      set(v)
      {
         field = v
      }
}
fun main(args: Array<String>)
{
      var person = Person()
      //   获得属性对象
      var name = Person::name
      //   读取属性值
      println(name.get(person))
      //   设置属性值
   name.set(person, "Mike")
   println(name.get(person))

   /*
   无法使用 getField 方法来获得 name 字段值，因为根本就没生成 name 字段，只有 getName 和
setName 方法
   var field = Person::class.java.getField("name")
   field.set(person, "John")
      println(field.get(person))*/
```

```
    // 利用 Java 反射获取 getName 方法
    var getName = Person::class.java.getMethod("getName")
    // 利用 Java 反射获取 setName 方法，注意，getMethod 方法的第 2 个参数是可变的，
    // 需要传递 setName 参数类型的 class
    // 这里不能指定 Kotlin 中的 String，而要指定 java.lang.String
var setName = Person::class.java.getMethod("setName", java.lang.String()
.javaClass)

    // 动态设置 name 属性的值
    setName.invoke(person, "John")
    // 动态获取 name 属性的值
println(getName.invoke(person))
}
```

执行这段代码，会输出如下内容。

Bill

Mike

John

11.5　小结

　　本章介绍的反射是开发很多高级应用必须用到的技术。例如，Spring 里面就经常用到反射技术。Kotlin 提供了自己的反射包，但也可以使用 JDK 中的反射 API。利用反射技术可以实现非常强大的软件系统。

第 12 章　Android 的窗口——Activity

通过前面十多章的学习，相信你已经对 Kotlin 有了一个非常深入的了解。用 Kotlin 编写程序是一件很爽的事情，但还有一件更爽的事情，就是用 Kotlin 开发 Android App。从本章开始，让我们开始学习如何使用 Kotlin 开发 Android App。

开发 Android App 是一个大工程，千头万绪，那么我们从哪里开始呢？通常，一个带 UI 的应用，首先应该从设计 UI 开始。那么 Android App 的 UI 是什么呢？当然是 Activity，也可以将 Activity 称为窗口。本章就从 Android 的 Activity 入手，介绍如何开发 Android App。通过本章的学习，会给你带来不一样的成就感。

12.1　什么是 Activity

Activity 是 Android 中最重要的组件之一，绝大多数 Android App 都会至少有一个 Activity。在网络和很多书中，将 Activity 直译成"活动"，其实 Activity 的主要功能是用于显示 UI，因此将 Activity 称为"窗口"更合适。因为任何一个 GUI 应用，无论是 Windows、Mac OS X、Linux，还是移动设备（iOS、Android 等），都会至少有一个用于显示各种 UI 的窗口。

在 1.6.2 节已经初步接触了开发 Android App 的 IDE：Android Studio。我们用的是 Android Studio 3.0。从这个版本开始直接支持 Kotlin。在使用 Android Studio 创建 Android 工程时，会默认生成一个 Activity，当然，我们可以在当前 Android 工程中添加任意多个 Activity，并且可以使用 Intent 连接多个 Activity，也就是说，让多个 Activity 进行交互。在本章中会深入介绍如何使用 Activity，当然，使用的编程语言是 Kotlin。

12.2　Activity 的基本用法

在 Android Studio 中，创建 Activity 的方式有两种：手动和自动。一般在正式项目开发中，都会使用自动方式创建 Activity，因为这样不容易出错，而且效率很高。但如果是学习 Activity，强烈建议使用手动方式创建 Activity，至少我们创建的第一个 Activity 要这样做，尽管需要编写很多代码，但可以使我们充分了解 Activity 的运行机理，以便以后程序出错时，可以进行调试。

本节会分别采用两种方式创建 Activity，首先会使用手动方式创建 Activity，了解其创建步骤和背后的技术后，可以采用自动的方式创建 Activity，以便提高开发效率。

12.2.1 创建一个不包含任何 Activity 的 Android 工程

以前我们创建的 Android 工程，都会默认包含一个 Activity，本节为了练习如何手动创建 Activity，在创建 Android 工程时并不会生成任何 Activity。

现在运行 Android Studio，一开始会显示如图 12-1 所示的欢迎窗口。

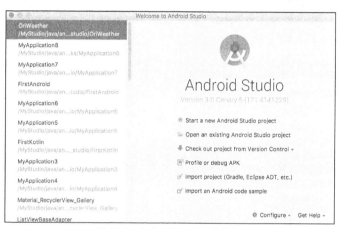

▲图 12-1　Android Studio 欢迎窗口

如果曾经创建过 Android 工程，左侧列表会显示曾经创建或打开过的工程，如果是第一次使用 Android Studio，左侧的列表是空的。

为了创建 Android 工程，需要单击右侧的"Start a new Android Studio project"按钮，这时会弹出如图 12-2 所示的窗口。

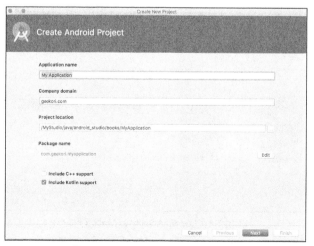

▲图 12-2　Create Android Project 窗口

　　如果读者已经进入了 Android Studio，可以单击"File" > "New" > "New Project"菜单项打开如图 12-2 所示的窗口。在单击"Next"按钮之前，不要忘了勾选"Include Kotlin support"复选框，否则无法在新建立的 Android 工程中使用 Kotlin。

　　单击"Next"按钮后，就会进入如图 12-3 所示的"Target Android Devices"窗口，该窗口会推荐合适的 Android 设备，一般用默认值即可。

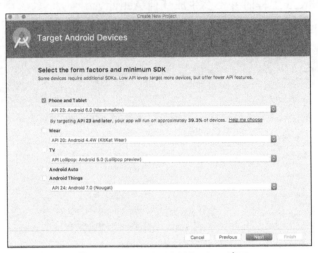

▲图 12-3　Target Android Devices 窗口

　　现在继续单击"Next"按钮进入"Add an Activity to Mobile"窗口，如图 12-4 所示。

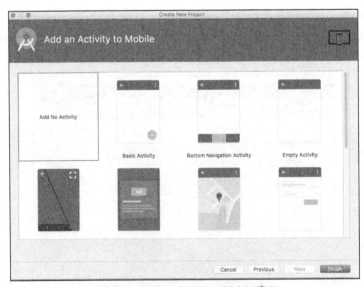

▲图 12-4　Add an Activity to Mobile 窗口

　　我们以前使用的是默认的"Empty Activity"选项，如果使用这个选项，创建工程时会自动添加一个空的 Activity。这次我们选择第一个选项（Add No Activity），也就是不加入任何 Activity。现在单击"Finish"按钮创建 Android 工程。

如果读者在创建新的 Android 工程之前已经打开了一个 Android 工程，再创建新的 Android 工程，Android Studio 会自动为新工程开一个新窗口，也就是说，同一个窗口，只能打开一个 Android 工程。

创建 Android 工程后，工程结构如图 12-5 所示。

▲图 12-5　Android 工程结构

可以看到，com.geekori.firstactivity 包中没有任何文件。在工程目录树上方有 3 个选项标签：Android、Project Files 和 Problems。其中 Android 标签用于显示可能需要修改的 Android 工程文件；Project Files 标签用于显示 Android 工程中所有的文件，包括自动生成的文件（如 R.java）。由于本章只需要编辑 Activity 源代码文件，因此选择 Android 标签即可。

12.2.2　手动创建 Activity

现在选中 com.geekori.firstactivity 包，单击鼠标右键，在弹出的快捷菜单中依次单击"New" > "Kotlin File/Class"菜单项，会弹出如图 12-6 所示的 New Kotlin File/Class 窗口。

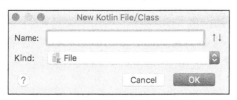

▲图 12-6　New Kotlin File/Class 窗口

在"Name"文本框中输入一个文件名（不需要带扩展名），如 MyActivity。单击"OK"按钮创建文件。这时会在 com.geekori.firstactivity 包中多了一个名为 MyActivity.kt 的文件。

现在打开 MyActivity.kt 文件，该文件一开始时只有下面的代码。

Kotlin 代码

```
package com.geekori.firstactivity
```

创建 Activity 的第一步，需要编写一个 Activity 类，该类需要从 AppCompatActivity 继承。并且需要重写 Activity 类中的 onCreate 函数。基于这些考虑，在 MyActivity.kt 文件中需要添加如下代码。

Kotlin 代码

```
import android.support.v7.app.AppCompatActivity
import android.os.Bundle
//  Activity 类必须是 Activity 的直接或间接子类
class MyActivity : AppCompatActivity()
{
    override fun onCreate(savedInstanceState: Bundle?)
    {
        //  重写的函数必须调用父类中同样的函数
        super.onCreate(savedInstanceState)
    }
}
```

这里的 onCreate 函数是 Activity 的初始化函数，也是 Activity 的 7 个生命周期函数之一，这一点以后再详细介绍。onCreate 函数主要用于创建和初始化组件以及其他资源。

12.2.3　创建和加载布局

Android 程序分为逻辑和 UI 两部分，其中 UI 就是我们这里要介绍的布局（Layout）。布局的主要作用就是用于显示 UI。下面我们手动创建一个布局。

在 Android 中，布局使用 XML 文件格式描述，一个布局是一个 XML 文件。所有的布局文件都必须在图 12-5 所示的 res 目录的 layout 子目录中。如果创建一个不包含 Activity 的 Android 工程，是不会自动创建 layout 目录的，需要我们手动创建该目录。

现在选中 res 目录，在右键快捷菜单中单击"New" > "Android resource file"菜单项，会弹出如图 12-7 所示的"New Resource File"对话框。

在"File name"文本框中输入布局文件名（不需要加扩展名），在"Resource type"列表框中选择"Layout"，其他的都保持不变即可。现在单击"OK"按钮创建布局文件。

创建完布局文件后，如果这是 Android 工程的第一个布局文件，系统会自动创建一个 layout 布局，并将 my_activity.xml 文件添加到 layout 目录中，如图 12-8 所示。

▲图 12-7　New Resource File 对话框

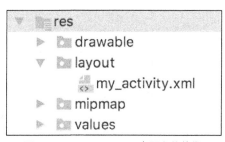

▲图 12-8　my_activity.xml 布局文件的位置

设计布局可以有两种方式：可视化方式和手工编写代码的方式。创建布局文件后，可视化布局设计器会自动装载该布局文件，并显示一个空的设计器，如图 12-9 所示。

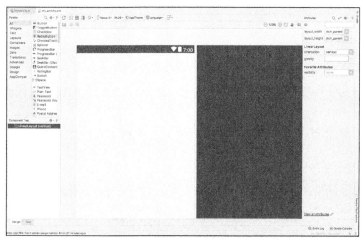

▲图 12-9　可视化布局设计器

在布局设计器中，中间是用于摆放组件的，左上方是组件列表，左下方是组件树，会以树结构形式列出当前布局中的组件。选中某一个组件，会在最右侧显示与该组件对应的属性设置窗口。

为了更好地了解布局文件的结构，本书主要使用手动方式设计布局。在可视化布局设计器左下角有两个标签：Design 和 Text。默认选中 Desgin，现在单击 Text 标签，会切换到布局的代码编辑窗口，如图 12-10 所示。

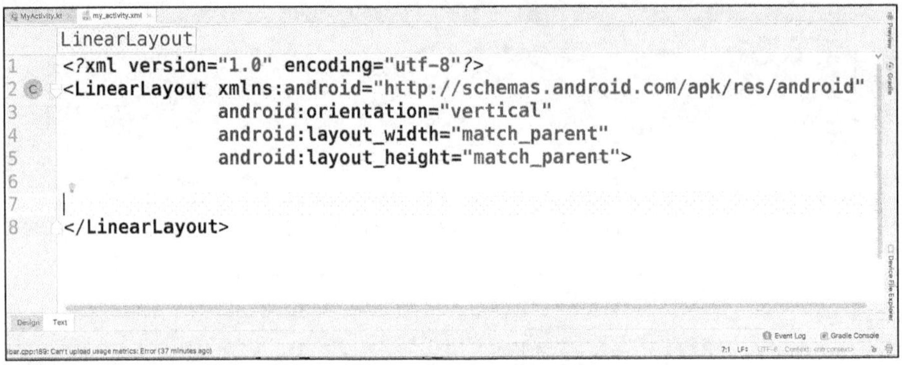

▲图 12-10　布局的代码编辑窗口

创建布局文件时，默认使用了线性布局（LinearLayout），因此，在单击"Text"标签后，会看到如下的布局代码。

布局文件（my_activity.xml）

```xml
<?xml version="1.0" encoding="utf-8"?>
<LinearLayout xmlns:android="http://schemas.android.com/apk/res/android"
        android:orientation="vertical"
        android:layout_width="match_parent"
        android:layout_height="match_parent">


</LinearLayout>
```

很显然，布局文件是 XML 格式的。根节点是<LinearLayout>，这是线性布局的标签。所谓线性布局，就是允许布局中的组件水平或垂直排列的布局。关于线性布局的详细内容，会在后面的章节介绍。

现在让我们对这个布局文件做一些修改，添加一个按钮（Button）。

布局文件（my_activity.xml）

```xml
<?xml version="1.0" encoding="utf-8"?>
<LinearLayout xmlns:android="http://schemas.android.com/apk/res/android"
        android:layout_width="match_parent"
        android:layout_height="match_parent"
        android:orientation="vertical">
```

```
    <Button
        android:layout_width="match_parent"
        android:layout_height="wrap_content"
        android:text="点击我哦"
        />
</LinearLayout>
```

按钮使用<Button>标签表示。android:layout_width 和 android:layout_height 属性用于设置按钮的宽度和高度，本例分别设置了 match_parent 和 wrap_content，表示按钮水平充满整个屏幕，垂直根据自身的内容调整，这里指的是按钮文本，也就是 android:text 属性的值。

在 my_activity.xml 文件中添加新的布局代码后，单击右上角的"Preview"按钮，会显示如图 12-11 所示的预览界面。

▲图 12-11　布局预览窗口

可以看到，按钮成功显示出来了，按钮上方是 App 的标题栏。现在布局文件和窗口类都完成了，但窗口类和布局文件还没有连接起来，接下来修改 MyActivity.kt 文件，在 onCreate 方法中装载 my_activity.xml 文件。

Kotlin 代码

```
class MyActivity : AppCompatActivity()
{
    override fun onCreate(savedInstanceState: Bundle?)
    {
        super.onCreate(savedInstanceState)
        setContentView(R.layout.my_activity)
```

171

```
        }
    }
```

在这段代码中，使用 setContentView 方法装载了布局文件。这就相当于将 my_activity.xml 中的组件都显示在 MyActivity 窗口中。在装载布局文件时使用了 R.layout.my_activity，这是 Android 中引用资源文件的一种方式。所有的资源文件都必须使用 R.layout.xxxx 形式引用，其中 xxxx 表示资源文件名（不包括扩展名）。

12.2.4　在 AndroidManifest 文件中注册 Activity

任何一个 Activity 都必须在 AndroidManifest.xml 文件中注册，否则无法使用。AndroidManifest.xml 文件在 Android 工程的 manifests 节点中。

AndroidManifest.xml

```xml
<manifest package="com.geekori.firstactivity"
        xmlns:android="http://schemas.android/apk/res/android">

    <application
        android:allowBackup="true"
        android:icon="@mipmap/ic_launcher"
        android:label="@string/app_name"
        android:roundIcon="@mipmap/ic_launcher_round"
        android:supportsRtl="true"
        android:theme="@style/AppTheme">
        <activity android:name=".MyActivity" android:label="我的窗口">
            <intent-filter>
                <action android:name="android.intent.action.MAIN"/>
                <category android:name="android.intent.category.LAUNCHER"/>
            </intent-filter>
        </activity>
    </application>
</manifest>
```

现在打开 AndroidManifest.xml 文件，在<application>标签中添加一个<activity>标签，该标签的主要作用就是指定要注册的 Activity 类名，也就是本例的 MyActivity。同时还使用了 android:label 属性指定了窗口标题，如果不指定 android:label 属性，窗口标题会显示 App 的名字（FirstActivity）。

如果要将一个 Activity 作为 App 启动时第一个显示的窗口，需要在<activity>标签中指定<intent-filter>标签，并且在该标签中指定两个标签：<action>和<category>，标签属性值如上面代码所示。这两个标签分别指定了系统的 MAIN 动作和 LAUNCHER 类别，系统一看到这两个标签和相应的标签值，就会在 App 启动时显示包含这些标签的 Activity。

12.2.5　编译和运行 Android 工程

现在一切准备就绪，可以看看我们的成果了。要想运行当前工程，首先要建立 AVD，然后可以按照 1.6.2 节的方式运行当前 Android 工程。运行效果如图 12-12 所示。

▲图 12-12　Android 工程的运行效果

12.2.6　为 Activity 添加新组件

　　现在我们为布局文件添加一个新的组件：EditText，该组件用于输入文本。新组件位于 Button 的上方，修改后的布局文件代码如下：

my_activity.xml

```
<?xml version="1.0" encoding="utf-8"?>
<LinearLayout xmlns:android="http://schemas.android/apk/res/android"
        android:layout_width="match_parent"
        android:layout_height="match_parent"
        android:orientation="vertical">
    <EditText
        android:id="@+id/edittext"
        android:layout_width="match_parent"
        android:layout_height="wrap_content"/>
    <Button
        android:layout_width="match_parent"
        android:layout_height="wrap_content"
        android:onClick="onClick"
        android:text="点击我哦"
        />
```

```
</LinearLayout>
```

预览后的效果如图 12-13 所示。

▲图 12-13　添加 EditText 组件后的效果

在<Button>标签中多了个 android:onClick 属性，该属性用于指定按钮单击事件对应的方法，单击按钮后，会直接调用该属性指定的方法。该方法必须定义在装载当前布局文件的窗口类中（MyActivity）。如果指定的方法不存在，则会抛出异常。

在<EditText>标签中指定了一个 android:id 属性，该属性需要指定一个 id，这个 id 用于引用 EditText 组件。如果不需要引用组件，可以不加 android:id 属性。该属性的值是"@+id/edittext"，其中 edittext 就是引用 EditText 组件的 id 值。前面的部分对于 android:id 属性是固定的。

12.2.7　为 Activity 添加逻辑代码

现在实现 MyActivity 中的 onClick 方法，单击 Button 组件时，会调用该方法。代码逻辑是单击 Button 组件时，会在 EditText 组件中输出"hello world"。完整的实现代码如下：

Kotlin 代码

```
class MyActivity : AppCompatActivity()
{
```

```
// 声明 EditText 类型变量, 用于保存 EditText 组件的实例
private var edittext:EditText? = null
override fun onCreate(savedInstanceState: Bundle?)
{
    super.onCreate(savedInstanceState)
    setContentView(R.layout.my_activity)
    // 初始化 edittext 变量 ( 该行代码去掉也不会抛出异常 )
    edittext = findViewById(R.id.edittext)
}
fun onClick(view:View)
{
    // 设置 EditText 组件的值
    edittext?.setText("hello world")
}
}
```

可以看到, 在 MyActivity 类中声明了一个 EditText 类型的变量, 改变了用于保存 EditText 组件的实例, 而且改变了使用了问号 (?) 声明, 表示该变量可以为 null。在 onCreate 方法中使用 findViewById 方法装载 EditText 组件, 然后在 onClick 方法中调用 EditText.setText 方法设置了 EditText 组件的值。在调用 setText 方法时使用了问号 (?), 因此, 即使 edittext 变量为 null, 也不会抛出异常。

现在运行 App, 单击 Button 组件, 会在 EditText 组件中显示 "hello world", 如图 12-14 所示。

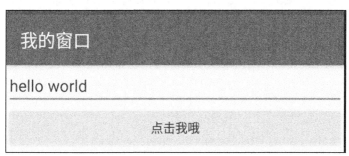

▲图 12-14　EditText 组件显示文本的效果

12.2.8　为 Activity 添加 Toast

Toast 是 Android 系统提供的一种非常好的信息提醒方式, 在程序中可以使用 Toast 将一小段文字信息发送给用户。由于 Toast 信息提醒窗口并没有焦点, 因此, 在显示信息的同时, 并不影响用户的其他操作。

现在为布局文件 (my_activity.xml) 添加一个新按钮, 单击该按钮, 会通过 Toast 显示 EditText 组件中的文本。与该按钮对应的单击事件方法是 onClick_Toast。

my_activity.xml

```
<?xml version="1.0" encoding="utf-8"?>
<LinearLayout xmlns:android="http://schemas.android/apk/res/android"
```

```
                    android:layout_width="match_parent"
                    android:layout_height="match_parent"
                    android:orientation="vertical">

        <EditText
            android:id="@+id/edittext"
            android:layout_width="match_parent"
            android:layout_height="wrap_content"/>
        <Button
            android:layout_width="match_parent"
            android:layout_height="wrap_content"
            android:onClick="onClick"
            android:text="点击我哦"
            />
        <Button
            android:layout_width="match_parent"
            android:layout_height="wrap_content"
            android:onClick="onClick_Toast"
            android:text="显示 Toast 信息框"
            />
</LinearLayout>
```

接下来在 MyActivity 类中添加一个 onClick_Toast 方法，单击相应按钮会调用该方法。Toast 类提供了一个 makeText 静态方法[①]，用于创建 Toast 对象。makeText 方法有 3 个参数，需要分别传入 Context 对象、要显示的字符串和 Toast.LENGTH_SHORT/Toast.LENGTH_LONG。Activity 本身就是一个 Context 对象，因此，第 1 个参数传入 this 即可，第 2 个参数需要传入 EditText 组件的文本，第 3 个参数只能设置两种系统常量中的一个，其中 Toast.LENGTH_SHORT 表示 Toast 信息框显示较短的时间，Toast.LENGTH_LONG 表示 Toast 信息框显示较长的时间。从这一点可以看出，Toast 信息框并不能指定具体的显示时间。

Kotlin 代码（MyActivity.kt）

```
class MyActivity : AppCompatActivity()
{
    private var edittext:EditText? = null
    override fun onCreate(savedInstanceState: Bundle?)
    {
        super.onCreate(savedInstanceState)
        setContentView(R.layout.my_activity)
        edittext = findViewById(R.id.edittext)
    }
    fun onClick(view:View)
    {
        edittext?.setText("hello world")
    }
    fun onClick_Toast(view:View)
    {
        //  edittext 后面需要加问号（?），因为 edittext 变量可能为 null
        Toast.makeText(this, edittext?.text, Toast.LENGTH_LONG).show()
    }
```

① 因为 Toast 类是 Java 实现的，所以存在静态方法。Kotlin 可以和 Java 进行交互。

}

现在运行程序，首先单击第一个按钮，或直接在 EditText 组件中输入文本，然后单击第二个按钮，会在 Activity 下方显示 Toast 信息框，如图 12-15 所示。

▲图 12-15　Toast 运行效果

在第二个按钮中，显示的文本是"显示 TOAST 信息框"，但在布局文件中，这行文本中的"Toast"的首字母是大写，其余字母都是小写，那么为什么运行后的按钮文本中英文字母都变成大写了呢？其实，这是 Button 组件的问题，在默认情况下，会将所有的英文字母都变成大写。如果将<Button>标签的 android:textAllCaps 属性值设为 false，就会按原样输出英文字母。

```
<Button
    android:layout_width="match_parent"
    android:layout_height="wrap_content"
    android:onClick="onClick_Toast"
    android:text="显示 Toast 信息框"
    android:textAllCaps="false"/>
```

重新运行程序的效果如图 12-16 所示。

▲图 12-16　按原样输出 Button 组件中的文本

12.2.9　关闭 Activity

除了可以按屏幕左下角的"Back"图标按钮关闭当前 Activity 外，还可以调用 finish 方法关闭当前 Activity。现在为布局文件再添加一个 Button 组件。

```
<Button
    android:layout_width="match_parent"
    android:layout_height="wrap_content"
    android:onClick="onClick_Close"
    android:text="关闭 Activity"
    android:textAllCaps="false"
    />
```

在 MyActivity 类中添加一个 onClick_Close 方法，在该方法中调用 finish 方法关闭当前 Activity。

Kotlin 代码

```
fun onClick_Close(view:View)
{
    finish()
}
```

如果整个 App 中只有一个 Activity，关闭当前 Activity 就会关闭 App。

12.3　使用 Intent 连接多个 Activity

一般具有使用价值的 App 都不会只有一个 Activity，如果包含了多个 Activity，那么就会涉及这些 Activity 之间的交互。例如，如何从一个 Activity 跳到另一个 Activity，如何从一个 Activity 返回值给上一个 Activity，这一切都离不开本节的主题：Intent。那么 Intent 到底是什么呢？如何将众多 Activity 连接起来呢？下面一一解答。

12.3.1 使用显式 Intent

为了从一个 Activity 跳到另外一个 Activity，我们需要新建立一个 Activity。到目前为止，我们已经使用纯手工的方式创建了第 1 个 Activity，想必已经对创建 Activity 的过程非常了解了，这次我们使用自动的方式创建第 2 个 Activity。

首先选择工程树中的 com.greekori.firstactivity 包，在右键快捷菜单中单击"New"＞"Activity"＞"Empty Activity"菜单项，会弹出如图 12-17 所示的"New Android Activity"窗口，将"Activity Name"文本框中的内容改成"SecondActivity"，然后在"Source Language"列表中可以选择 Activity 对应的语言，默认是 Kotlin。最后单击"Finish"按钮即可创建 Activity。

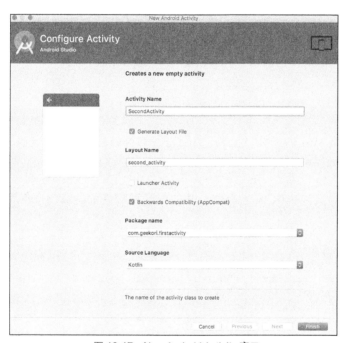

▲图 12-17 New Android Activity 窗口

自动创建 Activity，系统会为我们做以下 3 件事。

1）创建 SecondActivity.kt 文件，并生成默认的代码。

2）创建布局文件 activity_second.xml。

3）在 AndroidManifest.xml 文件中注册 SecondActivity。

首先看一下 SecondActivity.kt 中的代码。

Kotlin 代码（SecondActivity 类）

```
package com.geekori.firstactivity
import android.support.v7.app.AppCompatActivity
import android.os.Bundle
```

```
class SecondActivity : AppCompatActivity()
{
    override fun onCreate(savedInstanceState: Bundle?)
    {
        super.onCreate(savedInstanceState)
        setContentView(R.layout.second_activity)
    }
}
```

SecondActivity 与前面用手动方式编写的 MyActivity 类的代码风格一模一样。我们也可以对比实现同样功能的 Java 代码，以便了解其中的差异。

Java 代码

```java
package com.geekori.firstactivity;
import android.support.v7.app.AppCompatActivity;
import android.os.Bundle;
public class SecondActivity extends AppCompatActivity
{
    @Override
    protected void onCreate(Bundle savedInstanceState)
    {
        super.onCreate(savedInstanceState);
        setContentView(R.layout.second_activity);
    }
}
```

自动生成的布局文件 activity_second.xml 的内容有些复杂，现在将布局文件替换成如下的内容。

activity_second.xml

```xml
<?xml version="1.0" encoding="utf-8"?>
<LinearLayout xmlns:android="http://schemas.android/apk/res/android"
        android:layout_width="match_parent"
        android:layout_height="match_parent"
        android:orientation="vertical">

    <Button
        android:layout_width="match_parent"
        android:layout_height="wrap_content"
        android:onClick="onClick_Close"
        android:text="关闭"/>
</LinearLayout>
```

在布局文件中添加了一个 Button 组件，对应的单击事件方法是 onClick_Close，将该方法添加到 SecondActivity 类中，并调用 finish 方法关闭 SecondActivity。

Kotlin 代码

```
class SecondActivity : AppCompatActivity()
{
    override fun onCreate(savedInstanceState: Bundle?)
```

```
    {
        super.onCreate(savedInstanceState)
        setContentView(R.layout.second_activity)
    }
    fun onClick_Close(view:View)
    {
        finish()
    }
}
```

最后看一下 AndroidManifest.xml 文件，在该文件的<application>标签中，添加了如下的注册代码。

注册 SecondActivity 的代码

```
<activity android:name=".SecondActivity">
</activity>
```

现在修改注册代码，以便给 SecondActivity 添加一个标题。

```
<activity android:name=".SecondActivity" android:label="SecondActivity">
</activity>
```

由于 SecondActivity 并不是主窗口，因此在<activity>标签中什么都没有。

现在我们修改 MyActivity 中的代码，首先，在 my_activity.xml 文件中添加一个按钮，单击该按钮，会显示 SecondActivity。

```
<Button
    android:layout_width="match_parent"
    android:layout_height="wrap_content"
    android:onClick="onClick_ShowSecondActivity"
    android:text="显示 SecondActivity"
    android:textAllCaps="false"/>
```

Intent 有两种使用方式：显式和隐式。所谓显式方式就是在将 Intent 与 Activity 绑定时指定 Activity 类的元数据，也就是 Activity.class，这样就可直接定位到指定的 Activity。隐式方式会将 Activity 与 action、category 等信息绑定，详细内容会在下一节讲解。

下面使用显式 Intent 从 MyActivity 跳到 SecondActivity。在 MyActivity 类中添加一个 onClick_ShowSecondActivity 方法，并编写如下的代码显示 SecondActivity。

Kotlin 代码

```
fun onClick_ShowSecondActivity(view:View)
{
    // SecondActivity::class.java 用于获取 SecondActivity 中 Java 类的元数据
    var intent = Intent(this, SecondActivity::class.java)
    startActivity(intent)
}
```

可以看到，在调用 startActivity 方法显示 SecondActivity 之前，需要先创建 Intent 对象。Intent

类的构造器有两个参数，第 1 个参数是 Context 对象，这里传递 this 即可；第 2 个参数是要显示的 Activity 类的 class（Activity 的元数据），但在 Kotlin 中，需要做一下中转。通过 SecondActivity::class 获得的是 Kotlin 类的元数据，要想获得 Java 类的元数据，还需要调用 class 中的 java 属性。

我们可以对比实现同样功能的 Java 代码，观察其中的差别。

Java 代码

```
public void onClick_ShowSecondActivity(View view)
{
    Intent intent = new Intent(this, SecondActivity.class);
    startActivity(intent);
}
```

现在运行程序，单击"显示 SecondActivity"按钮，会显示如图 12-18 所示的窗口，单击"关闭"按钮，会关闭 SecondActivity，从而回到 MyActivity。

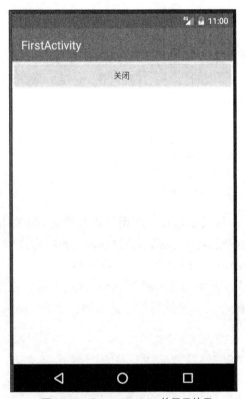

▲图 12-18　SecondActivity 的显示效果

12.3.2　使用隐式 Intent

使用隐式 Intent 方式显示 Activity，需要将 Activity 与 action、category 等绑定。这里的 action

和 category 可以是任意字符串。在创建 Intent 对象时，需要指定与 Activity 绑定的 action、category 等信息。

为 Activity 指定 action、category 等信息，需要在<activity>标签中指定<intent-filter>子标签，并在该子标签中定义一个<action>和一个<category>标签。

```xml
Androidmanifest.xml
<activity
    android:name=".SecondActivity" android:label="SecondActivity">
    <intent-filter>
        <action android:name="com.geekori.activity.SECOND_ACTIVITY"/>
        <category android:name="android.intent.category.DEFAULT"/>
    </intent-filter>
</activity>
```

在这段代码中，<action>和<category>标签通过 android:name 属性分别指定了一个字符串。其中<action>标签的 android:name 属性值是任意指定的，一般使用"域名+标识"的格式即可。<category>标签的 android:name 属性值是系统内置的，也是默认的 category。在使用 Intent 对象显示 Activity 时，系统会自动添加这个默认的 category，因此，无论该 Activity 是否有其他的 category，都必须指定这个默认的 category。

现在修改 MyActivity 类中 onClick_ShowSecondActivity 方法的代码。

Kotlin 代码

```kotlin
fun onClick_ShowSecondActivity(view:View)
{
    // 通过 Intent 的构造器指定 Action
    var intent = Intent("com.geekori.activity.SECOND_ACTIVITY")
    startActivity(intent)
}
```

可以看到，通过 Intent 类的构造器指定了与 SecondActivity 绑定的 Action。在这里未指定 category，因此，只需要将默认的 category 与 SecondActivity 绑定即可。现在单击"显示 SecondActivity"按钮，就会从 MyActivity 切换到 SecondActivity。

使用隐式 Intent 跳转 Activity 很方便，但也有一个问题，就是不能明确指定要显示哪一个 Activity。如果在 Android 系统中有多个 Activity 都与某一个 Action 绑定，那么系统就会显示一个列表，将所有相关的 Activity 都列出来，让用户决定具体运行哪一个 Activity。

我们可以做一个实验，在注册 MyActivity 类的<activity>标签中新增加一个<intent-filter>标签，并且与 SecondActivity 指定同一个 Action。

```xml
AndroidManifest.xml
<activity
    android:name=".MyActivity"
    android:label="我的窗口">
    <intent-filter>
        <action android:name="android.intent.action.MAIN"/>
        <category android:name="android.intent.category.LAUNCHER"/>
```

```
        </intent-filter>
    <intent-filter>
        <action android:name="com.geekori.activity.SECOND_ACTIVITY"/>
        <category android:name="android.intent.category.DEFAULT"/>
    </intent-filter>
</activity>
```

现在单击"显示 SecondActivity"按钮，并不会立刻显示 SecondActivity，而是会在屏幕的下方显示如图 12-19 所示的选择列表。用户可以选择一个窗口来显示。如果单击右下角的"JUST ONCE"，选择只本次有效，下次再次单击"显示 SecondActivity"按钮时仍然会显示这个列表。如果单击"ALWAYS"按钮，下次再单击"显示 SecondActivity"按钮时，会直接显示本次选择的 Activity。除非卸载当前 App 并重新安装，否则一直会沿用本次的选择。

▲图 12-19　选择要显示哪一个 Activity

为了尽可能避免多个 Activity 使用同一个 Action 而造成的麻烦，可以在为 Activity 指定 Action 的同时，再指定一个 Category。这样就相当于将两个字符串与同一个 Activity 绑定，只有都满足，当前 Activity 才会被选中。

现在为 SecondActivity 添加一个 category。

AndroidManifest.xml

```
<activity
    android:name=".SecondActivity"
    android:label="SecondActivity">
    <intent-filter>
        <action android:name="com.geekori.activity.SECOND_ACTIVITY"/>
        <category android:name="android.intent.category.DEFAULT"/>
        <category android:name="com.geekori.category.SECOND_ACTIVITY"/>
    </intent-filter>
</activity>
```

在显示 SecondActivity 之前，需要调用 intent.addCategory 方法添加这个新添加的 category。

Kotlin 代码

```
fun onClick_ShowSecondActivity(view:View)
{
    var intent = Intent("com.geekori.activity.SECOND_ACTIVITY")
    intent.addCategory("com.geekori.category.SECOND_ACTIVITY")
    startActivity(intent)
}
```

现在单击"显示 SecondActivity"，会直接显示 SecondActivity。

12.3.3 为隐式 Intent 设置更多的过滤条件

如果使用 action 和 category 仍然不能很好地过滤 Activity，也就是还有重复的 Activity，可以使用第 3 个过滤机制，这就是 Data。在<intent-filter>标签中，除了可以指定<action>和<category>标签外，还可以指定<data>标签。实际上，通过<data>标签，可以将一个 Uri 分成不同部分指定。如果同时指定<action>、<category>和<data>，必须 3 个都满足，当前 Activity 才会被选中。

例如，SecondActivity 需要处理一个 Uri，必须指定该 Uri 为 https://geekori.com，那么可以进行如下配置。

AndroidManifest.xml
```
<activity
    android:name=".SecondActivity"
    android:label="SecondActivity">
    <intent-filter>
        <action android:name="com.geekori.activity.SECOND_ACTIVITY"/>
        <category android:name="android.intent.category.DEFAULT"/>
        <category android:name="com.geekori.category.SECOND_ACTIVITY"/>
        <data android:scheme="https" android:host="geekori.com"/>
    </intent-filter>
</activity>
```

在这段配置中，通过 android:scheme 属性指定了 https，通过 android:host 属性指定了 geekori.com，因此，需要使用下面的代码才能显示 SecondActivity。

Kotlin 代码
```
fun onClick_ShowSecondActivity(view:View)
```

```
{
    var intent = Intent("com.geekori.activity.SECOND_ACTIVITY")
    intent.addCategory("com.geekori.category.SECOND_ACTIVITY")
    intent.setData(Uri.parse("https://geekori.com"))
    startActivity(intent)
}
```

在这段代码中，使用 intent.setData 方法指定了一个 Uri 对象，该对象通过 Uri.parse 方法分析一个 Uri 得到，parse 方法的参数值只需要指定一个完整的 Uri 即可，如 https://geekori.com。

在 AndroidManifest.xml 中输入<data>标签，会在弹出的列表中显示<data>标签中的所有属性，如图 12-20 所示。

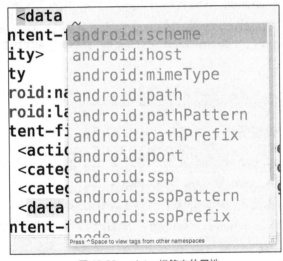

▲图 12-20　<data>标签中的属性

这些属性都是参与过滤 Activity 的。一般也不需要使用这么多属性对 Activity 进行过滤，其中有几个属性是非常常用的，下面我们介绍一下这些属性的含义。

➢ android:scheme：用于指定 Uri 的协议部分，如 http、https、ftp 等。

➢ android:host：用于指定 Uri 的主机名部分，如 geekori.com、www.google.com 等。

➢ android:port：用于指定 Uri 的端口部分，端口会跟在主机名的后面，用冒号分隔，如 geekori.com:8080 中的 8080。

➢ android:path：用于指定主机名和端口之后的部分，如 https://geekori.com//blogsCenter.php?uid=geekori 中的 /blogsCenter.php?uid=geekori 都属于 Path。

➢ android:mimeType：用于指定可以处理的数据类型，如 image/png、application/pdf 等。

如果这些属性都设置了，那么只有同时满足所有属性的值，<data>标签的过滤条件才会成立，并且还要满足<action>和<category>标签的过滤条件，这样当前的 Activity 才会满足过滤条件。如果 Intent 对象设置了与 Activity 相同的过滤条件，那么该 Activity 就会响应 Intent 对象的请求。

12.3.4 使用隐式 Intent 访问系统 App

隐式 Intent 的用处非常多，不仅仅是调用当前 App 中的 Activity，还可以跨 App 调用 Activity，也就是调用其他 App 中的 Activity。当然，这里的其他 App，包括我们自己设计的 App、第三方 App 以及 Android 系统本身的 App。无论是哪类 App，调用 Activity 的方式都一样，也就是需要了解 App 中 Activity 的过滤机制，也就是<action>、<category>和<data>标签中的内容。现在让我们通过 Android 系统的几个 App 来讲一下如何调用其他 App 中的 Activity。

浏览器是 Android 系统中一个非常重要的 App，当浏览网页时，就会打开浏览器窗口显示网页内容。这个浏览器窗口设置了<action>和<data>标签，因此，可以利用 Action 和一个 Uri 来调用浏览器 App 中用于显示网页的 Activity。

浏览器 Activity 对应的 Action 在 Android 中通过一个常量 Intent.ACTION_VIEW 定义，Uri 就是一个普通的网址，如 https://geekori.com。下面的代码是一个按钮的单击事件方法，执行该方法后，会打开浏览器的 Activity，并在该 Activity 中显示一个 Web 页面。

Kotlin 代码（浏览 Web 页面）

```kotlin
fun onClick_ShowWeb(view:View)
{
    var intent = Intent(Intent.ACTION_VIEW)
    intent.setData(Uri.parse("https://geekori.com"))
    startActivity(intent)
}
```

单击按钮，如果当前 Android 系统中安装了多个浏览器 App，可能会弹出类似图 12-21 所示的选择窗口，选择其中一个浏览器 App 即可。

▲图 12-21　可选择的浏览器

本例选择的是 Chrome，选择后，会显示如图 12-22 所示的浏览器窗口，很显然，在该窗口中显示了 Uri 指定的页面。

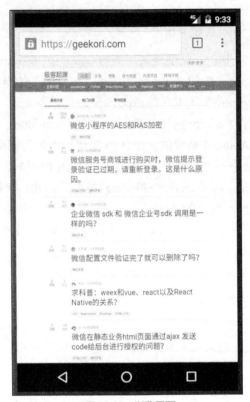

▲图 12-22　浏览网页

　　除了浏览器 App 外，Android 系统还有很多 App 中的 Activity 可以调用。例如，系统拨号 App 中输入电话号码的 Activity。通过调用这个 Activity，可以在打开系统拨号窗口的同时，将要拨打的电话号码传入该 Activity。

　　现在修改布局文件（my_activity.xml），添加一个"显示拨号盘"按钮，代码如下所示：

```xml
<?xml version="1.0" encoding="utf-8"?>
<LinearLayout xmlns:android="http://schemas.android/apk/res/android"
        android:layout_width="match_parent"
        android:layout_height="match_parent"
        android:orientation="vertical">
    … …
  <Button
    android:layout_width="match_parent"
    android:layout_height="wrap_content"
    android:onClick="onClick_ShowDial"
    android:text="显示拨号盘"
    />
    … …
</LinearLayout>
```

　　系统拨号盘 Activity 对应的 Action 是 Intent.ACTION_DIAL，Uri 对应的是"tel:xxxxx"，

其中 xxxxx 表示电话号码。下面是"显示拨号盘"按钮的单击事件方法的代码，单击该按钮，会打开系统拨号盘，并将传入的电话号码显示在系统拨号盘中。

Kotlin 代码（显示系统拨号盘）

```kotlin
fun onClick_ShowDial(view:View)
{
    var intent = Intent(Intent.ACTION_DIAL)
    intent.setData(Uri.parse("tel:12306"))
    startActivity(intent)
}
```

单击"显示拨号盘"按钮，会显示如图 12-23 所示的界面，"12306"显示在了电话号码显示区域。

▲图 12-23　显示拨号盘

12.4　向 Activity 中传递数据

两个 Activity 之间进行交互，通常需要在两个 Activity 之间传递数据。例如，从 ActivityA 切换到 ActivityB，同时 ActivityA 将一些数据传递给 ActivityB。

窗口之间的切换需要使用 Intent 来指定目标窗口，Intent 对象有很多重载的 putExtra 方法，可以用来设置不同类型的值。然后，在目标 Activity 中，可以使用 intent 属性获得传过来的值。

首先修改布局文件（my_activity.xml），添加一个"向另一个窗口传递数据"按钮，代码如下：

```xml
<?xml version="1.0" encoding="utf-8"?>
<LinearLayout xmlns:android="http://schemas.android.com/apk/res/android"
            android:layout_width="match_parent"
            android:layout_height="match_parent"
            android:orientation="vertical">
    … …
    <Button
        android:layout_width="match_parent"
        android:layout_height="wrap_content"
        android:onClick="onClick_SendData"
        android:text="向另一个窗口传递数据"
        />
    … …
</LinearLayout>
```

现在从 MyActivity 切换到 SecondActivity，并向 SecondActivity 传入一个字符串和一个 Int 类型的值，最后在 SecondActivity 的 onCreate 方法中通过 intent 属性获得这两个值，并输出到 Console 中。

Kotlin 代码（向 SecondActivity 传递数据）
```kotlin
fun onClick_SendData(view:View)
{
    var intent = Intent(this, SecondActivity::class.java)
    // 传递字符串类型的数据
    intent.putExtra("name", "Mary")
    // 传递 Int 类型的数据
    intent.putExtra("age", 24)
    startActivity(intent)
}
```

在 SecondActivity 的 onCreate 方法中，需要使用下面的代码读取从 MyActivity 传递过来的数据，这里要考虑到 null 的情况，因为 SecondActivity 可能不止被一个 Activity 调用，其他调用 SecondActivity 的 Activity 可能不会向 SecondActivity 传递 name 和 age，因此，当这两个值为 null 时，就不应该在 Console 中输出 name 和 age 的值。

Kotlin 代码（获取 name 和 age 的值）
```kotlin
override fun onCreate(savedInstanceState: Bundle?)
{
    super.onCreate(savedInstanceState)
    setContentView(R.layout.second_activity)
    var name:String? = intent.getStringExtra("name")
    var age:Int? = intent.getIntExtra("age", 0)
    // 此处应使用 null 进行判断
    if(name != null)
    {
        Log.d("SecondActivity:name", name)
        Log.d("SecondActivity:age", java.lang.String.valueOf(age))
```

```
        }
}
```

现在单击"向另一个窗口传递数据"按钮，会在 Console 中看到如图 12-24 所示的输出信息。

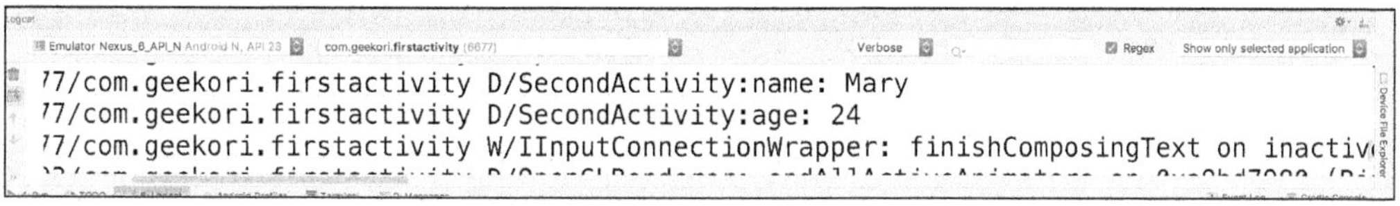

▲图 12-24　在 Console 中输出 name 和 age 的值

12.5 从 Activity 返回数据

一个 Activity 也可以给另一个 Activity 返回数据，不过调用返回数据的 Activity，需要使用 startActivityForResult 方法，该方法有两个参数，第 1 个参数是 Intent 对象，第 2 个参数是请求码，一个 Int 类型的值，用于识别是哪个 Activity 发送的 Intent 请求。

Kotlin 代码（发送 Intent 请求，调用可返回数据的 Activity）

```
fun onClick_ReturnData(view:View)
{
    //  SecondActivity 会返回数据给 MyActivity
    var intent = Intent(this, SecondActivity::class.java)
    //  1 是请求码
    startActivityForResult(intent, 1)
}
```

在 SecondActivity 中，需要调用 Intent.putExtra 设置要返回的数据，最后调用 setResult 方法设置要返回的数据和响应码，其中响应码用来识别是哪个 Activity 返回的数据。

Kotlin 代码（SecondActivity 中"关闭"按钮的代码）

```
fun onClick_Close(view:View)
{
    //  创建 Intent 对象，该对象会被 SecondActivity 返回
    var intent = Intent()
    //  设置要返回的数据
    intent.putExtra("who", "Me")
    //  Activity.RESULT_OK 是响应码，intent 是返回的 Intent 对象
    setResult(Activity.RESULT_OK, intent)
    //  关闭 SecondActivity
    finish()
}
```

SecondActivity 返回数据后，MyActivity 需要重写 onActivityResult 方法接收从 SecondActivity 返回的数据。

Kotlin 代码（接收 SecondActivity 返回的数据）

```
override fun onActivityResult(requestCode: Int, resultCode: Int, data: Inte
```

```
nt?) {
    when(requestCode)
    {
        1->    //   接收请求码为 1 的数据
        {
            //   判断响应码，只有响应码是 Activity.RESULT_OK 时才处理
            if(resultCode == Activity.RESULT_OK)
            {
                var returnedData = data?.getStringExtra("who")
                Log.d("MyActivity", returnedData)
            }
        }
    }
}
```

从接收返回数据的代码可以看出，通过 when 语句判断了 requestCode 和 resultCode，只有这两个码都满足的情况下才会处理返回数据。为什么要使用 requestCode 和 resultCode 呢？主要原因是无论 MyActivity 调用多少个 Activity，都由 MyActivity.onActivityResult 处理所有的响应数据，所以要用 requestCode 和 resultCode 区分是谁发出的请求，以及是谁返回的数据。

12.6　Activity 的生命周期

Activity 对象从创建到销毁，包含了 7 个生命周期方法，下面介绍一下这 7 个生命周期方法。

- □ onCreate：这个方法已经看到过很多次了，每一个 Activity 都需要重写这个方法，这个方法在 Activity 第一次被创建时调用。在 onCreate 方法中，应该完成对 Activity 的初始化工作，如创建组件、设置成员变量的值等。
- □ onStart：这个方法在 Activity 由不可见变为可见的时候调用。
- □ onResume：这个方法在 Activity 准备好与用户进行交互时调用。
- □ onPause：这个方法在系统准备去启动或者恢复另一个 Activity 时调用。我们通常会在该方法中将一些消耗 CPU 的资源释放，以及保存一些关键数据。
- □ onStop：这个方法在 Activity 完全不可见时调用。如果 Activity 被销毁，那么首先会执行 onPause，接下来就会执行 onStop。
- □ onDestroy：这个方法在 Activity 被销毁之前调用，之后 Activity 的状态就变为销毁状态了。
- □ onRestart：这个方法在 Activity 由停止状态变为运行状态之前调用，也就是 Activity 被重写启动了。

以上 7 个方法中除了 onRestart 方法，其他都是两两相对的，从而让 Activity 在不同时期拥有了 3 个生存期。

- □ **完整生存期：** Activity 在 onCreate 方法和 onDestroy 方法之间所经历的，就是完整生存期。一般情况下，一个 Activity 会在 onCreate 方法中完成各种初始化操作，而在

onDestroy 方法中完成释放内存的操作。

❑ **可见生存期**：Activity 在 onStart 方法和 onStop 方法之间所经历的，就是可见生存期。在可见生存期内，Activity 对于用户总是可见的，即便有可能无法与用户进行交互。我们可以通过 onStart 和 onStop 方法合理地对资源进行管理。例如，可以在 onStart 方法中装载资源，在 onStop 方法中释放资源，这样就可以保证在 Activity 处于停止的状态下不会占用太多的资源。

❑ **前台生存期**：Activity 在 onResume 方法和 onPause 方法之间所经历的，就是前台生存期。在前台生存期内，Activity 总是处于运行状态，此时的 Activity 是可以和用户进行交互的，我们平时看到和接触最多的也就是这个状态下的 Activity。

为了帮助读者更好地理解 Activity 的生命周期，图 12-25 给出了一个示意图。

下面使用 MyActivity 来演示一下 Activity 的生命周期。首先重写（override）前面介绍的 7 个生命周期方法，并在每一个生命周期方法中输出一行日志信息。

Kotlin 代码（Activity 生命周期演示）

```kotlin
class MyActivity : AppCompatActivity()
{
    private val TAG = "MyActivity"
    override fun onCreate(savedInstanceState: Bundle?)
    {
        super.onCreate(savedInstanceState)
        setContentView(R.layout.my_activity)
        Log.d(TAG, "onCreate")
    }

    override fun onStart() {
        super.onStart()
        Log.d(TAG, "onStart")
    }

    override fun onResume() {
        super.onResume()
        Log.d(TAG, "onResume")
    }

    override fun onPause() {
        super.onPause()
        Log.d(TAG, "onPause")
    }

    override fun onStop() {
        super.onStop()
        Log.d(TAG, "onStop")
    }

    override fun onDestroy() {
        super.onDestroy()
        Log.d(TAG, "onDestroy")
    }
```

```kotlin
override fun onRestart() {
    super.onRestart()
    Log.d(TAG, "onRestart")
}
}
```

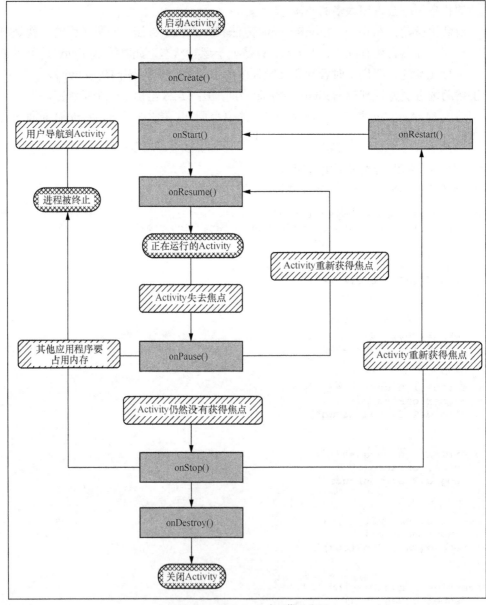

▲图 12-25　Activity 生命周期示意图

现在运行程序，在 Logcat 中会输出如图 12-26 所示的信息，这说明 onCreate、onStart 和 onResume 方法在 MyActivity 启动时是顺序执行的，当 MyActivity 完全显示后，会执行 onResume 方法。

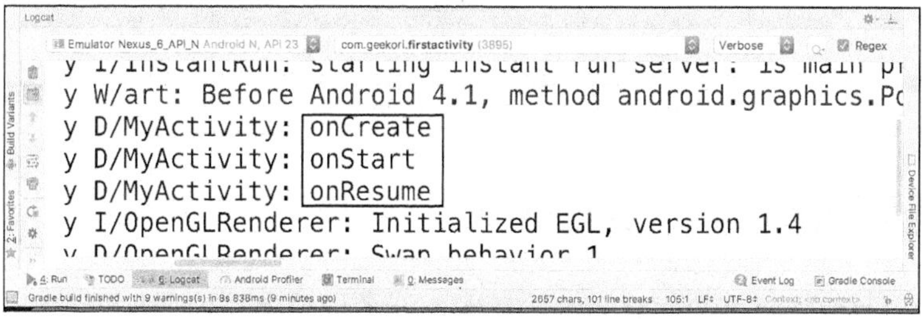

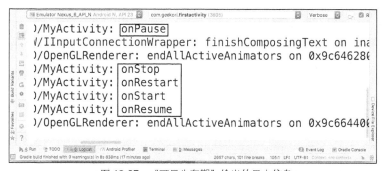

▲图 12-26　MyActivity 启动时输出的日志信息

现在单击"显示 SecondActivity"按钮，会显示 SecondActivity。这时 MyActivity 首先会失去焦点，然后会处于停止状态。接下来单击 SecondActivity 中的"关闭"按钮，当关闭 SecondActivity 后，MyActivity 又会重新显示，从技术层面看，MyActivity 会重新显示（执行 onStart 方法），然后会恢复焦点（执行 onResume 方法），也就是说，显示和关闭 SecondActivity 这一过程中会依次执行 onPause、onStop、onRestart、onStart、onResume 这 5 个方法，这也完成了一个"可见生存期"。显示和关闭 SecondActivity 这一过程在 Logcat 中输出的日志信息如图 12-27 所示。

▲图 12-27　"可见生存期"输出的日志信息

现在关闭 MyActivity，会在 Logcat 中输出如图 12-28 所示的日志信息。在显示和销毁 MyActivity 这一过程中，就完成了"完整生存期"。

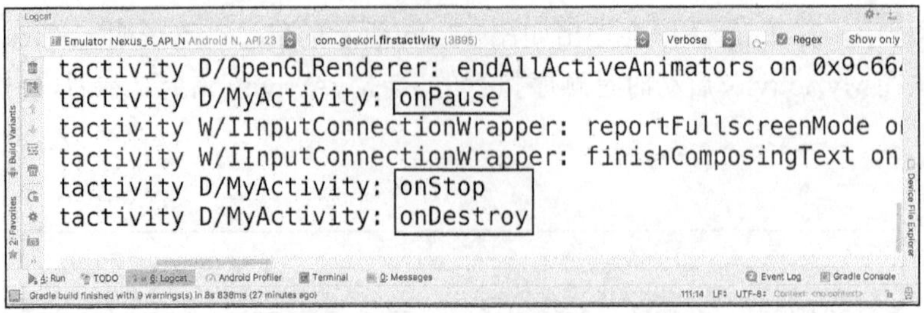

▲图 12-28　关闭 MyActivity 输出的日志信息

12.7　记录当前活动的 Activity

如果一个 Android App 中的 Activity 比较多，或者接手别人的项目时，想要修改其中一个窗口的代码或 UI，但问题是，在修改之前，首先要找到需要修改的 Activity 对应了哪个类，那么如何快速找到这个类呢？

其实方法很简单，只需要在当前 Activity 显示时将类名输出到 Logcat 中即可。但我们也不能在每一个 Activity 的 onCreate 方法中都加上这样的代码，否则会造成代码冗余，以后要去掉这些代码时，还要一个个删除，很麻烦。因此，要编写一个 BaseActivity，该类从 AppCompatActivity 继承，而其他 Activity 类会从 BaseActivity 继承，只要将 BaseActivity 相关代码放到 BaseActivity.onCreate 方法中，任何从 BaseActivity 继承的 Activity 类都会执行 BaseActivity.onCreate 方法中的相关代码。

现在先来编写 BaseActivity 类。

Kotlin 代码（BaseActivity 类）

```kotlin
package com.geekori.firstactivity

import android.os.Bundle
import android.support.v7.app.AppCompatActivity
import android.util.Log

open class BaseActivity : AppCompatActivity()
{
    override fun onCreate(savedInstanceState: Bundle?)
    {
        super.onCreate(savedInstanceState)
        //  将当前类的名称输出到 Logcat 中
        Log.d("BaseActivity", javaClass.simpleName)
    }
}
```

现在修改 MyActivity 和 SecondActivity 类的代码，将这两个类的父类改成 BaseActivity，其他代码不变。

Kotlin 代码

```kotlin
class MyActivity : BaseActivity()
{
    … …
}
class SecondActivity : BaseActivity()
{
    … …
}
```

现在运行程序，然后调用 SecondActivity，就会分别在 Logcat 中输出如图 12-29 所示的 MyActivity 和 SecondActivity 信息，表明当前处于活动状态的 Activity 分别是 MyActivity 和 SecondActivity。

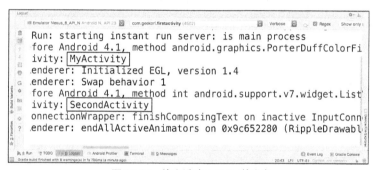

▲图 12-29　输出活动 Activity 的类名

12.8　小结

本章是 Android 开发的入门章节，如果你可以一直阅读到最后，说明你有很强的学习毅力！本章的信息量的确有点大，当然，阅读完本章，收获肯定也会很多的。首先，通过本章的学习，可以使用 Kotlin 语言开发 Android App 了，还有一个重要的收获，就是可以手工创建 Activity 了。由于 Activity 在 Android 中的地位非常重要，因此本章用了很大的篇幅讲解了 Activity 的原理和各种使用方法，如 Activity 之间的交互、Activity 的生命周期等。通过对这些知识的学习，毫不夸张地说，你现在已经算是 Activity 的一个小高手了。当然，Android 中不只有 Activity，还有很多其他的技术，那么就让我们继续 Android 的旅程吧，当然是驾驶着 Kotlin 这艘"豪华游艇"的"浪漫"之旅！

第13章　Android App的装饰工具——UI组件与布局

一般情况下，程序员会根据设计师用 Photoshop 或其他工具制作的界面效果图制作实际的界面。这些界面的核心元素就是本章要介绍的 UI 组件和布局。尽管本章的内容可能无法让广大程序员提升自己的审美和艺术修养，但至少能让我们按照效果图制作出绚丽的界面。现在我们就来学习 Android 中 UI 相关知识。

13.1　如何编写程序界面

开发 Android App 的程序界面有很多种方法。例如，Android Studio 和 Eclipse ADT 都提供了可视化 UI 编辑器，允许使用拖放的方式设计布局，并能在 UI 编辑器上直接修改组件的属性，修改后，直接同步布局文件中的代码。不过，对于初学者来说，并不推荐使用可视化的方式设计布局以及布局中的 UI 组件，一个原因是一开始就使用可视化的方式设计 UI，这并不利于深入理解 UI 组件和布局的原理，当然，还有一个原因，就是 Android Studio 中的可视化 UI 编辑器设计得的确不太友好，Eclipse ADT 中的可视化 UI 编辑器设计得也不太友好，经常会出现莫名其妙的错误，而且拖放操作设计得也不好，与 Visual Studio 还有一定的差距。因此，为了设计 UI 时尽量顺利，还是直接编写布局代码比较好。

接下来让我们从 UI 组件开始学起吧！

13.2　常用的 UI 组件

Android 提供了大量的 UI 组件，使用适当的组件设计 UI 会得到非常不错的界面。本节会介绍一些 Android 中常用的组件，这些组件都会通过案例详细介绍它们的使用方法。

13.2.1　文本显示组件（TextView）

TextView 组件是 Android 中比较简单的一个组件，创建 Android 工程时默认就添加了这个组件，因此，在第一次接触 Android App 开发时，一般都会最先接触 TextView 组件。

TextView 组件看似简单，但却内藏玄机，在本节中，就会对 TextView 组件的用法进行详细介绍。

在创建 Android 工程时，系统会在默认布局文件中生成一堆代码，其中就包含一个 TextView 组件，不过添加的组件代码有点复杂，我们可以修改成如下形式。

```xml
<?xml version="1.0" encoding="utf-8"?>
<LinearLayout
    xmlns:android="http://schemas.android/apk/res/android"
    android:orientation="vertical"
    android:layout_width="match_parent"
    android:layout_height="match_parent"
>
    <TextView
        android:id="@+id/textview"
        android:layout_width="match_parent"
        android:layout_height="wrap_content"
        android:text="Hello World!"/>

</LinearLayout>
```

最外层的 LinearLayout 先不用管它，在<TextView>标签中使用 android:id 属性为当前组件定义一个唯一标识，这个属性在以前多次使用过，findViewById 方法通过该属性值获取布局文件中的组件对象。然后 android:layout_width 和 android:layout_height 属性分别指定了组件的宽度和高度。Android 中所有的组件都有这两个属性，而且这两个属性是必须设置的。这两个属性的可选值有 3 种：match_parent、fill_parent 和 wrap_content。其中 match_parent 和 fill_parent 的意义相同，但官方推荐使用 match_parent。match_parent 表示让当前组件的大小与父布局的大小一样，也就是由父布局来决定当前组件的大小。wrap_content 表示让当前组件的大小能够刚好包含里面的内容，也就是由组件内容决定当前组件的大小。因此，上面的代码就表示让 TextView 的宽度和父布局一样，也就是手机屏幕的宽度，让 TextView 的高度足够包含里面的内容即可。当然，除了设置这 3 个值外，还可以对组件设置固定的值，但并不建议这样做，因为这样做会导致不同屏幕尺寸的手机出现适配问题。

TextView 组件显示的文本要用 android:text 属性设置，现在运行程序，效果如图 13-1 所示。

虽然 TextView 中的文本内容正常显示了，但我们好像没看出来 TextView 组件的宽度与屏幕的宽度一样，而且文本没有居中。这是因为 TextView 组件默认是透明的，而且默认文字在左上角对齐。现在我们使用 android:gravity 属性让文本居中，并且为 TextView 组件设置一个背景色，这样就可以看到 TextView 组件的宽度是否和屏幕相同了。

```xml
<?xml version="1.0" encoding="utf-8"?>
<LinearLayout
    xmlns:android="http://schemas.android/apk/res/android"
    android:orientation="vertical"
    android:layout_width="match_parent"
    android:layout_height="match_parent"
>

    <TextView
```

```
        android:id="@+id/textview"
        android:layout_width="match_parent"
        android:layout_height="wrap_content"
        android:text="Hello World!"
        android:gravity="center"
        android:background="#00F"
        />

</LinearLayout>
```

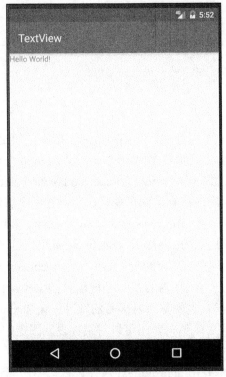

▲图 13-1　TextView 运行效果

　　在上面的代码中，通过 android:gravity 属性设置了文本的居中显示。该属性还可以设置其他的对齐方式，如 top、bottom、left、right 等。如果要为该属性指定多个值，那么中间用 "|" 分隔。例如，"center_vertical|center_horizontal"，表示文字在垂直和水平方向都居中对齐。除此之外，TextView 组件还通过 android:background 属性设置了 TextView 组件的背景色（蓝色）。现在运行程序，会看到如图 13-2 所示的效果。

　　虽然文本居中了，背景色也出来了，而且 TextView 组件尺寸与屏幕宽度相同，但文本的尺寸较小，而且蓝色背景配上黑色文字，看起来不太明显。因此，接下来设置一下 TextView 组件的文字尺寸和文字颜色。

▲图 13-2　TextView 居中和带背景效果

```xml
<?xml version="1.0" encoding="utf-8"?>
<LinearLayout
    xmlns:android="http://schemas.android/apk/res/android"
    android:orientation="vertical"
    android:layout_width="match_parent"
    android:layout_height="match_parent"
>
    <TextView
        android:id="@+id/textview"
        android:layout_width="match_parent"
        android:layout_height="wrap_content"
        android:text="Hello World!"
        android:gravity="center"
        android:background="#00F"
        android:textSize="30sp"
        android:textColor="#FF0"
        />
</LinearLayout>
```

上面的代码使用 android:textSize 属性设置了文字字体的大小，单位是 sp（通常设置文字尺寸的单位为 sp）。通过 android:textColor 属性设置文字颜色（黄色）。现在运行程序，会看到如图 13-3 所示的效果。

▲图 13-3　改变 TextView 文字尺寸和颜色的效果

13.2.2　按钮组件（Button）

Button 是程序与用户交互的一个重要组件，我们在以前已经多次使用过了。Button 的属性和 TextView 的属性基本相同，因为 Button 是 TextView 的子类。

我们可以在 activity_main.xml 中按如下方式加入 Button 组件。

```xml
<?xml version="1.0" encoding="utf-8"?>
<LinearLayout
    xmlns:android="http://schemas.android.com/apk/res/android"
    android:orientation="vertical"
    android:layout_width="match_parent"
    android:layout_height="match_parent"
    >
    … …
    <Button
        android:id="@+id/button"
        android:layout_width="match_parent"
        android:layout_height="wrap_content"
        android:text="我的按钮"/>
</LinearLayout>
```

加入 Button 组件后，界面呈现的效果如图 13-4 所示。

▲图 13-4　Button 组件的运行效果

为 Button 组件添加单击事件有以下两种方法。

❑　使用 android:onClick 属性

❑　通过 Button.setOnClickListener 方法添加

第 1 种方法我们以前多次使用过，这里不再介绍，我们主要讲解第 2 种添加单击事件的方法。

Kotlin 代码（设置 Button 的单击事件）

```kotlin
class MainActivity : AppCompatActivity()
{
    override fun onCreate(savedInstanceState: Bundle?)
    {
        super.onCreate(savedInstanceState)
        setContentView(R.layout.activity_main)
        var button = findViewById<Button>(R.id.button)
        button.setOnClickListener
        {
            //  MainActivity@this 表示 MainActivity 中的 this
            Toast.makeText(MainActivity@ this,"你点击我了",Toast.LENGTH_LONG).show()
```

```
            }
        }
    }
```

　　在上面的代码中，使用 findViewById 方法获取了 Button 组件的对象，然后调用 button.setOnClickListener 方法设置单击事件。由于 Kotlin 语法糖的作用，本来 button.setOnClickListener 方法需要接收一个实现 View.OnClickListener 接口的对象，View.OnClickListener 接口需要实现一个 onClick 方法，但在这里直接使用"尾随闭包"取代了 onClick 方法，直接将 onClick 方法中的代码写在了一对 {...} 中。我们可以对比下面实现同样功能的 Java 代码，就会看出一些端倪。

Java 代码（设置 Button 的单击事件）

```java
public class MainActivity extends AppCompatActivity
{
    @Override
    protected void onCreate(Bundle savedInstanceState)
    {
        super.onCreate(savedInstanceState);
        setContentView(R.layout.activity_main2);
        Button button = (Button)findViewById(R.id.button);
        button.setOnClickListener(new View.OnClickListener(){
            @Override
            public void onClick(View view)
            {
                Toast.makeText(MainActivity.this, "你点击我了", Toast.LENGTH_
                SHORT). show();
            }
        });
    }
}
```

　　在前面的代码中，直接在 onCreate 方法中完成了对 Button 组件的单击事件所有的编码工作，当单击事件中代码量较小的时候，这样做没什么问题，但当 onClick 方法中的代码很多时，这样做会使 onCreate 中的代码变得非常多，因此，就需要将 onClick 方法的代码从 onCreate 方法中移出来。因此，就要让 MainActivity 类实现 View.OnClickListener 接口，然后 button.setOnClickListener 方法的参数设置为 this 即可。

Kotlin 代码（实现 View.OnClickListener 接口）

```kotlin
class MainActivity : AppCompatActivity(),View.OnClickListener
{
    override fun onCreate(savedInstanceState: Bundle?)
    {
        super.onCreate(savedInstanceState)
        setContentView(R.layout.activity_main)
        var button = findViewById<Button>(R.id.button)
        button.setOnClickListener(this)
    }
```

```
    override fun onClick(view: View?)
    {
        Toast.makeText(MainActivity@ this, "你点击我了", Toast.LENGTH_LONG). show()
    }
}
```

如果布局中包含多个按钮，那么这些按钮也可以共用同一个 onClick 方法。下面的布局中包含了 3 个按钮，id 分别是 button、button1 和 button2。

```
<?xml version="1.0" encoding="utf-8"?>
<LinearLayout
    xmlns:android="http://schemas.android/apk/res/android"
    android:orientation="vertical"
    android:layout_width="match_parent"
    android:layout_height="match_parent"
    >
    … …
    <Button
        android:id="@+id/button"
        android:layout_width="match_parent"
        android:layout_height="wrap_content"
        android:text="我的按钮"/>
    <Button
        android:id="@+id/button1"
        android:layout_width="match_parent"
        android:layout_height="wrap_content"
        android:text="我的按钮 1"/>
    <Button
        android:id="@+id/button2"
        android:layout_width="match_parent"
        android:layout_height="wrap_content"
        android:text="我的按钮 2"/>
</LinearLayout>
```

下面的代码将 button、button1 和 button2 的单击事件都指向了 onClick 方法，并通过 android:id 属性值判断单击的是哪一个按钮。

Kotlin 代码（多个按钮共用一个 onClick 方法）

```
class MainActivity : AppCompatActivity(),View.OnClickListener
{
    override fun onCreate(savedInstanceState: Bundle?)
    {
        super.onCreate(savedInstanceState)
        setContentView(R.layout.activity_main)
        var button = findViewById<Button>(R.id.button)
        var button1 = findViewById<Button>(R.id.button1)
        var button2 = findViewById<Button>(R.id.button2)
        button.setOnClickListener(this)
        button1.setOnClickListener(this)
        button2.setOnClickListener(this)
    }
```

```
override fun onClick(view: View?)
{
    if(view is Button)
    {
        //  通过 android:id 属性值判断单击的是哪一个按钮
        when(view.id)
        {
            R.id.button->
                Toast.makeText(this, "IT 问答社区: https://geekori.com", Toast.
                LENGTH_LONG).show()
            R.id.button1->
                Toast.makeText(this, "公司:欧瑞科技", Toast.LENGTH_LONG).show()
            R.id.button2->
                Toast.makeText(this, "欧瑞学院:http://edu.geekori.com",Toast.
                LENGTH_ LONG).show()

        }
    }

}
}
```

现在运行程序，单击 Button 组件按钮，就会弹出如图 13-5 所示的 Toast 信息提示框。

▲图 13-5　多按钮共用一个 onClick 方法的效果

13.2.3　文本编辑组件（EditText）

EditText 是程序与用户交互过程中重要的组件，它允许用户在组件中输入内容，并可以在程序中设置和获取这些输入的内容。在很多场景，你不得不使用 EditText 组件，如 QQ 聊天、发微博等都离不开 EditText。现在修改 activity_main.xml 中的代码，向该文件中添加一个

EditText 组件。

```
<?xml version="1.0" encoding="utf-8"?>
<LinearLayout
    xmlns:android="http://schemas.android/apk/res/android"
    android:orientation="vertical"
    android:layout_width="match_parent"
    android:layout_height="match_parent"
    >
    … …
    <EditText
        android:id="@+id/edittext"
        android:layout_width="match_parent"
        android:layout_height="wrap_content"/>
</LinearLayout>
```

现在运行程序，当焦点落入 EditText 时，Android 系统会自动弹出软键盘，效果如图 13-6 所示。

▲图 13-6　EditText 组件运行效果

EditText 组件的属性与 TextView 组件非常类似，但还是有一些特殊的属性。例如，在很多 App 中，当文本输入框中没有任何内容时，会显示一行提示文本，当输入内容时，这行提示文本自动消失。这个功能是通过 EditText 组件的 android:hint 属性实现的。

```
<?xml version="1.0" encoding="utf-8"?>
```

```
<LinearLayout
    xmlns:android="http://schemas.android/apk/res/android"
    android:orientation="vertical"
    android:layout_width="match_parent"
    android:layout_height="match_parent">
    … …
    <EditText
        android:id="@+id/edittext"
        android:layout_width="match_parent"
        android:layout_height="wrap_content"
        android:hint="请输入姓名"/>
</LinearLayout>
```

现在运行程序，会看到如图 13-7 所示的效果。

▲图 13-7　EditText 设置 hint 的效果

　　EditText 组件在默认情况下，会随着内容不断增多，高度不断拉长，这样会显得非常难看，为了解决这个问题，可以通过 android:maxLines 属性设置 EditText 组件最多拉多长。例如，该属性值为 1，那么无论 EditText 组件中的文本有多长，EditText 组件的高度永远是一行的高度。

```
<?xml version="1.0" encoding="utf-8"?>
<LinearLayout
    xmlns:android="http://schemas.android/apk/res/android"
    android:orientation="vertical"
```

```
   android:layout_width="match_parent"
   android:layout_height="match_parent"
   >
   … …
   <EditText
      android:id="@+id/edittext"
      android:layout_width="match_parent"
      android:layout_height="wrap_content"
      android:hint="请输入姓名"
      android:maxLines="3"
      />
</LinearLayout>
```

在上面的布局代码中，android:maxLines 属性的值是 3，因此，这个 EditText 组件最多可以显示 3 行文本，显示更多，就需要上下滚动文本了。图 13-8 是显示 3 行文本的效果，其中第 2 行是利用软键盘输入的笑脸图标。

▲图 13-8　EditText 设置 maxLines 属性的效果

现在让我们将 EditText 和 Button 联合起来做一些更复杂的事。当单击 Button 组件时，会从 EditText 获取输入的文本，并通过 Toast 信息框显示出来。

Kotlin 代码（从 EditText 组件中获取输入的内容，并显示出来）
```
class MainActivity : AppCompatActivity()
```

```
{
    override fun onCreate(savedInstanceState: Bundle?)
    {
        super.onCreate(savedInstanceState)
        setContentView(R.layout.activity_main)
        //  通过 findViewById 方法获取 EditText 组件的对象
        var edittext = findViewById<EditText>(R.id.edittext)
        var button = findViewById<Button>(R.id.button)
        button.setOnClickListener()
        {
            //  从 EditText 获取文本，并显示出来
            Toast.makeText(this, edittext.text, Toast.LENGTH_LONG).show()
        }
    }
}
```

现在运行程序，在 EditText 中输入 "Bill"，然后单击按钮，会显示如图 13-9 所示的 Toast 信息提示框。

▲图 13-9　获取 EditText 中输入的内容

13.2.4　图像组件（ImageView）

ImageView 是用于在界面上显示图像的组件，通过这个组件，可以让程序界面变得更加丰富多彩。学习这个组件需要提前准备一些图片，图片通常放在以 "drawable" 开头的目录中。

在创建 Android Studio 工程时，会默认创建一个 drawable 目录，将图像文件放到该目录下即可。我们准备了两个图像文件：yhk.jpg 和 smallapp.jpg。接下来，在 activity_main.xml 文件中添加一个 ImageView 组件。

```xml
<?xml version="1.0" encoding="utf-8"?>
<LinearLayout
    xmlns:android="http://schemas.android/apk/res/android"
    android:orientation="vertical"
    android:layout_width="match_parent"
    android:layout_height="match_parent"
    >
    … …
    <ImageView
        android:id="@+id/imageview"
        android:layout_width="wrap_content"
        android:layout_height="wrap_content"
        android:src="@drawable/yhk"
        />
</LinearLayout>
```

现在运行程序，会看到如图 13-10 所示的效果。

▲图 13-10　ImageView 显示图像的效果

在上面的布局代码中，由于不知道图像的具体尺寸，因此 android:layout_width 和

android:layout_height 属性的值都设为 wrap_content，也就是根据图像的实际尺寸和窗口的尺寸来调整 ImageView 组件的尺寸。

现在要结合 Button 和 ImageView 完成更复杂的任务。当单击按钮时，会在 ImageView 组件中显示另外一个图像（smallapp.jpg），这是"极客题库"的小程序码。

Kotlin 代码（在 ImageView 中显示图像）

```kotlin
class MainActivity : AppCompatActivity()
{
    override fun onCreate(savedInstanceState: Bundle?) {
        super.onCreate(savedInstanceState)
        setContentView(R.layout.activity_main)
        var imageview = findViewById<ImageView>(R.id.imageview)
        var button = findViewById<Button>(R.id.button)
        button.setOnClickListener()
        {
            //  在 ImageView 中显示新图像
            imageview.setImageResource(R.drawable.smallapp)
        }
    }
}
```

ImageView 组件有很多装载图像的方式，如果要从资源文件中装载，需要使用 imageview.setImageResource 方法，该方法需要指定一个图像资源 ID（drawable 目录中的资源文件）。现在运行程序，然后单击按钮，会看到如图 13-11 所示的效果。

▲图 13-11　动态更改 ImageView 中的图片

13.2.5　进度条组件（ProgressBar）

ProgressBar 用于在界面上显示一个进度条，表示我们的程序正在加载一些数据。使用 ProgressBar 非常简单，下面在 activity_main.xml 中加入一个 ProgressBar 组件。

```xml
<?xml version="1.0" encoding="utf-8"?>
<LinearLayout
    xmlns:android="http://schemas.android.com/apk/res/android"
    android:orientation="vertical"
    android:layout_width="match_parent"
    android:layout_height="match_parent"
    >
    … …
    <ProgressBar
        android:id="@+id/progressbar"
        android:layout_width="match_parent"
        android:layout_height="wrap_content"
        />
</LinearLayout>
```

运行程序，会看到如图 13-12 所示不断旋转的圆形进度条。

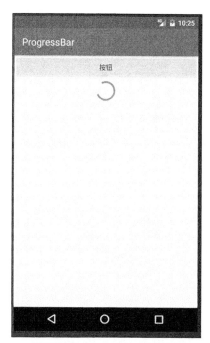

▲图 13-12　ProgressBar 运行效果

圆形进度条表示程序正在加载数据，那么当数据加载完后，如何让这个旋转的进度条消失呢？这就要用到组件的 android:visibility 属性，该属性任何可视化组件都有。可选的值有 3 种：visible、invisible 和 gone。visible 表示组件是可见的，这个是默认值，不指定 android:visibility

属性时，组件都是可见的。invisible 表示组件不可见，但该组件仍然占据原来的位置和大小，可以理解成组件变成了透明状态。gone 则表示组件不仅不可见，而且不再占用任何屏幕空间。我们还可以通过代码来设置空间的可见性，使用的是 setVisibility 方法，可以传入 View.VISIBLE、View.INVISIBLE 和 View.GONE 这 3 个值。

Kotlin 代码（显示和隐藏 ProgressBar 组件）

```kotlin
class MainActivity : AppCompatActivity()
{
    override fun onCreate(savedInstanceState: Bundle?) {
        super.onCreate(savedInstanceState)
        setContentView(R.layout.activity_main)
        var progressbar = findViewById<ProgressBar>(R.id.progressbar)
        var button = findViewById<Button>(R.id.button)
        button.setOnClickListener()
        {
            if(progressbar.visibility == View.GONE)
            {
                // 显示 ProgressBar 组件
                progressbar.visibility = View.VISIBLE
            }
            else
            {
                // 隐藏 ProgressBar 组件
                progressbar.visibility = View.GONE
            }
        }
    }
}
```

通常来讲，圆形进度条是在无法预估工作量时使用的，如果可以预估工作量，如工作分 5 步完成，那么就可以使用水平进度条。这需要设置 ProgressBar 的风格，以及 android:max 属性，该属性设置 ProgressBar 可以滚动的最大值。

```xml
<?xml version="1.0" encoding="utf-8"?>
<LinearLayout
    xmlns:android="http://schemas.android/apk/res/android"
    android:orientation="vertical"
    android:layout_width="match_parent"
    android:layout_height="match_parent"
    >
    … …
    <ProgressBar
        android:id="@+id/progressbar"
        android:layout_width="match_parent"
        android:layout_height="wrap_content"
        style="?android:attr/progressBarStyleHorizontal"
        android:max="100"
        />
</LinearLayout>
```

现在我们实现一个功能，当单击按钮时，ProgressBar 的进度会不断加 10，直到等于 100，进度再从 0 开始。

Kotlin 代码（设置 ProgressBar 的进度）

```kotlin
class MainActivity : AppCompatActivity()
{
    override fun onCreate(savedInstanceState: Bundle?)
    {
        super.onCreate(savedInstanceState)
        setContentView(R.layout.activity_main)
        var progressbar = findViewById<ProgressBar>(R.id.progressbar)
        var button = findViewById<Button>(R.id.button)
        button.setOnClickListener()
        {
            //   获取进度条的当前进度
            var progress = progressbar.progress
            //   进度加 10
            progress+=10
            //   如果进度大于最大值，从 0 开始
            if(progress > progressbar.max)
            {
                progress = 0
            }
            //   重新设置当前进度
            progressbar.progress = progress
        }
    }
}
```

运行程序，不断单击按钮，水平进度条中的进度会不断变化，如图 13-13 所示。

▲图 13-13　ProgressBar 水平样式效果

13.2.6　对话框组件（AlertDialog）

AlertDialog 可以在当前界面弹出一个对话框，这个对话框是置顶于所有界面元素之上的，能够屏蔽其他组件的交互能力，因此，AlertDialog 一般用于向用户展示一些非常重要的内容或警告信息。例如，为了防止用户删除重要数据，在删除前弹出一个确认对话框。下面我们来学习一下 AlertDialog 的用法。

Kotlin 代码（显示 AlertDialog 对话框）

```kotlin
class MainActivity : AppCompatActivity() {

    override fun onCreate(savedInstanceState: Bundle?) {
        super.onCreate(savedInstanceState)
        setContentView(R.layout.activity_main)
        var button = findViewById<Button>(R.id.button)
        button.setOnClickListener()
        {
            // 创建 Builder 对象
            var dialog = AlertDialog.Builder(this)
            dialog.setTitle("删除")
            dialog.setMessage("确认要删除数据吗？")
            dialog.setCancelable(false)
            //  设置确定按钮及单击确定按钮的事件方法
            dialog.setPositiveButton("确定")
            {
                dialog, which ->
                    Toast.makeText(this,"已经点击确认按钮", Toast.LENGTH_LONG).show()
            }
            //  设置取消按钮及单击取消按钮的事件方法
            dialog.setNegativeButton("取消")
            {
                dialog,which ->
                    Toast.makeText(this, "已经点击取消按钮",Toast.LENGTH_LONG).show()
            }
            dialog.show()          //  显示对话框
        }

    }
}
```

首先通过 AlertDialog.Builder 创建了 Builder 对象，Builder 对象包含一系列 setXxx 方法，可以用来设置对话框的各种信息。例如，setTitle 用来设置标题，setMessage 用来设置显示的文本，setPositiveButton 用来设置确定按钮的相关信息。最后调用 show 方法显示对话框。

现在运行程序，单击"AlertDialog"按钮，会显示如图 13-14 所示的对话框。

▲图 13-14　AlertDialog 运行效果

13.3 布局详解

　　一个复杂的界面总会由很多组件组成，那么如何才能让各式各样的组件有条不紊地摆放在界面中呢？这就需要本节要讲的布局。布局是一种容器，可以按一定的规则摆放其中的组件。下面我们就来详细介绍一下 Android 中的 4 种最基本的布局。

13.3.1　线性布局（LinearLayout）

　　LinearLayout 又称为线性布局，是一种非常常用的布局。正如其名，线性布局允许其中的组件在水平或垂直方向顺序线性排列。通过 android:orientation 属性，可以设置线性布局的方向，该属性可以取两个值：vertical 和 horizontal，前者表示垂直方向布局，后者表示水平方向布局，默认值是 horizontal。下面的布局代码演示了如何进行垂直线性布局。

```
<?xml version="1.0" encoding="utf-8"?>
<LinearLayout
    xmlns:android="http://schemas.android/apk/res/android"
    android:orientation="vertical"
    android:layout_width="match_parent"
    android:layout_height="match_parent"
    >
    <Button
```

```
        android:id="@+id/button1"
        android:layout_width="wrap_content"
        android:layout_height="wrap_content"
        android:text="按钮 1"/>
    <Button
        android:id="@+id/button2"
        android:layout_width="wrap_content"
        android:layout_height="wrap_content"
        android:text="按钮 2"/>
    <Button
        android:id="@+id/button3"
        android:layout_width="wrap_content"
        android:layout_height="wrap_content"
        android:text="按钮 3"/>
    <Button
        android:id="@+id/button4"
        android:layout_width="wrap_content"
        android:layout_height="wrap_content"
        android:text="按钮 4"/>
</LinearLayout>
```

在 LinearLayout 中添加了 4 个 Button 组件，每个 Button 组件的宽度和高度都是 wrap_content，并指定了线性排列的方向为垂直（vertical）。现在运行程序，会显示如图 13-15 所示的效果。

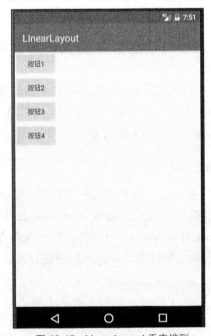

▲图 13-15　LinearLayout 垂直排列

现在将 android:orientation 属性值改为 horizontal，这 4 个按钮会水平从左到右线性排序。

```
<?xml version="1.0" encoding="utf-8"?>
<LinearLayout
    xmlns:android="http://schemas.android/apk/res/android"
    android:orientation="horizontal"
    android:layout_width="match_parent"
    android:layout_height="match_parent"
    >
    … …
</LinearLayout>
```

现在运行程序，会看到如图 13-16 所示的效果。

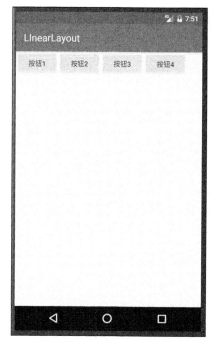

▲图 13-16　LinearLayout 水平排列

使用 LinearLayout 时，有一点要注意，如果 LinearLayout 的排列方向是 horizontal，内部组件的宽度不能设为 match_parent，否则，一个组件就会将整个水平方向占满，其他组件就会被挤没了。同理，如果 LinearLayout 的排列方向是 vertical，内部组件的高度不能设为 match_parent。

下面来看一个新的属性：android:layout_gravity。该属性与前面介绍的 android:gravity 类似，但这两个属性还是有区别的。android:gravity 用于指定组件内容的对齐方式，如 TextView 组件中文本的居中对齐。而 android:layout_gravity 属性是用来指定当前组件相对于父组件的对齐方式。如果将 TextView 组件放到 LinearLayout 中，那么 TextView 的父组件就是 LinearLayout。如果在 TextView 组件中设置 android:layout_gravity 属性，那么该属性设置的对齐方式就是 TextView 相对于 LinearLayout 的对齐方式。

```xml
<?xml version="1.0" encoding="utf-8"?>
<LinearLayout
    xmlns:android="http://schemas.android/apk/res/android"
    android:orientation="horizontal"
    android:layout_width="match_parent"
    android:layout_height="match_parent"
    >
    <Button
        android:id="@+id/button1"
        android:layout_width="wrap_content"
        android:layout_height="wrap_content"
        android:text="按钮 1"
        android:layout_gravity="top"
    />
    <Button
        android:id="@+id/button2"
        android:layout_width="wrap_content"
        android:layout_height="wrap_content"
        android:text="按钮 2"
        android:layout_gravity="center_vertical"
    />
    <Button
        android:id="@+id/button3"
        android:layout_width="wrap_content"
        android:layout_height="wrap_content"
        android:text="按钮 3"
        android:layout_gravity="bottom"
        />
    <Button
        android:id="@+id/button4"
        android:layout_width="wrap_content"
        android:layout_height="wrap_content"
        android:text="按钮 4"
        android:layout_gravity="center_vertical"
        />

</LinearLayout>
```

　　由于 LinearLayout 的排列方向是 horizontal，因此，我们只能指定垂直方向上的对齐方式，将第 1 个 Button 组件的对齐方式指定为 top，第 2 个 Button 组件的对齐方式指定为 center_vertical，第 3 个 Button 组件的对齐方式指定为 bottom，第 4 个 Button 组件的对齐方式指定为 center_vertical。现在运行程序，会看到如图 13-17 所示的效果。

　　接下来我们学习 LinearLayout 中的一个非常重要的属性：android:layout_weight。这个属性允许我们使用比例的方式指定组件的大小。该属性在手机屏幕适配性方面起到了非常重要的作用。例如，在发送数据的界面中，需要两个 EditText 组件和一个 Button 组件。Button 组件在屏幕的最下方，两个 EditText 组件会占用剩下的屏幕空间，其中一个 EditText 组件用于输入标题，另一个 EditText 组件用于输入内容，输入标题的 EditText 组件的高度是输入内容的 EditText 组件高度的 1/3。要实现这个界面效果，就可以使用 android:layout_weight 属性。

▲图 13-17　指定 layout_gravity 的效果

```xml
<?xml version="1.0" encoding="utf-8"?>
<LinearLayout
    xmlns:android="http://schemas.android/apk/res/android"
    android:orientation="vertical"
    android:layout_width="match_parent"
    android:layout_height="match_parent"
    >
    <EditText
        android:layout_width="match_parent"
        android:layout_height="0dp"
        android:layout_weight="1"
        android:hint="请输入标题"
        />

    <EditText
        android:layout_width="match_parent"
        android:layout_height="0dp"
        android:layout_weight="3"
        android:hint="输入要发送的内容"
        />
    <Button
        android:layout_width="match_parent"
        android:layout_height="wrap_content"
        android:text="点击发送"
        />
</LinearLayout>
```

　　我们可以看到，两个 EditText 组件中的 android:layout_weight 属性值分别为 1 和 3，而且 android:layout_height 属性的值都为 0dp，这就意味着系统不会考虑用 android:layout_height 属

性设置这两个 EditText 组件的高度，转而使用 android:layout_weight 属性按比例设置两个 EditText 组件的高度。不过在设置它们的高度之前，需要确定这两个 EditText 组件的总高度是多少，因为它们的下面还有一个 Button 组件呢！

　　Button 组件的高度设为 wrap_content，这就意味着 Button 组件会根据自身的内容设置高度。android:layout_weight 属性的规则是先排列高度是 wrap_content 的组件，然后把剩下的空间都给设置了 android:layout_weight 属性的组件，并按比例排列这些组件。根据这个规则，Button 组件很显然是排列到了屏幕的最下方，然后把 Button 组件上方所有的空间都给了这两个 EditText 组件，并且根据 1:3 的比例分配高度。现在运行程序，会看到如图 13-18 所示的效果。

▲图 13-18　使用 layout_weight 的效果

13.3.2　相对布局（RelativeLayout）

　　RelativeLayout 又称为相对布局，也是一种非常常用的布局。与 LinearLayout 的排列方式不同，RelativeLayout 采用了相对位置进行排列，可以相对于父组件，也可以相对于同层次的其他组件。下面的布局代码在 RelativeLayout 中放置了 5 个 Button 组件，并让这 5 个 Button 组件相对于 RelativeLayout 的位置进行排列，分别放置在屏幕的四角以及屏幕的中心。

```
<?xml version="1.0" encoding="utf-8"?>
<RelativeLayout
```

```
    xmlns:android="http://schemas.android/apk/res/android"
    android:layout_width="match_parent"
    android:layout_height="match_parent"
    >
<Button
    android:layout_width="wrap_content"
    android:layout_height="wrap_content"
    android:text="按钮 1"
    android:layout_alignParentLeft="true"
    android:layout_alignParentTop="true"
    />
<Button
    android:layout_width="wrap_content"
    android:layout_height="wrap_content"
    android:text="按钮 2"
    android:layout_alignParentRight="true"
    android:layout_alignParentTop="true"
    />
<Button
    android:layout_width="wrap_content"
    android:layout_height="wrap_content"
    android:text="按钮 3"
    android:layout_centerInParent="true"
    />
<Button
    android:layout_width="wrap_content"
    android:layout_height="wrap_content"
    android:text="按钮 4"
    android:layout_alignParentBottom="true"
    android:layout_alignParentLeft="true"
    />
<Button
    android:layout_width="wrap_content"
    android:layout_height="wrap_content"
    android:text="按钮 5"
    android:layout_alignParentBottom="true"
    android:layout_alignParentRight="true"
    />
</RelativeLayout>
```

这段代码是非常容易理解的。例如，按钮 1 通过 android:layout_alignParentLeft 属性和 android:layout_alignParentTop 属性将其放在左上角。

现在运行程序，会看到如图 13-19 所示的效果。

除了可以相对于父布局排列外，可以相对于同层次组件进行排列。我们可以将前面的布局代码稍作修改，先将按钮 3 放到屏幕中心，然后其他 4 个 Button 组件都相对于按钮 3 进行排列，分别放在按钮 3 的左上角、右上角、左下角和右下角。

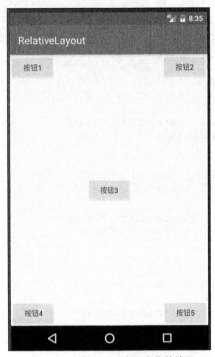

▲图 13-19　相对于父布局定位的效果

```xml
<?xml version="1.0" encoding="utf-8"?>
<RelativeLayout
    xmlns:android="http://schemas.android/apk/res/android"
    android:layout_width="match_parent"
    android:layout_height="match_parent"
    >
    <Button
        android:id="@+id/button3"
        android:layout_width="wrap_content"
        android:layout_height="wrap_content"
        android:text="按钮 3"
        android:layout_centerInParent="true"
        />
    <Button
        android:layout_width="wrap_content"
        android:layout_height="wrap_content"
        android:text="按钮 1"
        android:layout_above="@id/button3"
        android:layout_toLeftOf="@id/button3"
        />
    <Button

        android:layout_width="wrap_content"
        android:layout_height="wrap_content"
        android:text="按钮 2"
        android:layout_above="@+id/button3"
        android:layout_toRightOf="@+id/button3"
```

```
    />
<Button
    android:layout_width="wrap_content"
    android:layout_height="wrap_content"
    android:text="按钮 4"
    android:layout_below="@+id/button3"
    android:layout_toLeftOf="@+id/button3"
    />
<Button
    android:layout_width="wrap_content"
    android:layout_height="wrap_content"
    android:text="按钮 5"
    android:layout_below="@+id/button3"
    android:layout_toRightOf="@id/button3"
    />
</RelativeLayout>
```

在上面的代码中，按钮 3 定义了 android:id 属性，这是因为相对于组件的定位，需要指定相对于哪一个组件，这就要使用到 android:id 属性。我们可以看到，其他几个按钮使用了一些之前从来没见过的属性，如 android:layout_above、android:layout_toRightOf 等。这些属性的值需要是一个已经存在的组件 id。这些属性根据名字基本就可以判断它们的作用。例如，android:layout_above 表示在指定组件的上方，android:layout_toRightOf 表示在指定组件的右侧。

运行上面的程序，就会看到如图 13-20 所示的效果。

▲图 13-20 相对于组件定位的效果

13.3.3　帧布局（FrameLayout）

FrameLayout 又称为帧布局，该布局相对于 LinearLayout 和 RelativeLayout 就简单多了。FrameLayout 布局采用了层叠的布局方式，也就是说，放在后面的组件会压在放置前面的组件的上面，有点类似于 Photoshop 的图层。下面的布局代码在 FrameLayout 中放置了两个组件：EditText 和 ImageView。其中 ImageView 在 EditText 后面定义，因此，ImageView 会压在 EditText 的上面。

```xml
<?xml version="1.0" encoding="utf-8"?>
<FrameLayout
    xmlns:android="http://schemas.android/apk/res/android"
    android:layout_width="match_parent"
    android:layout_height="match_parent"
    >
    <EditText
        android:layout_width="match_parent"
        android:layout_height="wrap_content"
        />
    <ImageView
        android:layout_width="wrap_content"
        android:layout_height="wrap_content"
        android:src="@drawable/ic_launcher"
        />
</FrameLayout>
```

现在运行程序，会看到如图 13-21 所示的效果。

▲图 13-21　FrameLayout 运行效果

FrameLayout 中的组件也可以使用 android:layout_gravity 属性调整指定组件的位置。下面的布局代码将 ImageView 组件调整到了屏幕的右侧。

```xml
<?xml version="1.0" encoding="utf-8"?>
<FrameLayout
    xmlns:android="http://schemas.android/apk/res/android"
    android:layout_width="match_parent"
    android:layout_height="match_parent"
    >
    <EditText
        android:layout_width="match_parent"
        android:layout_height="wrap_content"
        />
    <ImageView
        android:layout_width="wrap_content"
        android:layout_height="wrap_content"
        android:src="@drawable/ic_launcher"
        android:layout_gravity="right"

        />
</FrameLayout>
```

现在运行程序，会看到如图 13-22 所示的效果，很明显，ImageView 放置到了屏幕的右侧。

▲图 13-22　指定 layout_gravity 的效果

13.3.4　百分比布局（PercentFrameLayout）

前面介绍的 3 种布局，Android 一开始就支持（从 Android 1.0 开始），一直沿用到现在，这 3 种布局可以满足绝大多数界面设计需求。但细心的读者会发现，只有 LinearLayout 支持使用 layout_weight 属性来实现按比例指定组件大小的功能，其他两种布局都不支持。例如，在 RelativeLayout 中实现两个按钮平均布局高度的效果，则是非常困难的。

为了解决这个问题，Android 引入了一种全新的布局方式：百分比布局。在这种布局中，我们可以不使用 wrap_content、match_parent 等方式指定组件的大小，而是允许直接指定组件所占的百分比，这样的话就可以轻松实现平均布局甚至任意比例布局了。

由于 LinearLayout 本身已经指出按比例指定控件的大小，因此百分比布局只为 FrameLayout 和 RelativeLayout 进行了功能扩展，提供了 PercentFrameLayout 和 PercentRelativeLayout 这两个全新的布局。下面我们就具体学习一下百分比布局如何使用。

由于百分比布局不属于标准的 Android 布局，因此，在使用百分比布局之前，需要在 Android 工程中添加依赖。

首先打开 app/build.gradle 文件，找到 dependencies 部分，在该部分添加百分比布局的依赖。

```
dependencies {
    implementation fileTree(dir: 'libs', include: ['*.jar'])
    androidTestImplementation ('com.android.support.test.espresso:espresso-core:2.2.2', {
        exclude group: 'com.android.support', module: 'support-annotations'
    })
    implementation "org.jetbrains.kotlin:kotlin-stdlib-jre7:$kotlin_version"
    implementation 'com.android.support:appcompat-v7:26.0.0-beta2'
    testImplementation 'junit:junit:4.12'
    implementation 'com.android.support.constraint:constraint-layout:1.0.2'
    //noinspection GradleCompatible
    compile 'com.android.support:percent:24.2.1'
}
```

现在运行程序，会自动更新百分比布局相关的 Library，再次运行，就不会更新了。

在下面的布局代码中，放置了 4 个按钮，利用百分比布局，让这 4 个按钮各占屏幕的 1/4。

```
<?xml version="1.0" encoding="utf-8"?>
<android.support.percent.PercentFrameLayout
    xmlns:android="http://schemas.android/apk/res/android"
    xmlns:app="http://schemas.android.com/apk/res-auto"
    android:layout_width="match_parent"
    android:layout_height="match_parent"
  >
    <Button
        android:layout_width="wrap_content"
        android:layout_height="wrap_content"
        android:text="按钮 1"
        android:layout_gravity="left|top"
        app:layout_widthPercent="50%"
        app:layout_heightPercent="50%"
        />
    <Button
        android:layout_width="wrap_content"
        android:layout_height="wrap_content"
```

```
                    android:text="按钮 2"
                    android:layout_gravity="right|top"
                    app:layout_widthPercent="50%"
                    app:layout_heightPercent="50%"
                    />
            <Button
                    android:layout_width="wrap_content"
                    android:layout_height="wrap_content"
                    android:text="按钮 3"
                    android:layout_gravity="left|bottom"
                    app:layout_widthPercent="50%"
                    app:layout_heightPercent="50%"
                    />
            <Button
                    android:layout_width="wrap_content"
                    android:layout_height="wrap_content"
                    android:text="按钮 4"
                    android:layout_gravity="right|bottom"
                    app:layout_widthPercent="50%"
                    app:layout_heightPercent="50%"
                    />
    </android.support.percent.PercentFrameLayout>
```

在上面的布局中，最外层使用了 PercentFrameLayout，由于百分比布局不是 Android 的标准布局，因此在使用时需要指定百分比布局类的全称（package + class），而且要定义一个名为 app 的命名空间，才能使用百分比布局中的自定义属性。在这 4 个按钮中，都将 app:layout_width Percent 和 app:layout_heightPercent 属性值设为 50%，这就意味着，这 4 个按钮会分别在上下左右各占据 1/4 的屏幕空间。现在运行程序，会看到如图 13-23 所示的效果。

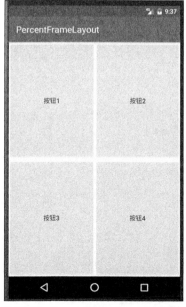

▲图 13-23　PercentFrameLayout 运行效果

PercentFrameLayout 的用法就介绍到这里，另外一个百分比布局 PercentRelativeLayout 布局的使用方法与 PercentFrameLayout 类似。PercentRelativeLayout 继承了 RelativeLayout 的所有属性，并可通过 app:layout_widthPercent 和 app:layout_heightPercent 来按百分比指定组件的宽度和高度。相信学会了 PercentFrameLayout 用法的你，一定可以轻松搞定 PercentRelativeLayout。

13.4　小结

其实本章只讲了一个主题，那就是 Android UI 如何实现。对于任何程序的界面，都由两部分组成：可视化组件和布局，这也是本章讲解的主要内容。

本章从 Android 的一些基本组件开发讲起，然后从组件延伸到了布局。在设计 UI 时，可以使用可视化 UI 设计器，也可以直接手工编写布局代码，我并不推荐使用可视化 UI 设计器，因为目前它设计得的确不怎么好用，而且当布局很复杂的 UI 时，可视化 UI 设计器很容易出错。因此，要尽量使用手工的方式设计 UI 布局，因为这样可以随心所欲地在屏幕上摆放各种组件，实现各种想要的效果。

第 14 章　永久保存数据的方式——持久化技术

任何一个程序，核心都由 3 部分组成：UI、逻辑和数据。在前面的章节中，主要介绍了 UI 和逻辑的实现，那么本章将着重介绍数据部分。对于 Android App 来说，可以有很多方式存取数据，如二进制文件、文本文件、JSON 格式的文件、SQLite 数据库等。Android SDK 提供了丰富的 API 来操作这些格式的文件。

在前面的章节曾经实现了一个登录界面，用户输入用户名和密码，然后单击"登录"按钮进行登录。这些输入的数据都只在内存中存在，如果关闭当前 Activity，这些数据将会消失。要想让这些数据永久存在，那就需要使用数据持久化技术了。

14.1　SharedPreferences 存储

SharedPreferences 使用键值的方式来存取数据，也就是说，每一条数据都包含 key 和 value。这有点像存取 Map。

14.1.1　将数据存储到 SharedPreferences 中

保存键值首先要指定一个文件名，然后使用 SharedPreferences.Editor.putString 或其他方法指定键值。使用 SharedPreferences 保存键值的具体步骤如下。

第 1 步：使用 Activity.getSharedPreferences 方法创建 SharedPreferences 对象。其中存储 key-value 的文件名称由 getSharedPreferences 方法的第 1 个参数指定。

第 2 步：使用 SharedPreferences.edit 方法创建 SharedPreferences.Editor 对象。

第 3 步：通过 SharedPreferences.Editor.putXxx 方法（putString、putInt 等）设置要保存的键值。

第 4 步：通过 SharedPreferences.Editor.commit 方法提交保存键值对的请求。commit 方法相当于数据库事务中的提交（commit）操作，只有在事务结束后进行提交，才会将数据真正保存在数据库中。保存键值也一样，在使用 putXxx 方法设置了键值后，必须调用 commit 方法才能将键值真正保存在相应的文件中。

下面让我们来做个试验，首先在布局文件（activity_main.xml）中添加一个按钮，单击该按钮会将键值保存到 SharedPreferences。

```xml
<?xml version="1.0" encoding="utf-8"?>
<LinearLayout
    xmlns:android="http://schemas.android/apk/res/android"
    android:orientation="vertical"
    android:layout_width="match_parent"
    android:layout_height="match_parent"
    >

    <Button
        android:id="@+id/button_save"
        android:layout_width="match_parent"
        android:layout_height="wrap_content"
        android:text="保存数据"/>
</LinearLayout>
```

接下来在 MainActivity.onCreate 方法中为 Button 组件添加单击事件，并使用 SharedPreferences 保存数据。

Kotlin 代码（将数据保存到 SharedPreferences 中）

```kotlin
class MainActivity : AppCompatActivity()
{
    override fun onCreate(savedInstanceState: Bundle?) {
        super.onCreate(savedInstanceState)
        setContentView(R.layout.activity_main)
        var button = findViewById<Button>(R.id.button_save)
        button.setOnClickListener()
        {
            // 第 1 步：获得 SharedPreferences 对象
            var sharedPreferences = getSharedPreferences("test", Activity.MODE_
                PRIVATE)
            // 第 2 步：获得 SharedPreferences.Editor 对象
            var editor = sharedPreferences.edit();
            // 第 3 步：使用 putXxx 方法保存键值
            editor.putString("url", "https://geekori.com");
            editor.putString("comment", "IT 问答社区");
            // 第 4 步：将数据保存在文件中
            editor.commit()
            Toast.makeText(this,"数据保存成功！", Toast.LENGTH_LONG).show()

        }
    }
}
```

现在运行程序，单击"保存数据"按钮，就会将数据保存到 SharedPreferences 中。那么数据到底保存在哪里了呢？getSharedPreferences 方法的第一个参数指定了保存数据的文件名，没有指定路径，也没有指定扩展名。其实，扩展名系统会自动加上，采用的数据格式是 XML，因此扩展名也是 xml。test.xml 文件的路径是当前 App 的私有路径，使用 getSharedPreferences 方法保存数据，不能指定其他的路径。

任何一个 Android App 在手机内存中都会有一个私有目录。所有的私有目录都放置 /data/data 中，App 的私有目录名就是 package，也就是 AndroidManifest.xml 文件中<manifest> 标签的 package 属性值，这个 package 唯一标识了当前的 App。如果 Android 系统中两个或多个 App 的 package 相同，那么系统会认为这是同一个 App。

为了查看 test.xml 文件的内容，首先要将 test.xml 文件导到本地的目录。让我们看看 test.xml 文件到底存放在哪里了？在 Android Studio 中，可以通过单击"Tools">"Android">"Android Device Monitor"打开 Android 设备监视器来查看手机或模拟器的 App 私有目录，但要求手机或模拟器必须拥有 root 权限，也就是命令行提示符是#，而不是$。不过，因为现在很多手机或模拟器都没有 root 权限，所以很多时候使用 Android 设备监视器无法直接看到 App 的私有目录。

为了查看 App 的私有目录，我们可以使用 Android 的 Shell。现在打开 Windows、Mac OS X 等系统控制台（Console），输入 adb shell 命令进入 Android Shell。这个 adb 命令是 Android SDK 带的一个命令行工具，用于管理 Android 设备。该命令在<Android SDK 根目录>/platform-tools 目录中，为了在任何目录下都可以使用 adb，建议将该路径加到 PATH 环境变量中。

进入 Android Shell 后，如果没有 root 权限，要执行 su 命令提权，然后进入 com.geekori.sharedpreferences 目录（如果没有 root 权限，则无法进入这个目录）。使用 ls 命令查看当前目录，会发现一个 shared_prefs 子目录，再进入该目录，会看到有一个 test.xml 文件，这就是保存在 SharedPreferences 的 test.xml 文件。为了避免没有 root 权限的尴尬，可以使用 cp test.xml /sdcard/test.xml 命令将该文件复制到 SD 卡根目录。

现在执行 exit 命令退出 Android Shell，假设本机有一个 temp 目录，可以执行如下的命令将 test.xml 文件从 Android 模拟器或手机上下载到本机的 temp 目录中。

adb pull /sdcard/test.xml /temp/test.xml

在 Android Shell 中的完整操作流程如图 14-1 所示。

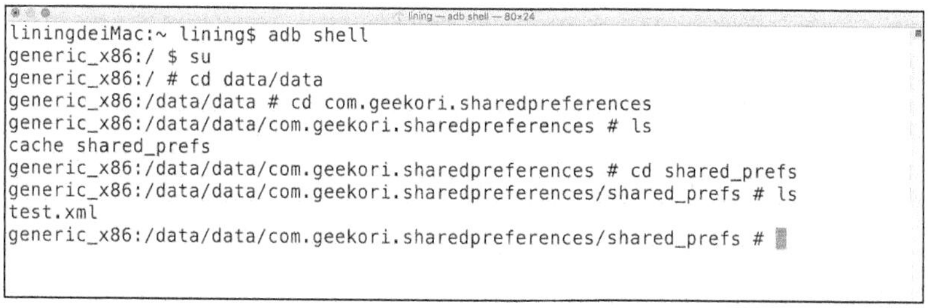

```
liningdeiMac:~ lining$ adb shell
generic_x86:/ $ su
generic_x86:/ # cd data/data
generic_x86:/data/data # cd com.geekori.sharedpreferences
generic_x86:/data/data/com.geekori.sharedpreferences # ls
cache shared_prefs
generic_x86:/data/data/com.geekori.sharedpreferences # cd shared_prefs
generic_x86:/data/data/com.geekori.sharedpreferences/shared_prefs # ls
test.xml
generic_x86:/data/data/com.geekori.sharedpreferences/shared_prefs #
```

▲图 14-1 寻找 test.xml 文件的流程

打开 test.xml 文件，会看到如下代码，这是一个标准的 XML 文档。

```
<?xml version='1.0' encoding='utf-8' standalone='yes' ?>
```

```
<map>
    <string name="comment">IT 问答社区</string>
    <string name="url">https://geekori.com</string>
</map>
```

14.1.2　从 SharedPreferences 读取数据

从 SharedPreferences 读取数据和写入数据类似，都需要使用 getSharedPreferences 方法创建 SharedPreferences 对象。只不过读取数据需要用到 getXxx 方法（Xxx 是 String、Int 等），并且不需要创建 SharedPreferences.Editor 对象。

现在修改 activity_main.xml 文件，添加一个读取数据的按钮，代码如下：

```
<?xml version="1.0" encoding="utf-8"?>
<LinearLayout
    xmlns:android="http://schemas.android/apk/res/android"
    android:orientation="vertical"
    android:layout_width="match_parent"
    android:layout_height="match_parent"
    >

    <Button
        android:id="@+id/button_save"
        android:layout_width="match_parent"
        android:layout_height="wrap_content"
        android:text="保存数据"/>
    <Button
        android:id="@+id/button_load"
        android:layout_width="match_parent"
        android:layout_height="wrap_content"
        android:text="读取数据"/>
</LinearLayout>
```

在 MainActivity.onCreate 方法中创建"读取数据"按钮的对象，并设置单击事件。在事件方法中通过 SharedPreferences 读取数据。

Kotlin 代码（读取 SharedPreferences 数据）

```
class MainActivity : AppCompatActivity() {
    override fun onCreate(savedInstanceState: Bundle?) {
        super.onCreate(savedInstanceState)
        setContentView(R.layout.activity_main)
        … …
        var loadButton = findViewById<Button>(R.id.button_load)
        loadButton.setOnClickListener()
        {
            var sharedPreferences = getSharedPreferences("test", Activity.
            //MODE_PRIVATE);
            // 使用 getString 方法获得 value，getString 方法的第 2 个参数是 value 的默认值
            val url = sharedPreferences.getString("url", "");
            val comment = sharedPreferences.getString("comment", "");
            //  使用 Toast 信息框显示读取的键值
            Toast.makeText(this, "url: " + url + "\n" + "comment: " + comment,
            Toast.LENGTH_LONG).show();
```

```
            }
        }
    }
```

　　现在运行程序，首先单击"保存数据"按钮，将数据保存到 test.xml 文件中，然后单击"读取数据"按钮，会显示如图 14-2 所示的 Toast 信息框，并显示读取到的信息。

▲图 14-2　读取 SharedPreferences 数据

14.1.3　利用 SharedPreferences 存取用户名和密码

　　在登录界面需要输入用户名和密码,但每次登录都输入同样的信息会降低用户体验,因此,通常的做法是当用户第一次成功登录后，会保存用户名和密码，当再次进入该登录界面时，会直接装载保存的用户名和密码，这样用户只需要单击"登录"按钮即可。

　　本例会利用前面介绍的 SharedPreferences 技术将用户名和密码保存，然后在重新进入登录界面后，会在 onCreate 方法中从 SharedPreferences 重新装载用户名和密码，并显示在相应的 EditText 组件中。

　　本例要实现的登录界面如图 14-3 所示。

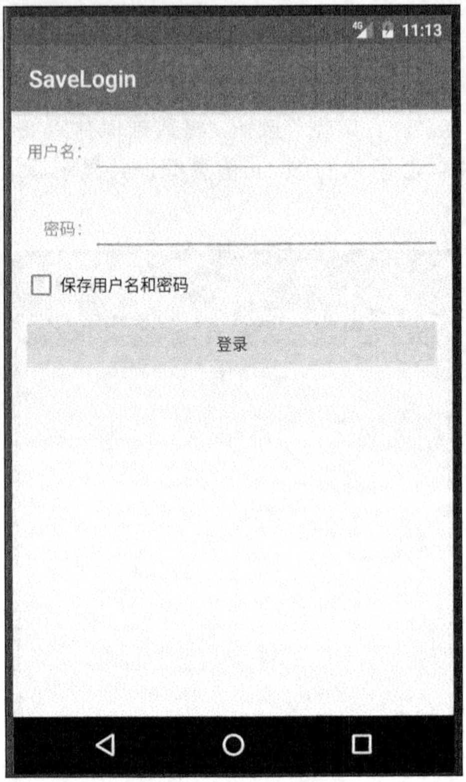

▲图 14-3　登录界面

实现登录界面的布局文件（activity_main.xml）如下：

```xml
<?xml version="1.0" encoding="utf-8"?>
<LinearLayout
    xmlns:android="http://schemas.android/apk/res/android"
    android:layout_width="match_parent"
    android:layout_height="match_parent"
    android:orientation="vertical"
    >
    <LinearLayout
        android:layout_width="match_parent"
        android:layout_height="wrap_content"
        android:layout_margin="10dp"
        >
        <TextView
            android:layout_width="60dp"
            android:layout_height="wrap_content"
            android:gravity="right"
            android:text="用户名："/>
        <EditText
            android:id="@+id/edittext_username"
            android:layout_weight="1"
            android:layout_width="0dp"
```

```
            android:layout_height="wrap_content"/>
        </LinearLayout>
        <LinearLayout
            android:layout_width="match_parent"
            android:layout_height="wrap_content"
            android:layout_margin="10dp">
            <TextView
                android:layout_width="60dp"
                android:layout_height="wrap_content"
                android:text="密码: "
                android:gravity="right"/>
            <EditText
                android:id="@+id/edittext_password"
                android:layout_weight="1"
                android:layout_width="0dp"
                android:layout_height="wrap_content"
                android:inputType="textPassword"/>
        </LinearLayout>
        <CheckBox
            android:layout_marginLeft="10dp"
            android:id="@+id/checkbox_save"
            android:layout_width="wrap_content"
            android:layout_height="wrap_content"
            android:text="保存用户名和密码"/>
        <Button
            android:id="@+id/button_login"
            android:layout_width="match_parent"
            android:layout_height="wrap_content"
            android:text="登录"
            android:layout_margin="10dp"/>
    </LinearLayout>
```

我们可以看到，这个布局文件中使用了一个新组件 CheckBox，这是一个复选框组件，用于二值选择。在登录界面中，只有选中 CheckBox 组件，并且登录成功后，才会保存用户名和密码。

下面是实现登录和保存的逻辑代码：

```
class MainActivity : AppCompatActivity()
{
    override fun onCreate(savedInstanceState: Bundle?) {
        super.onCreate(savedInstanceState)
        setContentView(R.layout.activity_main)
        var sharedPreferences = PreferenceManager.getDefaultSharedPreferences
        (this)
        var usernameEditText = findViewById<EditText>(R.id.edittext_username)
        var passwordEditText = findViewById<EditText>(R.id.edittext_password)
        var saveCheckBox = findViewById<CheckBox>(R.id.checkbox_save)
        var loginButton = findViewById<Button>(R.id.button_login)
        //  登录按钮的单击事件
        loginButton.setOnClickListener()
        {
```

```
            var username = usernameEditText.text.toString()
            var password = passwordEditText.text.toString()
            //  判断用户名和密码是否正确
            if(username == "root" && password == "123456")
            {
                //  判断复选框是否被选中
                if(saveCheckBox.isChecked)
                {
                    var editor =  sharedPreferences.edit()
                    editor.putString("username", username)
                    editor.putString("password", password)
                    editor.commit()
                    Toast.makeText(this,"登录成功,用户名和密码保存成功!",Toast.
                    LENGTH_LONG).show()
                }
                else
                {
                    Toast.makeText(this,"登录成功!",Toast.LENGTH_LONG).show()
                }
            }
            else
            {
                Toast.makeText(this, "用户名或密码输入错误!", Toast.LENGTH_LONG).show()
                  usernameEditText.setText("")
                  passwordEditText.setText("")
            }
        }
        var username = sharedPreferences.getString("username","")
        var password = sharedPreferences.getString("password", "")
        usernameEditText.setText(username)
        passwordEditText.setText(password)
    }
}
```

在上面的代码中,核心逻辑代码是"登录"按钮的单击事件,首先判断了用户名和密码是否正确,为了方便,用户名和密码假设为 root 和 123456。如果用户名和密码输入正确,再判断复选框是否被选中,如果也被选中,就会认为是成功登录,并显示 Toast 信息框。如果复选框未被选中,可以成功登录,但不会保存用户名和密码。如果用户名或密码输入错误,则会显示 Toast 信息框来提示用户名或密码输入错误。

现在运行程序,分别在用户名和密码文本输入框输入 root 和 123456(在模拟器中会弹出软键盘来输入这些信息),然后选择左侧的复选框,再单击"登录"按钮,会显示如图 14-4 所示的 Toast 信息提示框,表示登录成功,并保存了用户名和密码。关闭程序,再次进入登录界面,用户名和密码会自动显示在相应的 EditText 组件中。

▲图 14-4　登录成功的效果

文件流操作

从上一节可以知道，SharedPreferences 只能保存键值，而且只能读写简单类型的数据（如整型、字符串等）。如果要读写更复杂的流数据（图像、音频、视频、压缩文件等），就需要使用本节介绍的文件流操作。

14.2.1　openFileOutput 和 openFileInput 方法

谁是 SharedPreferences 的"近亲"，本节将告诉你答案。openFileOutput 和 openFileInput 方法与 SharedPreferences 在某些方面非常相似。让我们先回忆一下 SharedPreferences 对象是如何创建的。

```
var sharedPreferences = getSharedPreferences("test", Activity.MODE_PRIVATE)
```

查看上面的代码，可能很多读者已经回忆起来了，这是使用 SharedPreferences 的第 1 步：创建 SharedPreferences 对象。getSharedPreferences 方法的第 1 个参数指定要保存的文件名（不包括扩展名，扩展名为 xml）；第 2 个参数表示 SharedPreferences 对象创建 XML 文件时设置的文件属性，通常会使用 Activity.MODE_PRIVATE。

下面来看看 openFileOutput 方法如何返回一个 OutputStream 对象。

```
val fileOutput = openFileOutput("data.txt", Activity.MODE_PRIVATE)
```

从上面这行代码可以看出，openFileOutput 方法的两个参数与 getSharedPreferences 方法的参数类似，只是第 1 个参数指定的文件名多了一个扩展名。从这两个方法可以看出，第 1 个参数只指定了文件名，并未包含文件路径，因此，这两个方法只能将文件保存在固定的路径。从上一节的内容可知，SharedPreferences 将 XML 文件保存在 /data/data/<package name>/shared_prefs 目录中，而 openFileOutput 方法将文件保存在/data/data/<package name>/files 目录中。

读取文件使用 InputStream，可以通过 openFileInput 方法获得 InputStream 对象，该方法只需要指定文件名即可。

```
val fileInput = openFileInput("data.txt")
```

现在编辑布局文件 activity_main.xml，添加一个 TextView 组件和两个 Button 组件。

```xml
<?xml version="1.0" encoding="utf-8"?>
<LinearLayout
    xmlns:android="http://schemas.android/apk/res/android"
    android:orientation="vertical"
    android:layout_width="match_parent"
    android:layout_height="match_parent">
    <TextView
        android:id="@+id/textview_data"
        android:layout_width="match_parent"
        android:layout_height="wrap_content"/>
    <Button
        android:id="@+id/button_save"
        android:layout_width="match_parent"
        android:layout_height="wrap_content"
        android:text="保存数据"/>
    <Button
        android:id="@+id/button_load"
        android:layout_width="match_parent"
        android:layout_height="wrap_content"
        android:text="读取数据"
        />
</LinearLayout>
```

单击“保存数据”按钮，会将一行字符串保存在 data.txt 文件中，单击“读取数据”按钮，会从 data.txt 文件中读取数据，并显示在 TextView 组件中。

Kotlin 代码（读写 data.txt 文件）

```kotlin
class MainActivity : AppCompatActivity() {
    override fun onCreate(savedInstanceState: Bundle?) {
        super.onCreate(savedInstanceState)
        setContentView(R.layout.activity_main)
```

```
val textView = findViewById<TextView>(R.id.textview_data)
var buttonSave = findViewById<Button>(R.id.button_save)
// 向 data.txt 写入数据
buttonSave.setOnClickListener()
{
    val fileOutput = openFileOutput("data.txt", Activity.MODE_PRIVATE)
    val str = "微信小程序开发入门精要"
    fileOutput.write(str.toByteArray(Charset.forName("utf-8")))
    fileOutput.close();
    Toast.makeText(this,"成功保存数据",Toast.LENGTH_LONG).show()
}
var buttonLoad = findViewById<Button>(R.id.button_load)
//  读取 data.txt 文件中的数据
buttonLoad.setOnClickListener()
{
    val fileInput = openFileInput("data.txt")
    fileInput.reader().forEachLine { textView.setText(it); }
    fileInput.close();
}
}
}
```

在上面的代码中，向 data.txt 文件中写入数据时，使用了与 Java 类似的方式（只是语法不同）。而从 data.txt 文件中读取数据时，使用了 Reader 的扩展方法 forEachLine，该方法可以从 data.txt 文件中一行一行读取字符串，每读一行，都会调用通过该方法传入的回调函数。在回调函数中，将读取的字符串显示在 TextView 组件中。与之相比，Java 在读取文件时的代码就要复杂一些。下面可以对比一下 Java 读取 data.txt 文件时的代码。

Java 代码（读取 data.txt 文件中的数据）

```
InputStream is = openFileInput("data.txt");
byte[] buffer = new byte[100];
//  读取 data.txt 文件的内容
int byteCount = is.read(buffer);
//  将读取的字节流转换为字符串
String str = new String(buffer, 0, byteCount, "utf-8");
TextView textView = (TextView)findViewById(R.id.textview);
textView.setText(str);
is.close();
```

现在运行程序，首先单击"保存数据"按钮，如果保存成功，会显示 Toast 信息提示框，然后单击"读取数据"按钮，会将读取的数据显示在 TextView 组件中，如图 14-5 所示。

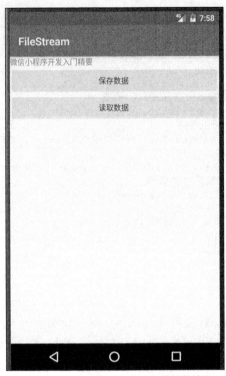

▲图 14-5　从 data.txt 文件读取数据的效果

14.2.2　读写 SD 卡上的文件

在上一小节介绍了如何读写文件，不过这些文件是存储在 App 的私有目录的，其他 App 是无法访问的，而且 App 的私有目录的容量有限。因此，在存取较大或较多文件时，通常会使用 SD 卡。

向 SD 卡写文件时，需要在 AndroidManifest.xml 文件中添加写 SD 卡的权限，否则 App 无权向 SD 卡写文件（会抛出异常）。

```
<?xml version="1.0" encoding="utf-8"?>
<manifest package="com.geekori.filestream"
        xmlns:android="http://schemas.android/apk/res/android">
    <uses-permission android:name="android.permission.WRITE_EXTERNAL_STORAGE"/>
    … …
</manifest>
```

如果是 Android 6.0 以前的版本，设置这个权限后，就可以向 SD 卡写数据了。不过从 Android 6.0 开始，又加入了一层权限控制。有些类似于 iOS，当第一次访问敏感 API，如写数据、访问通讯录，会弹出一个权限确认对话框。如果用户同意授权给 App，才会正式授予这些权限。也就是说，从 Android 6.0 开始，如果向 SD 卡写数据，不仅要在 AndroidManifest.xml

文件中设置 WRITE_EXTERNAL_STORAGE 权限，还必须再次调用相应 API 申请这个权限。如果第一次成功申请权限，那么 App 第二次向 SD 卡写数据，就自动拥有这些权限，不会再弹出权限确认对话框，除非卸载 App 后重新安装。

申请权限的过程分为如下 3 步：

❑ 调用 ContextCompat.checkSelfPermission 方法判断当前 App 是否拥有申请的权限。

❑ 如果没有权限，则调用 ActivityCompat.requestPermissions 方法申请相应的权限，调用该方法会弹出权限确认对话框。

❑ 无论用户接收还是拒绝权限申请，都会通过 onRequestPermissionsResult 方法进行处理。应该在该方法中完成授权后的工作，如向 SD 卡写数据。

现在来做一个演示，这个程序的功能是将 assets 目录中的一个图像文件保存到 SD 卡中，然后从 SD 卡装载这个图像文件，并显示在 ImageView 组件中。

首先准备一个图像文件（image.png），将其放在 Android 工程中的 assets 目录。如果没有该目录，选择工程目录中的 app 节点，单击右键快捷菜单中的 New > Folder > Assets Folder 菜单项，会弹出如图 14-6 所示的 New Android Component 对话框，单击 "Finish" 按钮建立 assets 目录。

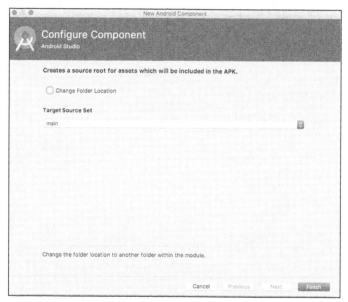

▲图 14-6　New Android Component 对话框

将 image.png 文件放到 assets 目录后的效果如图 14-7 所示。

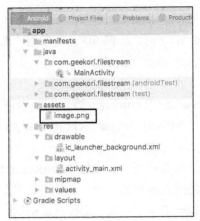

▲图 14-7　image.png 文件在工程中的位置

现在修改布局文件（activity_main.xml）的代码，在布局文件中添加两个按钮和一个
ImageView 组件。

```
<?xml version="1.0" encoding="utf-8"?>
<LinearLayout
    xmlns:android="http://schemas.android/apk/res/android"
    android:orientation="vertical"
    android:layout_width="match_parent"
    android:layout_height="match_parent">
    … …
    <Button
        android:id="@+id/button_save_image"
        android:layout_width="match_parent"
        android:layout_height="wrap_content"
        android:text="保存图像到 SD 卡"
        />
    <Button
        android:id="@+id/button_load_image"
        android:layout_width="match_parent"
        android:layout_height="wrap_content"
        android:text="从 SD 卡装载图像"
        />
    <ImageView
        android:id="@+id/imageview"
        android:layout_width="match_parent"
        android:layout_height="0dp" android:layout_weight="1"/>

</LinearLayout>
```

单击"保存图像到 SD 卡"按钮，会将 assets 目录中的 image.png 文件保存到 SD 卡（文
件名相同），单击"从 SD 卡装载图像"按钮，会从 SD 卡读取 image.png 文件，并显示在 ImageView
组件中。

添加完按钮的效果如图 14-8 所示。

▲图 14-8 添加按钮后的效果

完整的保存图像和装载图像的代码如下：

Kotlin 代码（保存和装载图像）

```kotlin
class MainActivity : AppCompatActivity()
{
    // 申请 SD 卡写权限的请求码
    val MY_PERMISSIONS_REQUEST_WRITE_EXTERNAL_STORAGE = 10
    override fun onCreate(savedInstanceState: Bundle?) {
        super.onCreate(savedInstanceState)
        setContentView(R.layout.activity_main)

        … …
        val buttonSaveImage = findViewById<Button>(R.id.button_save_image)
        // 保存图像按钮事件
        buttonSaveImage.setOnClickListener()
        {

            // 检测是否有写 SD 卡的权限
            if (ContextCompat.checkSelfPermission(this,
                    Manifest.permission.WRITE_EXTERNAL_STORAGE)
                    != PackageManager.PERMISSION_GRANTED) {
                // 如果还没有 SD 卡的写权限，申请这个权限，在这里会弹出申请权限对话框
                ActivityCompat.requestPermissions(this,
                        arrayOf(Manifest.permission.WRITE_EXTERNAL_STORAGE),
                        MY_PERMISSIONS_REQUEST_WRITE_EXTERNAL_STORAGE);

            }
            else
```

```kotlin
        {
            //  如果用户已经授予 App 写 SD 卡的权限，则下一次调用，会直接保存图像
            saveImage()      //  保存图像
        }

    }

    val buttonLoadImage = findViewById<Button>(R.id.button_load_image)
    //  装载图像按钮事件
    buttonLoadImage.setOnClickListener()
    {
        val filename = "/sdcard/image.png";
        //  判断图像文件是否存在
        if(!File(filename).exists())
        {
            Toast.makeText(this, "图像文件不存在!",Toast.LENGTH_LONG).show()
            return@setOnClickListener
        }
        //  装载图像，并将其转换为 bitmap 对象
        val bitmap = BitmapFactory.decodeFile(filename)
        val imageview = findViewById<ImageView>(R.id.imageview)
        //  在 ImageView 组件显示图像
        imageview.setImageBitmap(bitmap)

    }
}
//  保存图像
fun saveImage()
{
    val fos = FileOutputStream("/sdcard/image.png")
    //  获取执行 assets/image.png 的 inputStream 对象
    val inputStream = resources.assets.open("image.png")
    //  定义写入数据时的缓存，每次写入 100 字节
    val b = byteArrayOf(100)
    var count = 0
    //  循环写入文件数据
    while(true)
    {
        count = inputStream.read(b)
        if(count < 0)
        {
            break
        }
        fos.write(b,0,count)
    }
    fos.close()
    inputStream.close()
    Toast.makeText(this, "图像保存成功",Toast.LENGTH_LONG).show()

}
//  授予或拒绝权限申请后，系统会回调该方法
override fun onRequestPermissionsResult(requestCode: Int,
                permissions: Array<String>, grantResults: IntArray) {
    when (requestCode) {
```

```
        MY_PERMISSIONS_REQUEST_WRITE_EXTERNAL_STORAGE -> {
            // 用户授予了 SD 卡写权限
            if (grantResults.size > 0 && grantResults[0] == PackageManager.
              PERMISSION_GRANTED) {

                saveImage()      // 保存图像

            } else {

                // 此处可以编写拒绝授予 SD 卡写权限后的处理代码，也可以为空
            }
        }
    }
}
```

现在运行程序，然后单击"保存图像到 SD 卡"按钮，成功保存图像后，如果是第一次保存图像，会弹出如图 14-9 所示的请求授权对话框。

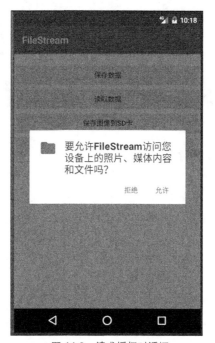

▲图 14-9　请求授权对话框

单击"允许"按钮授予 App 写 SD 卡的权限。然后单击"从 SD 卡装载图像"按钮，会装载图像，并将图像显示在 ImageView 组件中，效果如图 14-10 所示。

▲图 14-10　从 SD 卡装载并显示图像的效果

14.3　App 权限的授予和拒绝

到现在为止，我们已经学会了如何在 App 中申请权限，第一次申请权限，会弹出类似图 14-9 所示的权限申请确认对话框，如果单击“允许”按钮，则授予 App 相应的权限。

当 App 再次使用该权限时，系统会认为该 App 已经拥有了该权限，不需要再次授权。当这个 App 卸载后，再次安装，仍然需要再次授权。不过即使 App 不卸载，也有办法取消某个权限对 App 的授权。

现在进入手机中的“设置”App。在列表中找到“应用”列表项，单击可以查看当前 Android 系统安装的所有 App，找到上一节安装的 App（FileStream），单击进入 FileStream，会看到如图 14-11 所示的界面。

单击“权限”列表项，进入如图 14-12 所示的授权界面。在该界面会看到一个权限列表。这些权限都是在 AndroidManifest.xml 文件中设置的。

▲图 14-11 FileStream 管理界面

▲图 14-12 FileStream 的权限列表

由于 FileStream 在 AndroidManifest.xml 文件中只设置了写入 SD 卡的权限，因此在该列表中只有一个"存储空间"的权限。在该权限右侧是一个 Switch 组件。这个组件与 iOS 的 UISwitch 组件类似，功能与 CheckBox 组件相同，用于进行二值选择。如果 FileStream 还没有申请权限，这个 Switch 组件处于关闭状态，如果 FileStream 成功申请了写入 SD 卡的权限，那么这个 Switch 组件会处于打开状态。无论这个 Switch 组件处于何种状态，都可以手动改变其状态。例如，将 Switch 组件从打开状态切换到关闭状态，那么 FileStream 仍然需要重新申请写入 SD 卡的权限。申请成功后，Switch 组件又会切换到打开状态。

14.4　读写 JSON 格式的数据

Android SDK 提供了一套用于读写 JSON 格式数据的 API，这些 API 在 Kotlin 中也可以使用。本节首先将利用这些 API 将一个 Product 数据类的实例序列化成 JSON 格式的数据，并保存到 SD 卡中。然后利用这些 API 读取这些 JSON 数据，并将其还原成 Product 对象。最后会将该 Product 对象中的数据显示在 TextView 组件中。

首先定义一个 Product 数据类。

Kotlin 代码（数据类）

```
data class Product(var id:String, var name:String)
```

由于 JSON 文件要写到 SD 卡，因此本节的例子需要申请写 SD 卡权限。首先，需要在 AndroidManifest.xml 文件中加入如下权限。

```
<uses-permission android:name="android.permission.WRITE_EXTERNAL_STORAGE"/>
```

现在打开布局文件（activity_main.xml），在该文件中添加如下代码。该布局在界面上添加了 2 个按钮和 1 个 TextView 组件，分别用来保存 JSON 文件、读取 JSON 文件及显示 JSON 文件的内容。

```xml
<?xml version="1.0" encoding="utf-8"?>
<LinearLayout
    xmlns:android="http://schemas.android/apk/res/android"
    android:layout_width="match_parent"
    android:layout_height="match_parent"
    android:orientation="vertical"
    android:padding="10dp">
    <Button
        android:id="@+id/buttonWriteJson"
        android:layout_width="match_parent"
        android:layout_height="wrap_content"
        android:text="写 JSON 文件"
        />
    <Button
        android:id="@+id/buttonReadJson"
        android:layout_width="match_parent"
```

```xml
            android:layout_height="wrap_content"
            android:text="读 JSON 文件"
            />

    <TextView
            android:id="@+id/textviewJson"
            android:layout_width="match_parent"
            android:layout_height="0dp"
            android:layout_weight="1"
            android:textSize="20sp"
            />
</LinearLayout>
```

接下来就需要像 FileStream App 一样申请写入 SD 卡的权限。本例的编程风格与 FileStream 类似，同样在向 SD 卡写入 JSON 文件之前调用 ContextCompat.checkSelfPermission 方法判断当前 App 是否有写 SD 卡的权限，如果没有该权限，则调用 ActivityCompat.requestPermissions 方法申请这个权限。如果 App 得到了授权，会调用 onRequestPermissionsResult 方法完成授权后的工作，本例的任务就是向 SD 卡写入 JSON 文件。

本例调用了自定义的 writeJsonStream 函数将 List<Product>转换为 JSON 格式的数据，并保存在 SD 卡的 test.json 文件中。然后会调用 readJsonStream 方法从 test.json 文件中读取相应的数据，并显示在 TextView 组件中。我们先调用这两个方法完成 MainActivity 类的编写，稍后再介绍这两个方法的实现。

Kotlin 代码（读写 JSON 数据）

```kotlin
class MainActivity : AppCompatActivity() {

    val jsonFile = "/sdcard/test.json"
    val MY_PERMISSIONS_REQUEST_WRITE_EXTERNAL_STORAGE = 10
    override fun onCreate(savedInstanceState: Bundle?) {
        super.onCreate(savedInstanceState)
        setContentView(R.layout.activity_main)
        val textviewJson = findViewById<TextView>(R.id.textviewJson)
        val buttonWriteJson = findViewById<Button>(R.id.buttonWriteJson)
        buttonWriteJson.setOnClickListener()
        {
            // 单击"写 JSON 文件"按钮，会首先判断是否拥有写 SD 卡的权限
            if (ContextCompat.checkSelfPermission(this,
                    Manifest.permission.WRITE_EXTERNAL_STORAGE)
                    != PackageManager.PERMISSION_GRANTED) {
                // 申请写 SD 卡的权限
                ActivityCompat.requestPermissions(this,
                    arrayOf(Manifest.permission.WRITE_EXTERNAL_STORAGE),
                    MY_PERMISSIONS_REQUEST_WRITE_EXTERNAL_STORAGE);

            }
            else
            {
                // 已经有了写入 SD 卡的权限，直接将 JSON 数据保存到 SD 卡
                saveJson()
            }
```

```kotlin
    }
    val buttonReadJson = findViewById<Button>(R.id.buttonReadJson)
    buttonReadJson.setOnClickListener()
    {
        //  打开要读取的 JSON 文件
        val fis = FileInputStream(jsonFile)
        val products = readJsonStream(fis)
        if(products != null)
        {

            var result = ""
            //  循环读取列表中所有 Product 对象的字段值
            for(product in products)
            {
                result += "id:" + product.id + " name:" + product.name + "\n";
            }
            textviewJson.setText(result)

        }

    }

}
//  授权或拒绝后执行的回调方法
override fun onRequestPermissionsResult(requestCode: Int,
    permissions: Array<String>, grantResults: IntArray) {
    when (requestCode) {
        MY_PERMISSIONS_REQUEST_WRITE_EXTERNAL_STORAGE -> {

            if (grantResults.size > 0 && grantResults[0] == PackageManager.
            PERMISSION_GRANTED) {

                saveJson()

            } else {

                //  权限拒绝
            }

        }

    }
}
//  保存 JSON 数据
fun saveJson()
{
    //  打开要写入的 JSON 文件
    val fos = FileOutputStream(jsonFile)
    //  下面 3 行代码创建一个包含两个元素的 List<Product>对象
    val products =  arrayListOf<Product>()
    products.add(Product("0001", "Nexus S"))
```

```
        products.add(Product("0002", "谷歌眼镜"))
        //  将 List<Product>对象写入 JSON 文件
        writeJsonStream(fos, products);
        Toast.makeText(this, "成功保存 JSON 数据", Toast.LENGTH_LONG).show();
    }

}
```

在上面代码的 saveJson 方法中，创建了一个 List<Product>对象，该列表对象包含了两个 Product 对象，最后通过 writeJsonStream 函数将该对象写入了 fos 指向的 JSON 文件。在读取 JSON 数据时使用了 readJsonStream 函数，该函数需要传入一个 FileInputStream 对象，并返回 List<Product>对象。这两个函数只是读写 JSON 数据的入口，在内部还有很多函数进行配合。

写 JSON 数据的步骤如下：

第 1 步：创建 JsonWriter 对象，该对象包装一个 OutputStream 对象，这个功能由 writeJson Stream 函数完成。

第 2 步：通过 JsonWriter.beginObject、writer.name 和 writer.endObject 方法，将 Product 对象转换为 JSON 格式的数据。

第 3 步：通过 JsonWriter.beginArray 和 JsonWriter.endArray 方法，将多个 Product 对象组成的 List 对象转换为 JSON 格式的数据。

细心的读者可能从前面的描述中可以感觉到，在提到 writeJsonStream 和 readJsonStream 时，说的是函数，而不是方法。没错，这两个都是定义在最顶层的函数，它们以及相关的函数并没有放到类中，这样在其他 Kotlin 文件中可以直接使用这些函数。

现在新建一个 Json.kt 文件，并在该文件中输入如下代码。

Kotlin 代码（读写 JSON 数据的相关函数）

```
//  将 Product 对象作为 JSON 对象写入 JsonWriter 对象
fun writeProduct(writer:JsonWriter, product:Product)
{
    //  开始写入 JSON 对象
    writer.beginObject();
    //  写入 id 字段
    writer.name("id").value(product.id);
    //  写入 name 字段
    writer.name("name").value(product.name);
    //  结束写入 JSON 对象
    writer.endObject();
}
//  将 List<Product>作为 JSON 数组写入 JsonWriter 对象
fun writeProductArray(writer:JsonWriter, products:List<Product> )
{
    //  开始写入 JSON 数组
    writer.beginArray();
    //  循环将每一个 Product 对象作为 JSON 对象存入 JSON 数组
    for (product in products)
    {
        //  将 Product 对象作为 JSON 对象写入 JsonWriter 对象
```

```kotlin
            writeProduct(writer, product);
    }
    //  结束写入 JSON 数组
    writer.endArray();
}
//  将 List<Product>对象写入 OutputStream
fun writeJsonStream(out:OutputStream , products:List<Product>)
{
    //  创建 JsonWriter 对象
    val writer = JsonWriter(OutputStreamWriter(out, "utf-8"))

    //  设置缩进格式
    writer.setIndent("     ")
    //  写入 List<Product>对象
    writeProductArray(writer, products)
    //  关闭 JsonWriter
    writer.close();
}
//  read
//  从文件读取 JSON 数据，并将 JSON 数据转换为 List<Product>对象
fun readJsonStream(inputStream: InputStream):List<Product>
{
    //  创建 JsonReader 对象
    val reader = JsonReader(InputStreamReader(inputStream, "UTF-8"));
    try
    {
        //  读取 JSON 文件的内容，并返回 List<Product>对象
        return readProductArray(reader);
    }
    finally
    {
        reader.close();
    }
}
//  读取 JSON 数组，每一个数组元素就是一个 Product 对象
fun readProductArray(reader:JsonReader):List<Product>
{
    val products = ArrayList<Product>();
    //  开始读取 JSON 数组
    reader.beginArray();
    //  循环读取每一个 Product 对象
    while (reader.hasNext())
    {
        //  将读取的 Product 对象添加到列表中
        products.add(readProduct(reader));
    }
    //  结束读取 JSON 数组
    reader.endArray();
    return products;
}
//  从 JSON 数据中读取 Product 对象
fun readProduct(reader:JsonReader):Product
{
    var id = "";
    var name = "";
```

```
//  开始读取 JSON 对象
reader.beginObject();
while (reader.hasNext())
{
    //  返回当前 Product 对象的字段名，也就是 Product.id 和 Product.name
    var field = reader.nextName();
    //  处理 id 字段
    if (field.equals("id"))
    {
        //  读取 id 字段的值
        id = reader.nextString();
    }
    //  处理 name 字段
    else if (field.equals("name"))
    {
        //  读取 name 字段的值
        name = reader.nextString();
    }
    else
    {
        reader.skipValue();
    }
}
reader.endObject();
//  返回 Product 对象
return Product(id, name);
}
```

很明显，在 Json.kt 文件中，实现了前面提到的 readJsonStream 和 writeJsonStream 函数，以及其他相关函数。这段代码的基本思想就是在将 List<Product>对象转换为 JSON 格式数据的过程中，首先将 Product 对象转换为对象格式的 JSON 格式的数据（由 writeProduct 函数完成），然后将 List<Product>对象转换为数组形式的 JSON 格式的数据（由 writeProductArray 函数调用 writeProduct 函数完成），最后，将转换后的 JSON 格式数据写到 test.json 文件中（由 writeJsonStream 函数完成）。

从 test.json 文件读取数据的过程中，首先通过 readJsonStream 函数将一个 InputStream 对象指向了 test.json 文件，以便其他函数利用 InputStream 对象从 test.json 文件中不断读取数据。然后在读取的数据中，解析对象格式的 JSON 数据，并利用 readProduct 函数将其转换为 Product 对象，每转换完一个 Product 对象，就会通过 readProductArray 函数将该 Product 对象添加到 List<Product>对象中，直到处理完所有的 Product 对象。最后会通过 readJsonStream 函数返回这个 List<Product>对象。其实这段代码也就是实现了 JSON 格式数据与对象直接转换的功能。

现在运行程序，单击"写 JSON 文件"按钮，会弹出如图 14-13 所示的写 SD 卡权限申请确认对话框，单击"允许"按钮，授予 App 写 SD 卡的权限，然后就会弹出一个 Toast 信息框，提示写入文件成功。我们可以到手机的 SD 卡根目录看一下，会发现有一个 test.json 文件，该文件的内容如下：

test.json

```
[
    {
        "id": "0001",
        "name": "Nexus S"
    },
    {
        "id": "0002",
        "name": "谷歌眼镜"
    }
]
```

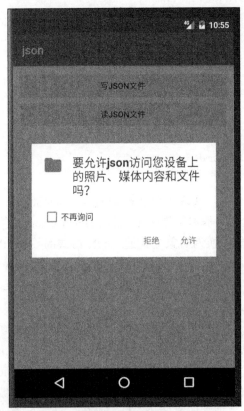

▲图 14-13　写 SD 卡权限申请确认对话框

　　授权成功后，单击"读 JSON 文件"按钮，会在 TextView 组件中显示如图 14-14 所示的信息。

▲图 14-14　显示 JSON 格式数据的效果

14.5　SQLite 数据库

　　终于到讲解数据库的时间了。数据库是 Android 存储方案的核心，在 Android 系统中使用了 SQLite 数据库。SQLite 是非常轻量的数据库，从 SQLite 的标志是一根羽毛就可以看出 SQLite 的目标就是无论是过去、现在，还是未来，SQLite 都将以轻量级数据库的姿态出现。SQLite 虽然轻量，但在执行某些简单的 SQL 语句时甚至比 MySQL 和 PostgreSQL 还快。本节将详细介绍如何在 Android 中使用 SQLite 数据库读写数据，以及如何在个人计算机上管理 SQLite 数据库。

14.5.1　SQLite 数据库管理工具

　　SQLite 官方为我们提供了一个操作 SQLite 数据库的控制台工具，可从如官方地址下载这个工具。

　　在下载页面中找到 Windows 版本的二进制下载包下载并解压即可（mac OS 和 Linux 用户可下载相应的文件）。解压后会发现在解压目录中只有一个文件：sqlite3.exe，这个文件就是操作 SQLite 数据库的工具（是不是很轻量！连工具都只有一个）。它是一个命令行程序，运行这个程序，进入操作界面，如图 14-15 所示。

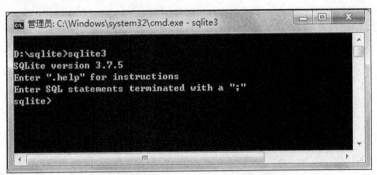

▲图 14-15　SQLite 的命令行控制台

如果不想从 SQLite 官网下载 SQLite 命令行管理工具，也可以从 Android SDK 中获得。因为 SQLite 命令行管理工具已经被包含在 Android SDK 中了。现在进入 Android SDK 的根目录，可以在 platform-tools 子目录中找到一个 sqlite3 的文件（Windows 版本是 sqlite3.exe）。为了在任何目录都可以使用 sqlite3，需要将 platform-tools 目录添加到 PATH 环境变量中，然后在控制台直接执行 sqlite3 即可进入如图 14-15 所示的 SQLite 命令行控制台。

在控制台中可以输入 SQL 语句或控制台命令，所有的 SQL 语句后面必须以分号（;）结尾，控制台命令必须以实心点（.）开头，如.help（显示帮助信息）、.quit（退出控制台）、.tables（显示当前数据库中的所有表名）。

虽然可以在 SQLite 的控制台输入 SQL 语句来操作数据库，但输入大量的命令会使工作量大大增加，因此，必须要使用所谓的"利器"来取代这个控制台程序。

SQLite 提供了各种类型的程序接口，因此，可以管理 SQLite 数据库的工具非常多，下面是几个比较常用的 SQLite 管理工具。

（1）SQLite Database Browser

（2）SQLite Expert Professional

（3）SQLite Developer

（4）sqliteSpy

作者认为 SQLite Expert Professional 在这几个工具中算是比较出色的，因此推荐使用 SQLite Expert Professional 作为 SQLite 数据库管理工具。该工具拥有大量的可视化功能，如建立数据库、建立表、SQL Builder 等。图 14-16 所示是 SQLite Expert Professional 的主界面。

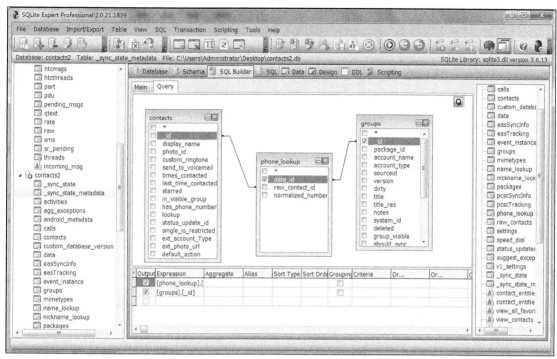

▲图 14-16　SQLite Expert Professional 的主界面

　　前面提到的几个 SQLite 管理工具都是独立运行的，而且很多都只能在特定的平台上运行，如 SQLite Expert Professional 只能在 Windows 操作系统上运行。如果要想在多个平台（Windows、mac OS、Linux）上管理 SQLite 数据库，可以使用 Firefox 插件 SQLite Manager。由于 Firefox 浏览器是跨平台的，因此，SQLite Manager 自然也是跨平台的。

　　为了在 Firefox 上安装 SQLite Manager，需要进入附加组件页面。

　　然后在右上角的搜索框中输入 SQLite Manager，会直接定位到这个插件，如图 14-17 所示。单击左下方绿色的"添加到 Firefox"按钮，就会安装这个插件。

▲图 14-17　安装 SQLite Manager 插件

安装好 SQLite Manager 插件后，会在 Firefox 浏览器的"工具"菜单中出现"SQLite Manager"菜单项，如图 14-18 所示。

▲图 14-18 "SQLite Manager"菜单项

单击"SQLite Manager"菜单项，会进入 SQLite Manager。然后单击"Database">"Connect Database"菜单项打开一个 SQLite 数据库，左侧会显示数据库中包含的表和视图，右侧会切换到"Browse & Search"页面，如图 14-19 所示。

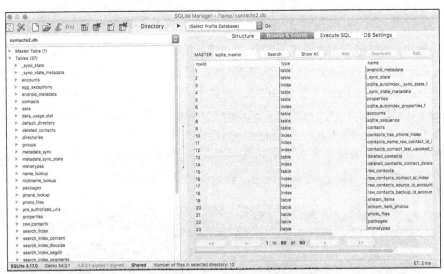

▲图 14-19 SQLite Manager 插件的首页

当在左侧列表中选择数据表视图时，右侧的不同页面可以完成不同的功能。例如，"Structure"页面会列出创建选中的表或视图时使用的 SQL 语句，如果选中的是表，下方还会列出当前数据表的字段结构，如图 14-20 所示。"Browse & Search"标签用于显示表或视图中的数据，"Execute SQL"标签用于执行 SQL 语句。

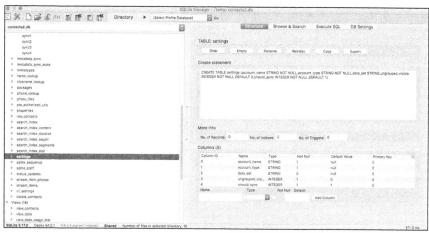

▲图 14-20 管理表和视图的效果

14.5.2 创建 SQLite 数据库和数据表

Android SDK 提供了一整套 API 用于操作 SQL 数据库。基本的数据库操作包括对数据表的增加、删除、修改和查询。本小节以及后面几小节将详细介绍如何在 Android 中使用 Kotlin 语言对 SQLite 数据库进行增加、删除、修改和查询操作。

在对数据库进行任何操作之前，首先要建立一个数据库文件，并且创建一张数据表。现在修改布局文件（activity_main.xml），添加 5 个按钮和 1 个 TextView 组件。

```xml
<?xml version="1.0" encoding="utf-8"?>
<LinearLayout
    xmlns:android="http://schemas.android/apk/res/android"
    android:layout_width="match_parent"
    android:layout_height="match_parent"
    android:orientation="vertical"
    >
<Button
    android:id="@+id/button_create_database_table"
    android:layout_width="match_parent"
    android:layout_height="wrap_content"
    android:text="创建数据库和数据表"/>
<Button
    android:id="@+id/button_insert"
    android:layout_width="match_parent"
    android:layout_height="wrap_content"
    android:text="插入数据"
    />
<Button
    android:id="@+id/button_delete"
    android:layout_width="match_parent"
    android:layout_height="wrap_content"
    android:text="删除数据"
    />
<Button
```

```
            android:id="@+id/button_update"
            android:layout_width="match_parent"
            android:layout_height="wrap_content"
            android:text="更新数据"
            />
        <Button
            android:id="@+id/button_query"
            android:layout_width="match_parent"
            android:layout_height="wrap_content"
            android:text="查询数据"
            />
        <TextView
            android:id="@+id/textview_query_result"
            android:layout_width="match_parent"
            android:layout_height="0dp"
            android:textSize="20sp"
            android:layout_weight="1"
            />
</LinearLayout>
```

运行程序，会看到如图 14-21 所示的效果。

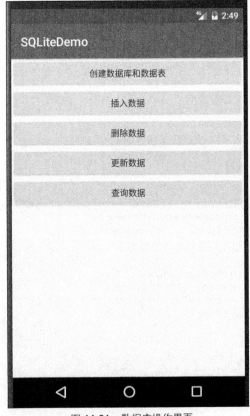

▲图 14-21　数据库操作界面

Android SDK 中操作数据库的核心类是 SQLiteDatabase。大多数操作数据库的 API 都属于这个类。通过 SQLiteDatabase.openOrCreateDatabase 方法可以打开或创建 SQLite 数据库。如果数据库文件不存在，则创建一个数据库文件，如果数据库文件存在，直接打开这个数据库文件。在这里创建数据库使用 SQL 语句，因此需要 SQLiteDatabase.execSQL 方法执行 SQL 语句。下面的代码是完整地创建 SQLite 数据库和数据表的 Kotlin 代码。

Kotlin 代码（创建 SQLite 数据库和数据表）

```kotlin
class MainActivity : AppCompatActivity() {

    override fun onCreate(savedInstanceState: Bundle?) {
        super.onCreate(savedInstanceState)
        setContentView(R.layout.activity_main)
        //  数据库文件的存储路径
        val filename = filesDir.toString() + "/test.db"
        val textviewQueryResult = findViewById<TextView>(R.id.textview_query_
result)
        val buttonCreateDatabaseTable =
                    findViewById<Button>(R.id.button_create_database_table)
        buttonCreateDatabaseTable.setOnClickListener()
        {
            //  创建 t_test 表的 SQL 语句
            val createTableSQL = """CREATE TABLE [t_test] (
                                    [id] INTEGER,
                                    [name] VARCHAR(20),[memo] TEXT,
                                    CONSTRAINT [sqlite_autoindex_t_test_1]
                                    PRIMARY KEY ([id]))"""

            val file = File(filename)
            if (file.exists())
            {
                //  如果数据库文件存在，删除该文件，在后面会重新创建数据库文件
                file.delete()
            }
            //  打开数据库
            val database = SQLiteDatabase.openOrCreateDatabase(filename, null)
            //  执行建立 t_test 表的 SQL 语句
            database.execSQL(createTableSQL)
            //  关闭数据库
            database.close()
            Toast.makeText(this,"数据库与表已经成功建立！",Toast.LENGTH_LONG).
show()
        }
    }
}
```

现在运行程序，单击"创建数据库和数据表"按钮，会在 App 的私有目录创建一个 test.db 数据库文件，并在数据库中创建一个 t_test 表。该表有如下 3 个字段。

➢   id：Integer 类型，自增字段。

➢   name：Varchar(20)类型。

➢   memo：Text 类型。

如果需要把 test.db 文件复制到个人计算机上，可以通过 Android Shell 进入如下目录：

/data/data/com.geekori.sqlitedemo/files。

test.db 文件就在该目录中，将其复制到/sdcard 目录，并退出 Android Shell，最后通过如下命令将 test.db 下载到/temp 目录中。

adb pull /sdcard/test.db　　/temp/test.db

14.5.3　向 SQLite 数据表中插入数据

可以使用两种方式向 SQLite 数据表插入数据，一种是 SQLiteDatabase.insert 方法，另一种是通过 SQLiteDatabase.execSQL 方法执行 SQL 语句插入数据。

使用 SQLiteDatabase.insert 方法需要传入 ContentValues 对象，该对象与 Map 类似，通过 ContentValues.put 方法可以设置字段名和字段值。该方法的第 1 个参数表示字段名，第 2 个参数表示字段值。

Kotlin 代码（向 SQLite 数据表插入数据）

```kotlin
class MainActivity : AppCompatActivity() {
    override fun onCreate(savedInstanceState: Bundle?) {
        super.onCreate(savedInstanceState)
        setContentView(R.layout.activity_main)
        //  数据库文件的存储路径
        val filename = filesDir.toString() + "/test.db"
        val textviewQueryResult = findViewById<TextView>(R.id.textview_query_
        result)
        … …
        val buttonInsert = findViewById<Button>(R.id.button_insert)
        //  插入记录
        buttonInsert.setOnClickListener()
        {
            val database = SQLiteDatabase.openOrCreateDatabase(filename, null);
            //  使用第 1 种方式插入数据

            //  用 ContentValues 对象存储要插入的数据
            val contentValues = ContentValues();
            contentValues.put("name", "Mike")
            contentValues.put("memo", "Student")
            //  向 t_test 表插入 1 条记录
            database.insert("t_test", null, contentValues)

            //  使用第 2 种方式插入数据

            //  插入记录的 SQL 语句
            val insertSQL = "insert into t_test(name, memo) values(?,?)"
            //  用 insert 语句插入 3 条记录
            database.execSQL(insertSQL, arrayOf("John", "老师"))
            database.execSQL(insertSQL, arrayOf("Mary", "学生"))
            database.execSQL(insertSQL, arrayOf("王军", "校长"))
            database.close()
```

```
        Toast.makeText(this, "成功插入记录! ", Toast.LENGTH_LONG).show()
      }
   }
}
```

运行程序，然后单击"插入数据"按钮（在此之前单击了"创建数据库和数据表"按钮），会将 4 条记录插到 t_test 表中。现在 t_test 表的数据如图 14-22 所示。

id	name	memo
1	Mike	Student
2	John	老师
3	Mary	学生
4	王军	校长

▲图 14-22　t_test 表目前的数据

14.5.4　删除 SQLite 数据表中的数据

删除表中的数据可以使用两种方式：SQLiteDatabase.delete 方法和执行 SQL 语句。其中 SQLiteDatabase.delete 方法需要指定要删除数据的表名以及删除条件。

Kotlin 代码（删除 t_test 表中指定的数据）

```kotlin
class MainActivity : AppCompatActivity() {
   override fun onCreate(savedInstanceState: Bundle?) {
      super.onCreate(savedInstanceState)
      setContentView(R.layout.activity_main)
      //  数据库文件的存储路径
      val filename = filesDir.toString() + "/test.db"
      val textviewQueryResult = findViewById<TextView>(R.id.textview_query_
      result)
      … …
      val buttonDelete = findViewById<Button>(R.id.button_delete)

      buttonDelete.setOnClickListener()
      {
         val database = SQLiteDatabase.openOrCreateDatabase(filename,
            null)
         //  使用 delete 方法删除 t_test 表中的数据
         database.delete("t_test","name=?", arrayOf("John"))

         val deleteSQL = "delete from t_test where name=?"
         //  使用 SQL 语句删除 t_test 表中的数据
         database.execSQL(deleteSQL, arrayOf("Mary"))
         database.close()
         Toast.makeText(this,"成功删除记录", Toast.LENGTH_LONG).show()
      }
   }
}
```

上面的代码使用 SQLiteDatabase.delete 方法删除了 name 字段值等于 John 的数据，然后使用 SQL 语句删除了 name 字段值等于 Mary 的数据。

现在运行程序，然后单击"删除数据"按钮，如果删除成功，就会弹出一个 Toast 信息框。删除后，t_test 表中的数据如图 14-23 所示。

id	name	memo
1	Mike	Student
4	王军	校长

▲图 14-23 t_test 表中删除某些数据后的效果

14.5.5 更新 SQLite 数据表中的数据

更新表中的数据可以使用两种方式：SQLiteDatabase.update 方法和执行 SQL 语句。其中 SQLiteDatabase.update 方法与 SQLiteDatabase.insert 方法类似，都需要指定 ContentValues 对象，不同的是，前者用于更新数据，后者用于插入数据。注意，update 方法还需要指定更新条件。

Kotlin 代码（更新 t_test 表中的数据）

```kotlin
class MainActivity : AppCompatActivity() {
    override fun onCreate(savedInstanceState: Bundle?) {
        super.onCreate(savedInstanceState)
        setContentView(R.layout.activity_main)
        //   数据库文件的存储路径
        val filename = filesDir.toString() + "/test.db"
        val textviewQueryResult = findViewById<TextView>(R.id.textview_query_
        result)
        … …
        val buttonUpdate = findViewById<Button>(R.id.button_update)
        buttonUpdate.setOnClickListener()
        {
            val database = SQLiteDatabase.openOrCreateDatabase(filename,
                    null)
            val contentValues = ContentValues()

            contentValues.put("name", "李宁");
            //   使用 update 方法将 name 字段值为"王军"的数据中的 name 字段值更新为"李宁"
            database.update("t_test", contentValues, "name=?", arrayOf("王军"))

            val updateSQL = "update t_test set name='Joe' where name=?"
            //   使用 SQL 语句将 name 字段值为 Mike 的数据中的 name 字段值更新为 Joe
            database.execSQL(updateSQL, arrayOf("Mike"))
            database.close()
            Toast.makeText(this,"成功更新记录", Toast.LENGTH_LONG).show()
        }
    }
}
```

运行程序，然后单击"更新数据"按钮，如果更新数据成功，会显示一个 Toast 信息框。

t_test 表目前的数据如图 14-24 所示。

id	name	memo
1	Joe	Student
4	李宁	校长

▲图 14-24　t_test 表更新后的数据

14.5.6　查询 SQLite 表中的数据

查询表中的数据可以使用两种方式：SQLiteDatabase.query 方法与 SQL 语句。query 方法的参数比较多，除了要指定查询的表名外，还需要指定查询的字段、查询条件、分组、排序等信息。本例并不需要分组和排序，因此只需要指定查询字段和查询条件即可。query 方法会返回一个 Cursor 对象，该对象表示查询到的记录集。一开始，记录指针指向第一条记录的前面，因此需要调用 Cursor.moveToFirst 方法将记录指针移到第 1 条记录。通过 Cursor.getString 方法可以获取当前记录的字段值，该方法需要指定一个 Int 类型的参数值，表示字段索引，从 0 开始。

Kotlin 代码（查询 t_test 表中的数据）

```kotlin
class MainActivity : AppCompatActivity() {

    override fun onCreate(savedInstanceState: Bundle?) {
        super.onCreate(savedInstanceState)
        setContentView(R.layout.activity_main)
        // 数据库文件的存储路径
        val filename = filesDir.toString() + "/test.db"
        val textviewQueryResult = findViewById<TextView>(R.id.textview_query_
        result)
        … …
        // 查询记录
        val buttonQuery = findViewById<Button>(R.id.button_query)
        buttonQuery.setOnClickListener()
        {
            val database = SQLiteDatabase.openOrCreateDatabase(filename, null);
            var queryResult = ""
            // 使用 query 方法查询 t_test 表中 name 字段值等于 Joe 的记录
            val cursor1 = database.query("t_test", arrayOf("name","memo"),
            "name=?", arrayOf("Joe"),"","","")
            // 将记录指针移到第 1 条记录
            cursor1.moveToFirst();
            // 获取第 1 条记录的第 1 个字段和第 2 个字段的值
            queryResult += cursor1.getString(0) + ":" + cursor1.getString(1) + "\r\n"

            val querySQL = "select name, memo from t_test where name=?"
            // 使用 SQL 语句查询 name 字段值等于 "李宁" 的记录
            val cursor2 = database.rawQuery(querySQL, arrayOf("李宁"))
            cursor2.moveToFirst()
            queryResult += cursor2.getString(0)+ ":" + cursor2.getString(1)
```

```
        //  将最终的查询结果显示在 TextView 组件中
        textviewQueryResult.setText(queryResult)
        database.close()
    }
  }
}
```

运行程序，单击"查询数据"按钮，会在按钮下方的 TextView 组件中显示查询结果，如图 14-25 所示。

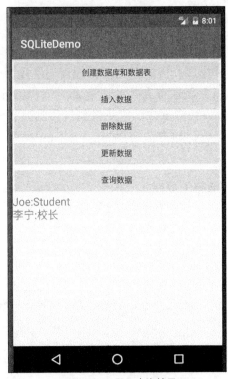

▲图 14-25　显示查询结果

14.5.7　将数据库与 App 一起发布

到现在为止，我们已经学会了对数据库的 CRUD（增加、删除、修改和查询）操作，但这些操作的数据库都是存储在 App 外部的，如 App 的私有目录或 SD 卡。这种方式一般都是新建一个数据库和相应的数据表，并插入初始化数据。不过对于有很多初始化数据的情况，一般采用的方法是先将数据库建立好，并插入初始化数据，然后将数据库文件与 App 一起发布，也就是将数据库文件放到 APK 文件内部。

在 App 中，有两个资源目录可以放置数据库文件，一个是 res/raw 目录，另一个是 assets 目录，这两个目录中的资源文件都会原封不动地放到 App 中。本例选择 assets 目录放置数据库文件。这两个资源目录的最大区别是，在引用 res/raw 目录中的资源时，需要使用

R.raw.resourceId 形式，而引用 assets 目录中的资源时，直接指定文件名即可。

本例中的数据库文件是 apk_test.db，需要按图 14-26 样式放到 assets 目录中。

▲图 14-26　apk_test.db 文件的位置

如果将数据库文件放到 APK 文件内部，就无法直接用 SQLiteDatabase.openOrCreateDatabase 方法打开，需要在 App 第一次运行时将 apk_test.db 文件复制到 App 的私有目录或 SD 卡上。这里选择将该文件复制到私有目录，因为如果复制到 SD 卡上，在 Android 6.0 以上版本就需要授权，这样就无法做到对用户透明地复制 apk_test.db 文件了。将 apk_test.db 文件复制到私有目录，就可以使用 SQLiteDatabase.openOrCreateDatabase 方法打开 apk_test.db 文件了。

Kotlin 代码（将 assets/apk_test.db 数据库文件复制到 App 的私有目录，并查询数据表）

```kotlin
class MainActivity : AppCompatActivity() {
    override fun onCreate(savedInstanceState: Bundle?) {
        super.onCreate(savedInstanceState)
        setContentView(R.layout.activity_main)
        … …
        //  将 assets/apk_test.db 数据库文件复制到私有目录
        val dbFilename = filesDir.toString() + "/apk_test.db"
        val file = File(dbFilename)
        //  只有当 apk_test.db 文件不存在时才复制
        if (!file.exists())
        {
            //  获取指向 apk_test.db 文件的 InputStream 对象
            val inputStream = resources.assets.open("apk_test.db")
            val fos = FileOutputStream(dbFilename)
            val buffer = ByteArray(100)
            var count = 0
            while(true)
            {
                count = inputStream.read(buffer)
                if(count < 0)
                    break;
                fos.write(buffer,0, count)
            }
            fos.close()
            inputStream.close()
```

```
    }
    //  打开 SD 卡上的 apk_test.db 数据库
    val sqLiteDatabase = SQLiteDatabase.openOrCreateDatabase(dbFilename, null);
    //  查询 t_test 表中的所有记录
    val cursor = sqLiteDatabase.rawQuery("select * from t_test", null);
    //  在 Logcat 视图输出查询出来的所有记录中的第 2 个字段的值
    while(cursor.moveToNext())
    {
        Log.d("apk_test", cursor.getString(1))
    }
    cursor.close();
    sqLiteDatabase.close();

    }
}
```

现在运行程序，会在 Logcat 中输出如图 14-27 所示的查询结果。

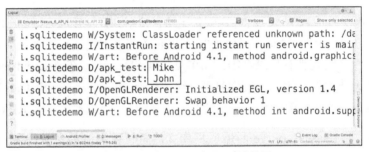

▲图 14-27　在 Logcat 中显示查询结果

14.6　小结

经过本章的学习，相信读者已经对 Android 数据持久化技术有了很深的了解。本章对 Android 数据持久化技术做了深入讲解，包括 SharedPreferences 存储、流文件存储、JSON 格式的数据及 SQLite 数据库。其中 SharedPreferences 适合于保存键值，主要应用场景是配置文件。流文件适合于存储一般的文本数据和二进制数据。JSON 也是普通的文本数据，只是有一定的结构，一般用于对象序列化，也可以用于网络数据传输。SQLite 数据库适合于存储大数据量的二维表格式的数据。这些数据持久化技术，在实际使用时需要根据具体的需求进行选择。

第 15 章　连接外部世界——网络技术

最近在写书时，由于光纤故障，突然断网了好几次。有网络时没感觉到什么，这一突然断网，感觉就像被流放到孤岛，与外界完全失去了联系。我相信正在读这本书的很多读者也有同样的体会，这说明现在早已进入网络时代，计算机、手机等电子设备随时接入互联网已经成为了日常生活和工作中司空见惯的事情。那么我们编写的 App，如果不具备网络功能，那就和被流放到孤岛一样，失去了与外部精彩世界接触的可能。

现在的移动互联网，已经不仅仅是浏览信息这么简单了，随着支付手段和社交软件的普及，手机在一定程度上已经成为现金和银行卡的替代品，大部分时间出门只要带手机就好了。从早期的微博、QQ 到现在的购物节、朋友圈，都需要网络技术作为底层的支撑。下面就让我们来学习一下 Android 支持的那些网络技术，顺便把本地 App 变成一个互联网的节点。

15.1　WebView 组件

虽然大多数 Android App 会使用原生开发技术（Kotlin 和 Java），但有时需要直接在 Activity 中显示 Web 页面。当然，如果只是简单显示页面，可以使用隐式 Intent 通过调用系统浏览器显示。不过很多类似的需求都不允许当前 App 打开另一个 App 来显示页面，只能在自己的 App 显示，不过我们此处是不可能编写一个完整的浏览器出来的，为了解决这个问题，Android SDK 提供了一个 WebView 组件，该组件是一个浏览器组件，可用来显示任何的 Web 页面，支持 HTML5、CSS 和 JavaScript。

WebView 组件的用法相当简单，首先需要在布局文件（activity_main.xml）中添加一个 <WebView>标签。

```
<?xml version="1.0" encoding="utf-8"?>
<LinearLayout
    xmlns:android="http://schemas.android/apk/res/android"
    android:layout_width="match_parent"
    android:layout_height="match_parent">
    <WebView
        android:id="@+id/webview"
```

```
        android:layout_width="match_parent"
        android:layout_height="match_parent"/>

</LinearLayout>
```

在上面的布局代码中，将 WebView 组件的尺寸设置为与窗口同样的大小，并为 WebView 组件指定了一个 android:id 属性。接下来，会在 MainActivity.onCreate 方法中调用 WebView. loadUrl 方法显示指定的 Web 页面。

Kotlin 代码（在 WebView 组件中显示 Web 页面）

```
class MainActivity : AppCompatActivity() {

    override fun onCreate(savedInstanceState: Bundle?) {
        super.onCreate(savedInstanceState)
        setContentView(R.layout.activity_main)
        val webview = findViewById<WebView>(R.id.webview)
        webview.settings.javaScriptEnabled = true
        webview.webViewClient = WebViewClient()
        webview.loadUrl("https://geekori.com")
    }
}
```

我们可以看到，onCreate 方法的代码很简短，首先使用 findViewById 方法获取 WebView 组件的实例，然后调用通过设置 webview.settings.javaScriptEnabled 属性值为 true，让 WebView 组件支持 JavaScript 脚本。

接下来是非常重要的部分，我们设置了 webview.webViewClient 属性值为 WebViewClient() 的实例。这行代码的作用是，当需要从一个网页跳转到另一个网页时，要求目标网页仍然在当前 WebView 组件中显示，而不是打开系统浏览器。

最后一步非常简单，通过调用 webview.loadUrl 方法指定要显示的 Web 页面地址。

由于 WebView 需要访问网络，因此需要在 AndroidManifest.xml 文件中添加访问网络的权限。

```
<manifest package="com.geekori.webview"
        xmlns:android="http://schemas.android/apk/res/android">
    <uses-permission android:name="android.permission.INTERNET"/>
    … …
</manifest>
```

现在运行程序，会看到如图 15-1 所示的效果。

▲图 15-1　WebView 组件显示 Web 页面的效果

15.2　使用 HTTP 与服务端进行交互

在上一节使用 WebView 组件浏览 Web 页面时，实际上使用 HTTP 与服务端交互数据。WebView 向服务端发送 HTTP 请求，而服务端向 WebView 返回 HTTP 响应。

有些时候，我们不仅仅是浏览网页，还需要做更复杂的操作。例如，需要从服务端下载数据，并进行分析。在这些应用中，通常是不需要将下载的数据显示出来的，也有可能不是 HTML 页面，根本无法显示。这就要求我们直接使用 HTTP 与服务端交互。不过 HTTP 很复杂，如果直接从零开始实现 HTTP，那么会是一件工作量相当大的事情，而且不值得，因为现在有很多现成的 API 已经很好地支持 HTTP 了。例如，本节要介绍的 HttpURLConnection 就是 Android SDK 中的一个支持 HTTP 的 API 接口，通过这些 API 接口，可以很容易地使用 HTTP 与服务端交互数据，而并不需要对 HTTP 有深入的了解。接下来让我们使用 HttpURLConnection 以及第三方库 OkHttp 以手工的方式发送 HTTP 请求，并接收 HTTP 响应消息。

15.2.1　使用 HttpURLConnection

在 Android SDK 中提供了两套 API 用来发送 HTTP 请求和接收 HTTP 响应：

HttpURLConnection 和 HttpClient。不过由于 HttpClient 比较复杂，而且扩展困难，因此 Google 官方已经不建议使用 HttpClient 了，而且从 Android 6.0 开始，Android SDK 已经完全移除了 HttpClient。目前，Google 官方推荐的是 HttpURLConnection。因此，本节将介绍如何利用 HttpURLConnection 发送 HTTP 请求，以及接收服务端的响应。要说明的是，HttpURLConnection 不仅支持 HTTP 请求，也支持 HTTPS 请求，直接指定 https url 即可，如 https://geekori.com。

使用 HttpURLConnection 的第一步就是获取 HttpURLConnection 实例。首先需要创建一个封装 url 的 URL 对象，然后调用 url.openConnection 方法获取 HttpURLConnection 实例。

Kotlin 代码（获取 HttpURLConnection 实例）

```kotlin
val url = URL("https://geekori.com")
val connection = url.openConnection() as HttpURLConnection
```

因为 url.openConnection 方法返回的是 URLConnection 对象，所以需要强行转换才能获取 HttpURLConnection 对象。

接下来，需要设置 HTTP 请求的方法，常用的方法有两个：GET 和 POST。GET 表示系统从服务端获取数据，而 POST 则表示系统提交数据给服务端，在本例中使用 GET。

Kotlin 代码（设置 HTTP 请求方法）

```kotlin
connection.requestMethod = "GET"
```

由于服务端的原因，或者网络的问题，因此客户端与服务端进行交互时总会出现读写数据的问题。为了让双方不会等待太久，在读写数据出现问题时，允许设定一个最大等待时间，这就是超时时间。如果超过这个时间，客户端和服务端的连接就会自动断开。在这里设置了两个超时时间：连接超时时间和读数据超时时间。

Kotlin 代码（设置超时时间）

```kotlin
connection.connectTimeout = 10000      //  连接超时时间为 10 秒
connection.readTimeout = 10000         //  读数据超时时间为 10 秒
```

在前面的准备工作完成之后，就需要通过 HttpURLConnection.inputStream 属性来获取 InputStream 对象了。通过 InputStream 对象，可以从服务端获取响应数据。

Kotlin 代码（获取 InputStream 对象）

```kotlin
val inputStream = connection.inputStream
```

最后不要忘了调用 disconnect 方法关闭 HTTP 连接，如下所示：

connection.disconnect()

下面让我们看一下这个例子的完整实现。首先，新建一个 HttpURLConnectionDemo 工程，然后修改布局文件（activity_main.xml）的代码，如下所示：

```xml
<?xml version="1.0" encoding="utf-8"?>
<LinearLayout
```

```
    xmlns:android="http://schemas.android.com/apk/res/android"
    android:layout_width="match_parent"
    android:layout_height="match_parent"
    android:orientation="vertical"
    >
    <Button
        android:id="@+id/button_request_response"
        android:layout_width="match_parent"
        android:layout_height="wrap_content"
        android:text="发送请求和获取响应"/>
    <ScrollView
        android:layout_width="wrap_content"
        android:layout_height="0dp"
        android:layout_weight="1">
        <TextView
            android:id="@+id/textview_response"
            android:layout_width="match_parent"
            android:layout_height="match_parent"/>
    </ScrollView>
</LinearLayout>
```

在上面的布局代码中，添加了一个 Button 组件和一个 TextView 组件，单击 Button 组件，会向服务端发送 HTTP 请求，并接收服务端的 HTTP 响应数据，最后将响应数据显示在 TextView 组件中。由于服务端返回的数据可能非常多，因此在 TextView 组件上一层加了一个 ScrollView 组件，这是一个滚动组件，当垂直方向超出窗口高度时，就会出现滚动条，允许上下滚动 ScrollView 组件。要注意的是，ScrollView 组件中只允许包含一个子组件，在这里是 TextView 组件。

现在修改 MainActivity 中的代码，如下所示：

Kotlin 代码

```
class MainActivity : AppCompatActivity() {
    override fun onCreate(savedInstanceState: Bundle?) {
        super.onCreate(savedInstanceState)
        setContentView(R.layout.activity_main)
        val textviewResponse = findViewById<TextView>(R.id.textview_response)
        val buttonRequestResponse = findViewById<Button>(R.id.button_request_
        response)
        buttonRequestResponse.setOnClickListener()
        {
            //  在另一个线程中与服务端进行 HTTP 交互
            Thread()
            {
                val url = URL("https://geekori.com")
                //  获取 HttpURLConnection 实例
                val connection = url.openConnection() as HttpURLConnection
                connection.requestMethod = "GET"
                connection.connectTimeout = 10000
                connection.readTimeout = 10000
                val inputStream = connection.inputStream
                // 获取 BufferedReader 对象，以便以行为单位读取服务端的响应数据
                val reader = inputStream.bufferedReader()
```

```
        var response = StringBuilder()
        //  开始从服务端一行一行读取数据
        while (true) {
            val line = reader.readLine()
            if (line == null)
                break;
            response.append(line)
        }
        reader.close()
        //  关闭 HTTP 连接
        connection.disconnect()
        //  在 UI 线程将服务端响应数据显示在 TextView 组件中
        runOnUiThread { textviewResponse.text = response }
    }.start()

    }
  }
}
```

编写这段代码时应该注意如下 3 点。

❑ 由于访问网络的操作不允许在 UI 线程中进行，因此需要在 UI 线程中启动另一个线程来完成与服务端的 HTTP 交互。

❑ 由于在非 UI 线程中不能直接访问 UI 线程中创建的组件，因此需要使用 runOnUiThread 方法将访问组件的操作放到 UI 线程中完成。

❑ HttpURLConnection 不仅支持 HTTP，还支持 HTTPS。

最后不要忘了，访问网络时需要在 AndroidManifest.xml 中设置权限，如下所示：

```
<?xml version="1.0" encoding="utf-8"?>
<manifest package="com.geekori.httpurlconnectiondemo"
        xmlns:android="http://schemas.android/apk/res/android">
    <uses-permission android:name="android.permission.INTERNET"/>
    … …
</manifest>
```

现在运行程序，单击"发送请求和获取响应"按钮，会看到下方的 TextView 组件显示了从服务端获取的 Web 页面代码，可以上下滚动，如图 15-2 所示。

15.2.2 使用 OkHttp

尽管目前 Android SDK 中只有 HttpURLConnection 推荐使用，但我们并不是没有其他选择。其实有很多很好用的网络通信库都可以替代 HttpURLConnection，而其中 OkHttp 就是比较出色的一个。

OkHttp 是由大名鼎鼎的 Square 公司开发的，这个公司在开源事业上贡献颇多，除了 OkHttp 之外，还开发了像 Picasso、Retrofit 等著名的开源项目。OkHttp 不仅在接口上设计得简单易用，就连在底层实现上也是自成一派，比起原生的 HttpURLConnection，可以说是毫不逊色。目前，OkHttp 已经成为很多 Android 程序首选的网络通信库。尽管 OkHttp 是用 Java 编写，不过也可以很容易地在 Kotlin 中使用。OkHttp 项目的主页是 http://square.github.io/okhttp。

▲图 15-2 服务端响应的数据

由于 OkHttp 并不属于 Android SDK，因此，在使用 OkHttp 之前，需要先添加 OkHttp 库的依赖。添加方式有两个：手动和自动。

使用手动方式，需要直接修改 app/build.gradle 文件，该文件在如图 15-3 所示工程树选择的位置。

▲图 15-3 build.gradle 文件的位置

打开这个文件，找到 dependencies 部分，添加如下内容：

```
dependencies {
    implementation fileTree(include: ['*.jar'], dir: 'libs')
    androidTestImplementation('com.android.support.test.espresso:espresso-co
re:2.2.2', {
        exclude group: 'com.android.support', module: 'support-annotations'
    })
    implementation "org.jetbrains.kotlin:kotlin-stdlib-jre7:$kotlin_version"
    implementation 'com.android.support:appcompat-v7:26.0.0-beta1'
    testImplementation 'junit:junit:4.12'
    implementation 'com.android.support.constraint:constraint-layout:1.0.2'
    implementation 'com.squareup.okhttp3:okhttp:3.8.1'
}
```

当第一次运行程序时，Android Studio 会自动下载 OkHttp 依赖库。如果不知道 OkHttp 依赖库添加代码如何编写，或不知道应该使用哪个版本，可以用自动方式添加。

在工程右键菜单中单击"Open Module Settings"菜单项，打开"Project Structure"对话框。选中左侧列表中的"app"，在右侧选项卡中单击"Dependencies"，会看到该选项卡将 build.gradle 中的所有依赖都列出了。单击依赖下方的"加号"图标按钮，会弹出如图 15-4 所示的"Choose Library Dependency"对话框，在搜索框输入"okhttp"进行搜索，一般搜索结果的第一个就是，选中该项，单击"OK"按钮关闭该对话框。

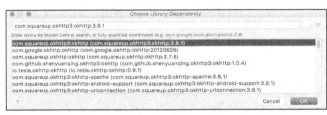

▲图 15-4　"Choose Library Dependency"对话框

引用 OkHttp 依赖后，"Project Structure"对话框的"Dependencies"选项卡中会列出 OkHttp 依赖，如图 15-5 所示。

下面让我们看看如何使用 OkHttp 与服务端进行交互。首先要创建一个 OkHttpClient 的实例，如下所示：

Kotlin 代码（创建 OkHttpClient 实例）

```
val client = OkHttpClient()
```

接下来如果想要发起一条 HTTP 请求，需要创建一个 Request 对象：

Kotlin 代码（创建 Request 对象）

```
val request = Request.Builder().build()
```

当然，创建一个空的 Request 对象也没什么用，我们可以在调用 build 方法之前调用很多其他方法来丰富这个 Request 对象。例如，可以通过 url 方法设置目标网络地址，如下所示：

▲图 15-5　"Project Structure" 对话框

Kotlin 代码（设置目标网络地址）

```kotlin
val request = Request.Builder().url("http://edu.geekori.com").build()
```

接下来需要调用 OkHttpClient 的 newCall 方法来创建一个 Call 对象，并调用它的 execute 方法来发送请求并获取服务端返回的数据，如下所示：

Kotlin 代码（向服务端发送请求）

```kotlin
val response = client.newCall(request).execute()
```

其中 Response 对象就是服务端返回的数据，可以使用下面的代码获取数据的具体内容：

Kotlin 代码（获取响应数据的具体内容）

```kotlin
val responseStr = response.body()?.string()
```

在前面介绍的用法都是发送 GET 请求，如果要发送 POST 请求，稍微复杂一些，因为要准备向服务端提交的数据，这些数据都要被封装在 RequestBody 对象中，如下所示：

Kotlin 代码（封装 POST 数据）

```kotlin
val requestBody = FormBody.Builder()
    .add("name", "Bill")
    .add("age","30")
    .build()
```

在创建 Request 对象时，还要调用 post 方法传入 RequestBody 对象。

Kotlin 代码（指定 RequestBody 对象）

```
val request = Request.Builder()
        .url("https://geekori.com")
        .post(requestBody)
        .build()
```

现在看一下完整的 OkHttp 与服务端交互的例子。首先创建一个 OkHttp 工程，然后修改布局文件（activity_main.xml），在布局文件中添加 2 个按钮和一个 TextView 组件。两个按钮分别用来向服务端提交 GET 和 POST 请求。

```
<?xml version="1.0" encoding="utf-8"?>
<LinearLayout
    xmlns:android="http://schemas.android/apk/res/android"
    android:layout_width="match_parent"
    android:layout_height="match_parent"
    android:orientation="vertical"
    >
    <Button
        android:id="@+id/button_get"
        android:layout_width="match_parent"
        android:layout_height="wrap_content"
        android:text="发送请求和获取响应（GET)"/>
    <Button
        android:id="@+id/button_post"
        android:layout_width="match_parent"
        android:layout_height="wrap_content"
        android:text="发送请求和获取响应（POST)"/>

    <ScrollView
        android:layout_width="wrap_content"
        android:layout_height="0dp"
        android:layout_weight="1">

        <TextView
            android:id="@+id/textview_response"
            android:layout_width="match_parent"
            android:layout_height="match_parent"/>
    </ScrollView>
</LinearLayout>
```

然后修改 MainActivity，实现 GET 和 POST 请求的代码。

Kotlin 代码（通过 OkHttp 提交 GET 和 POST 请求）

```
class MainActivity : AppCompatActivity() {

    override fun onCreate(savedInstanceState: Bundle?) {
        super.onCreate(savedInstanceState)
        setContentView(R.layout.activity_main)
        val textviewResponse = findViewById<TextView>(R.id.textview_response)
        val buttonGetRequest = findViewById<Button>(R.id.button_get)
```

```
// 提交 GET 请求
buttonGetRequest.setOnClickListener()
{
    Thread()
    {
        val client = OkHttpClient()
        val request = Request.Builder().url("https://geekori.com/edu").
        build()
        val response = client.newCall(request).execute()
        val responseStr = response.body()?.string()
        runOnUiThread { textviewResponse.text = responseStr }

    }.start()

}
val buttonPostRequest = findViewById<Button>(R.id.button_post)
// 提交 POST 请求
buttonPostRequest.setOnClickListener()
{
    Thread()
    {
        // 封装 POST 请求数据
        val requestBody = FormBody.Builder()
                .add("name", "Bill")
                .add("age","30")
                .build()
        val client = OkHttpClient()
        val request =
        Request.Builder().url("https://geekori.com/edu  ").post(request
        Body).build()
        val response = client.newCall(request).execute()
        val responseStr = response.body()?.string()
        Log.d("OkHttpPost", responseStr)
    }.start()

}
Thread()
{

}

}
}
```

    在上面的代码中，GET 请求返回的数据显示在 TextView 组件中，POST 请求返回的数据
显示在 Logcat 中。现在执行程序，单击"发送请求和获取响应（GET）"按钮，会在 TextView
组件中显示返回的数据，如图 15-6 所示。

▲图 15-6　显示 GET 请求响应数据

单击"发送请求和获取响应（POST）"按钮，会在 Logcat 中看到输出同样的响应数据，如图 15-7 所示。

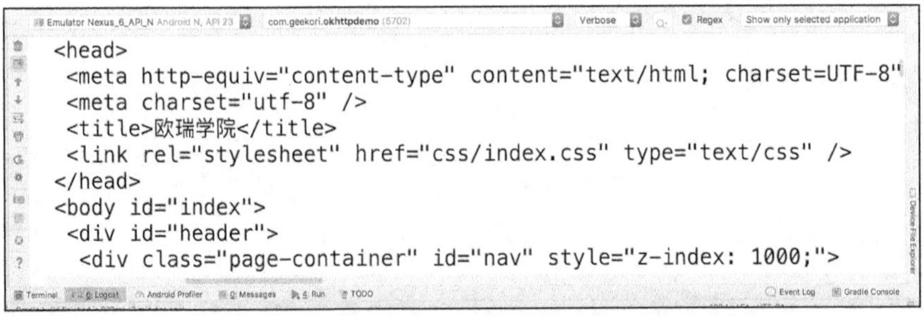

```
<head>
 <meta http-equiv="content-type" content="text/html; charset=UTF-8"
 <meta charset="utf-8" />
 <title>欧瑞学院</title>
 <link rel="stylesheet" href="css/index.css" type="text/css" />
</head>
<body id="index">
 <div id="header">
  <div class="page-container" id="nav" style="z-index: 1000;">
```

▲图 15-7　在 Logcat 中输出 POST 请求响应数据

15.3　小结

本章我们学习了在 Android 中如何通过 HTTP 与服务端交互的知识。尽管使用 Socket 可以进行任何协议的通信，但 HTTP 无疑是最常用的一种。如果只想使用 Android SDK 中的标准 API，那么 HttpURLConnection 是目前唯一的选择，当然，如果不加这个限制，那么我们的选择还是非常多的，如本章介绍的 OkHttp 就是非常不错的选择。

第 16 章　项目实战——欧瑞天气 App

到现在为止，我们已经学习了绝大多数 Kotlin 的核心技术以及如何用 Kotlin 开发 Android App，也编写过大量的程序，但还没有设计过一款完整的 App，本章将满足读者的这个愿望，设计一款可以访问网络的 Android App：欧瑞天气。

16.1　项目概述

这款 App 用于从服务端获取天气预报信息，并显示在窗口区域。这款 App 会首先列出省级及其所辖城市和县区信息，如图 16-1 所示。

▲图 16-1　列出省级及其所辖城市和县区信息

当单击某个城市或县区名称时，会在窗口上显示该城市或县区的天气情况，如图 16-2 所示。

▲图 16-2　显示天气情况

　　这款 App 使用前面章节介绍的 UI 技术、网络技术，并且使用 Kotlin 语言编写。其中有一些 Library 使用了 Java 编写，实际上，这款 App 是 Kotlin 和 Java 的结合体。

16.2　添加依赖

　　在 App 中使用了大量的第三方 Library，如 gson、okhttp3、glide 等，这些 Library 需要在 app/build.gradle 文件中的 dependencies 部分指定，如下所示：

```
dependencies {
    compile fileTree(include: ['*.jar'], dir: 'libs')
    androidTestCompile('com.android.support.test.espresso:espresso-core:2.2.2', {
        exclude group: 'com.android.support', module: 'support-annotations'
    })
    compile "org.jetbrains.kotlin:kotlin-stdlib-jre7:$kotlin_version"
    compile 'com.android.support:appcompat-v7:25.1.1'
    testCompile 'junit:junit:4.12'
    compile 'com.android.support.constraint:constraint-layout:1.0.2'
    implementation "org.jetbrains.kotlin:kotlin-stdlib-jre7:$kotlin_version"
    implementation 'com.google.code.gson:gson:2.8.1'
    implementation 'com.squareup.okhttp3:okhttp:3.8.1'
    implementation 'com.github.bumptech.glide:glide:4.0.0-RC1'
    implementation 'com.android.support.constraint:constraint-layout:1.0.2'
}
```

16.3 实现主窗口

主窗口类是 MainActivity，这是该 App 第一个要启动的窗口。该窗口类的实现代码如下：

Kotlin 代码（主窗口类）

```kotlin
class MainActivity : AppCompatActivity() {
    override fun onCreate(savedInstanceState: Bundle?) {
        super.onCreate(savedInstanceState)
        setContentView(R.layout.activity_main)
        val prefs = PreferenceManager.getDefaultSharedPreferences(this)
        if (prefs.getString("weather", null) != null) {
            val intent = Intent(this, WeatherActivity::class.java)
            startActivity(intent)
            finish()
        }
    }
}
```

我们可以看到，MainActivity 类的实现代码并不复杂，其中利用 SharedPreferences 对象读取了配置信息 weather，这个配置信息用于指明是否曾经查询过某个城市的天气，如果查询过，直接显示该城市的天气信息。这里面涉及一个 WeatherActivity 类，这是专门用于显示天气信息的窗口。

下面看一下 MainActivity 使用的布局文件（activity_main.xml）。

```xml
<?xml version="1.0" encoding="utf-8"?>
<FrameLayout
    xmlns:android="http://schemas.android/apk/res/android"
    android:layout_width="match_parent"
    android:layout_height="match_parent">

    <fragment
        android:id="@+id/choose_area_fragment"
        android:name="com.oriweather.fragment.ChooseAreaFragment"
        android:layout_width="match_parent"
        android:layout_height="match_parent" />

</FrameLayout>
```

在布局文件中，使用<fragment>标签引用了一个 ChooseAreaFragment 类，这是什么呢？实际上，Fragment 是从 Android 3.0 开始加入的类，相当于一个透明的 Panel，用于封装逻辑和 UI，可以作为一个组件使用。ChooseAreaFragment 的作用就是实现城市和县区列表，以便单击可以显示相应地区的天气情况。

16.4　显示地区列表

ChooseAreaFragment 封装了显示地区列表的逻辑，但是只有 ChooseAreaFragment 类还不够，还需要很多辅助类来完成相应的工作。例如，地区列表是从服务端获取的 JSON 数据，因此，需要有相应的类来完成从网络上获取数据的工作，而且获取的是 JSON 格式的数据。因此，在使用这些数据之前，需要先将其转换为 Kotlin 类。本节除了实现 ChooseAreaFragment 类外，还会讲解如何实现这些辅助类。

16.4.1　描述城市信息的数据类

从服务端获取的地区信息有 3 个级别：省、市和县区。这 3 个级别分别需要一个数据类描述。

Kotlin 代码（数据类）

```kotlin
//  描述省信息的数据类
data class Province(var id:Int = 0, var provinceName:String, var proinceCode:String)
//  描述市信息的数据类
data class City(var id:Int = 0, var cityName:String, var cityCode:String, var provinceCode:String)
//  描述县区信息的数据类
data class County(var id:Int = 0, var countyName:String, var countyCode:String, var cityCode:String)
```

16.4.2　处理 JSON 格式的城市列表信息

当 JSON 格式的数据从服务端获取后，需要对这些数据进行解析。这个工作是由 Utility 对象完成的。

Kotlin 代码（解析 JSON 格式的数据）

```kotlin
object Utility {

    //  解析和处理服务器返回的省级数据
    fun handleProvinceResponse(response: String): List<Province> {
        var provinces = mutableListOf<Province>()
        if (!TextUtils.isEmpty(response)) {
            try {
                //  将 JSON 数组转换为 Kotlin 数组形式
                val allProvinces = JSONArray(response)
                //  对数组循环处理，每一次循环都会创建一个 Province 对象
                for (i in 0..allProvinces.length() - 1) {
                    val provinceObject = allProvinces.getJSONObject(i)
                    val province = Province(provinceName =
                    provinceObject.getString("name"),proinceCode = provinceObject.getString("id"))
                    provinces.add(provinces.size, province)
                }
```

```
            } catch (e: JSONException) {
                e.printStackTrace()
            }

        }
        return provinces
    }


    //   解析和处理服务器返回的市级数据

    fun handleCityResponse(response: String, provinceCode: String): List<Cit
y> {
        var cities = mutableListOf<City>()
        if (!TextUtils.isEmpty(response)) {
            try {
                val allCities = JSONArray(response)
                for (i in 0..allCities.length() - 1) {
                    val cityObject = allCities.getJSONObject(i)
                    val city = City(cityName = cityObject.getString("name"),cityCode
                    = cityObject.getString("id"),provinceCode = provinceCode)
                    cities.add(city)
                }

            } catch (e: JSONException) {
                e.printStackTrace()
            }
        }
        return cities
    }

    //   解析和处理服务器返回的县区级数据
    fun handleCountyResponse(response: String, cityCode: String): List<County>
    {
        var counties = mutableListOf<County>()
        if (!TextUtils.isEmpty(response)) {
            try {
                val allCounties = JSONArray(response)
                for (i in 0..allCounties.length() - 1) {
                    val countyObject = allCounties.getJSONObject(i)
                    val county = County(countyName = countyObject.getString("
name"), countyCode = countyObject.getString("id"),cityCode = cityCode)
                    counties.add(county)
                }
            } catch (e: JSONException) {
                e.printStackTrace()
            }

        }
        return counties
    }

    //   将返回的 JSON 数据解析成 Weather 实体类
    fun handleWeatherResponse(response: String): Weather? {
```

```
    try {
        val jsonObject = JSONObject(response)
        val jsonArray = jsonObject.getJSONArray("HeWeather")
        val weatherContent = jsonArray.getJSONObject(0).toString()
        return Gson().fromJson(weatherContent, Weather::class.java)
    } catch (e: Exception) {
        e.printStackTrace()
    }

    return null
    }

}
```

在 Utility 对象中有 4 个方法，其中前 3 个方法用于分析省、市和县区级 JSON 格式数据，并将这些数据转换为相应的对象。第 4 个方法用于分析描述天气信息的 JSON 数据，而且未使用 Android SDK 标准的 API 进行分析，而是使用了 gson 开源库对 JSON 数据进行分析，并返回一个 Weather 对象，Weather 类与其他相关类的定义需要符合 gson 标准，这些内容会在下一节介绍。

16.4.3　天气信息描述类

为了演示 Kotlin 与 Java 混合开发，描述天气信息的类用 Java 编写。其中 Weather 是用于描述天气的信息的主类，还有一些相关的类一同描述整个天气信息，如 Basic、AQI、Now 等。总之，这些类是由服务端返回的 JSON 格式天气信息决定的。获取天气信息的 URL 格式如下：

https://geekori.com/api/weather/?id=weather_id

这里的 weather_id 就是地区编码，如沈阳市和平区的编码是 210102。获取该地区天气信息的 URL 如下：

https://geekori.com/api/weather/?id=210102

Weather 以及相关类的实现代码如下：

Java 代码（Weather 类）

```java
public class Weather {
    public String status;
    public Basic basic;
    public AQI aqi;
    public Now now;
    public Suggestion suggestion;
    @SerializedName("daily_forecast")
    public List<Forecast> forecastList;
}
```

Java 代码（Basic 类）

```java
public class Basic {
```

```
    @SerializedName("city")
    public String cityName;
    @SerializedName("id")
    public String weatherId;
    public Update update;
    public class Update {
        @SerializedName("loc")
        public String updateTime;
    }
}
```

Java 代码（AQI 类）

```
public class AQI {
    public AQICity city;
    public class AQICity {
        public String aqi;
        public String pm25;
    }
}
```

Java 代码（Now 类）

```
public class Now
{
    @SerializedName("tmp")
    public String temperature;
    @SerializedName("cond")
    public More more;
    public class More {
        @SerializedName("txt")
        public String info;
    }
}
```

Java 代码（Suggestion 类）

```
public class Suggestion {
    @SerializedName("comf")
    public Comfort comfort;

    @SerializedName("cw")
    public CarWash carWash;

    public Sport sport;

    public class Comfort {

        @SerializedName("txt")
        public String info;

    }
    public class CarWash {

        @SerializedName("txt")
```

```
        public String info;

    }
    public class Sport {

        @SerializedName("txt")
        public String info;

    }

}
```

16.4.4　获取城市信息的对象

如果在 Java 中，获取城市信息通常会使用静态方法，这样在任何地方都能调用。不过 Kotlin 中没有静态方法，取而代之的是对象，因此，为了封装这些功能，先要定义一个 DataSupport 对象。该对象主要封装了 3 个方法：getProvinces、getCities 和 getCounties。分别用于从服务端获取省、市和县区的信息。

获取省信息的 URL 如下：

https://geekori.com/api/china

在浏览器中查看这个 URL 指向的页面，会显示如下 JSON 格式的部分信息。

[{"id":"110000","name":" 北 京 市 "},{"id":"120000","name":" 天 津 市 "},{"id":"130000", "name":" 河 北 省 "},{"id":"140000","name":" 山 西 省 "},{"id":"150000","name":" 内 蒙 古 自 治 区 "},{"id":"210000","name":" 辽宁省 "},{"id":"220000","name":" 吉林省 "},{"id":"230000","name":" 黑 龙 江 省 "},{"id":"310000","name":" 上 海 市 "},{"id":"320000","name":" 江苏省 "},{"id":"330000", "name":" 浙 江 省 "},{"id":"340000","name":" 安 徽 省 "},{"id":"350000","name":" 福 建 省 "},{"id": "360000","name":" 江 西 省 "},{"id":"370000","name":" 山 东 省 "},{"id":"410000","name":" 河 南 省 "},{"id":"420000","name":" 湖北省 "},{"id":"430000","name":" 湖南省 "},{"id":"440000","name":" 广 东 省 "},{"id":"450000","name":" 广 西 壮 族 自 治 区 "},{"id":"460000","name":" 海 南 省 "},{"id":"500000","name":" 重庆市 "},{"id":"510000","name":" 四川省 "},{"id":"520000","name":" 贵 州 省 "},{"id":"530000","name":" 云 南 省 "},{"id":"540000","name":" 西 藏 自 治 区 "},{"id":"610000","name":" 陕西省 "},{"id":"620000","name":" 甘肃省 "},{"id":"630000","name":" 青海省"},{"id":"640000","name":" 宁夏回族自治区"},{"id":"650000","name":" 新疆维吾尔自治区 "},{"id":"810000","name":" 香港特别行政区"},{"id":"820000","name":" 澳门特别行政区"}]

我们可以看到，这是一个 JSON 格式的数组，每一个数组元素是一个对象，表示一个省（直辖市、自治区或特别行政区）的信息，包括 id 和 name，分别对应 Province 类的 provinceCode 和 provinceName 属性。

获取每一个省的城市列表的 URL 格式如下：

https://geekori.com/api/china/${provinceCode}

其中${provinceCode}表示省的代码，如辽宁省是 210000。因此，获取辽宁省所有城市列表的 URL 如下：

https://geekori.com/api/china/210000

在浏览器中查看这个 URL 指向的页面，会显示如下内容。

[{"id":"210100","name":"沈阳市"},{"id":"210200","name":"大连市"},{"id":"210300","name":"鞍山市"},{"id":"210400","name":"抚顺市"},{"id":"210500","name":"本溪市"},{"id":"210600","name":"丹东市"},{"id":"210700","name":"锦州市"},{"id":"210800","name":"营口市"},{"id":"210900","name":"阜新市"},{"id":"211000","name":"辽阳市"},{"id":"211100","name":"盘锦市"},{"id":"211200","name":"铁岭市"},{"id":"211300","name":"朝阳市"},{"id":"211400","name":"葫芦岛市"}]

返回的仍然是 JSON 格式的数组，每一个数组元素是一个对象，对象的属性仍然有两个：id 和 name，分别对应 City 类的 cityCode 和 cityName 属性。

获取某一个城市的县区列表的 URL 格式如下：

https://geekori.com/api/china/${provinceCode}/${cityCode}

其中 cityCode 表示城市编码。例如，获取沈阳市所辖县区列表的 URL 如下：

https://geekori.com/api/china/210000/210100

在浏览器中查看这个 URL 指向的页面，会显示如下内容。

[{"id":"210101","name":"市辖区"},{"id":"210102","name":"和平区"},{"id":"210103","name":"沈河区"},{"id":"210104","name":"大东区"},{"id":"210105","name":"皇姑区"},{"id":"210106","name":"铁西区"},{"id":"210111","name":"苏家屯区"},{"id":"210112","name":"东陵区"},{"id":"210113","name":"新城子区"},{"id":"210114","name":"于洪区"},{"id":"210122","name":"辽中县"},{"id":"210123","name":"康平县"},{"id":"210124","name":"法库县"},{"id":"210181","name":"新民市"}]

现在我们已经了解了获取省、市和县区 3 级地区信息的 URL 格式，然后可以编写 DataSupport 类了，实现代码如下：

Kotlin 代码（从服务端获取数据的对象）

```kotlin
object DataSupport
{
    //  从 InputStream 对象读取数据，并转换为 ByteArray
    private fun getBytesByInputStream(content: InputStream): ByteArray {
        var bytes: ByteArray? = null
        val bis = BufferedInputStream(content)
        val baos = ByteArrayOutputStream()
        val bos = BufferedOutputStream(baos)
        val buffer = ByteArray(1024 * 8)
        var length = 0
        try {

            while (true) {
                length = bis.read(buffer)
                if(length < 0)
                    break
                bos.write(buffer, 0, length)
            }
            bos.flush()
            bytes = baos.toByteArray()
        } catch (e: IOException) {
            e.printStackTrace()
        } finally {
            try {
                bos.close()
            } catch (e: IOException) {
                e.printStackTrace()
            }

            try {
                bis.close()
            } catch (e: IOException) {
                e.printStackTrace()
            }

        }

        return bytes!!
    }
    //  从服务端获取数据，并以字符串形式返回获取的数据
    private fun getServerContent(urlStr:String):String
    {
        var url = URL(urlStr)
        var conn = url.openConnection() as HttpURLConnection
        //HttpURLConnection 默认就是用 GET 发送请求，下面的 setRequestMethod 可以省略
        conn.setRequestMethod("GET")
        //HttpURLConnection 默认也支持从服务端读取结果流，下面的 setDoInput 也可以省略
        conn.setDoInput(true)
        //禁用网络缓存
        conn.setUseCaches(false)

        val content = conn.getInputStream()
        //将 InputStream 转换成 byte 数组,getBytesByInputStream 会关闭输入流
```

```
        var responseBody = getBytesByInputStream(content)
        //  将字节流以 utf-8 格式转换为字符串
        var str = kotlin.text.String(responseBody, Charset.forName("utf-8"))
        return str

}
//  获取省列表
fun getProvinces(provinces:(List<Province>)->Unit)
{
    Thread(){

        var content = getServerContent("https://geekori.com/api/china")
        //  将省 JSON 数据转换为 List<Province>对象并返回
        var provinces = Utility.handleProvinceResponse(content)
        provinces(provinces)
     }.start()

}
//  根据省获取城市列表
fun getCities(provinceCode:String, cities:(List<City>)->Unit)
{
    Thread()
    {
        var content =
        getServerContent("https://geekori.com/api/china/${provinceCode}")
        //  将城市 JSON 数据转换为 List<City>对象并返回
        var cities= Utility.handleCityResponse(content,provinceCode)
        cities(cities)
    }.start()
}

//  根据城市获取县区列表
fun getCounties(provinceCode: String,cityCode:String, counties:(List<Cou
nty>)->Unit)
{
    Thread()
    {

        var content =
        getServerContent("https://geekori.com/api/china/${provinceCode}/$
        {cityCode}")
        //  将县区 JSON 数据转换为 List<County>对象并返回
        var counties = Utility.handleCountyResponse(content,cityCode)
        counties(counties)
    }.start()
  }
}
```

16.4.5　在 ListView 组件中显示地区列表

现在一切准备工作都完成了，接下来实现 ChooseAreaFragment 类，该类是 Fragment 的子类，用于显示地区列表。地区列表显示在一个 ListView 组件中。这个组件在与 ChooseAreaFragment 对应的布局文件 choose_area.xml 中定义，如下所示。

```xml
<?xml version="1.0" encoding="utf-8"?>
<LinearLayout
    xmlns:android="http://schemas.android.com/apk/res/android"
    android:orientation="vertical"
    android:layout_width="match_parent"
    android:layout_height="match_parent"
    android:background="#fff"
    android:fitsSystemWindows="true">
    <RelativeLayout
        android:layout_width="match_parent"
        android:layout_height="?attr/actionBarSize"
        android:background="?attr/colorPrimary">
        <TextView
            android:id="@+id/title_text"
            android:layout_width="wrap_content"
            android:layout_height="wrap_content"
            android:layout_centerInParent="true"
            android:textColor="#fff"
            android:textSize="20sp"/>

        <Button
            android:id="@+id/back_button"
            android:layout_width="25dp"
            android:layout_height="25dp"
            android:layout_marginLeft="10dp"
            android:layout_alignParentLeft="true"
            android:layout_centerVertical="true"
            android:background="@drawable/ic_back"/>
    </RelativeLayout>
    <ListView
        android:id="@+id/list_view"
        android:layout_width="match_parent"
        android:layout_height="match_parent"/>

</LinearLayout>
```

在上面的布局文件中，除了定义一个 ListView 组件，还定义了一个 TextView 组件和一个 Button 组件，其中 TextView 组件用于显示当前列表上一级的文本，如当前列表是辽宁省中的市，那么这个 TextView 组件显示的是"辽宁省"。这个 Button 组件是一个回退按钮，单击可以回退到上一个级别。

下面我们简单说一下这个 ListView 组件，这个组件是 Android SDK 提供的一个列表组件。这个组件采用 MVC 模式管理数据，也就是数据和视图分离。在显示数据时，需要提供 Adapter 对象，这个在 MVC 中称为 Controller，用于衔接数据和视图。ChooseAreaFragment 使用 ListView 组件显示地区列表的原理就是首先显示省列表，然后单击某一个省，就会重新设置数据源，显示当前省中的所有市，显示县区列表也类似。

下面看一下 ChooseAreaFragment 类的完整实现。

Kotlin 代码（显示地区列表）

```kotlin
class ChooseAreaFragment : Fragment() {
```

```kotlin
private var progressDialog: ProgressDialog? = null
private var titleText: TextView? = null
private var backButton: Button? = null
private var listView: ListView? = null
// 用于为 ListView 提供数据源的 Adapter 对象，数据源是数组
private var adapter: ArrayAdapter<String>? = null
private var handler = MyHandler()
// ListView 的数据源
private val dataList = ArrayList<String>()
// 省列表
private var provinceList: List<Province>? = null
// 市列表
private var cityList: List<City>? = null
// 县区列表
private var countyList: List<County>? = null
// 当前被选中的省
private var selectedProvince: Province? = null
// 当前被选中的市
private var selectedCity: City? = null
// 当前被选中的级别
private var currentLevel: Int = 0
// 级别伴随对象
companion object {
    val LEVEL_PROVINCE = 0
    val LEVEL_CITY = 1
    val LEVEL_COUNTY = 2
}
// Fragment 的初始化方法，类似于 Activity 的 onCreate 方法
override fun onCreateView(inflater: LayoutInflater?, container: ViewGroup?, savedInstanceState: Bundle?): View? {
    val view = inflater!!.inflate(R.layout.choose_area, container, false)

    titleText = view.findViewById(R.id.title_text) as TextView
    backButton = view.findViewById(R.id.back_button) as Button
    listView = view.findViewById(R.id.list_view) as ListView
    adapter = ArrayAdapter(context, android.R.layout.simple_list_item_1,
    dataList)
    // 将 Adapter 与 ListView 组件绑定，这样就可以在 ListView 组件中显示数据了
    listView!!.adapter = adapter
    return view
}
// 当包含 Fragment 的 Activity 被创建时调用
override fun onActivityCreated(savedInstanceState: Bundle?) {
    super.onActivityCreated(savedInstanceState)
    // 设置 ListView 对象的 Item 单击事件
    listView!!.onItemClickListener = AdapterView.OnItemClickListener
    { parent, view, position, id ->
        // 选择省
        if (currentLevel == LEVEL_PROVINCE) {
            selectedProvince = provinceList!![position]
            queryCities()    // 查询选择省中所有的城市，并显示在 ListView 组件中
        }
        // 选择市
        else if (currentLevel == LEVEL_CITY) {
```

```
            selectedCity = cityList!![position]
            queryCounties()   //  查询选择市中所有的县区，并显示在 ListView 组件中
        }
        //  选择县区
        else if (currentLevel == LEVEL_COUNTY) {
            val countyName = countyList!![position].countyName
            //  选择县区后，如果 Fragment 处于打开状态，则隐藏 Fragment，然后显示当前县
               区的
            //  天气情况
            if (activity is MainActivity) {
                val intent = Intent(activity, WeatherActivity::class.java)
                intent.putExtra("name", countyName)
                startActivity(intent)
                activity.finish()
            } else if (activity is WeatherActivity) {
                val activity = activity as WeatherActivity
                activity.drawerLayout?.closeDrawers()
                activity.swipeRefresh?.setRefreshing(true)
                activity.requestWeather(countyName)
            }
        }
    }
    //  回退按钮的单击事件
    backButton!!.setOnClickListener {
        //  当前处于县区级，回退到市级
        if (currentLevel == LEVEL_COUNTY) {
            queryCities()
        }
        //  当前处于市级，回退到省级
        else if (currentLevel == LEVEL_CITY) {
            queryProvinces()
        }
    }
    //  默认显示省列表
    queryProvinces()
}
//  用于更新 ListView 组件
class MyHandler : Handler() {
    override fun handleMessage(msg: Message?) {

        var activity = msg?.obj as ChooseAreaFragment
        when (msg?.arg1) {
            //  在 ListView 组件中显示省列表
            ChooseAreaFragment.LEVEL_PROVINCE -> {

                if (activity.provinceList!!.size > 0) {
                    activity.dataList.clear()
                    for (province in activity.provinceList!!) {
                        activity.dataList.add(province.provinceName)
                    }
                    activity.adapter!!.notifyDataSetChanged()
                    activity.listView!!.setSelection(0)
                    activity.currentLevel = LEVEL_PROVINCE
                }
            }
```

```kotlin
                    // 在 ListView 组件中显示市列表
                    ChooseAreaFragment.LEVEL_CITY -> {

                        if (activity.cityList!!.size > 0) {
                            activity.dataList.clear()
                            for (city in activity.cityList!!) {
                                activity.dataList.add(city.cityName)
                            }
                            activity.adapter!!.notifyDataSetChanged()
                            activity.listView!!.setSelection(0)
                            activity.currentLevel = LEVEL_CITY
                        }
                    }
                    //   在 ListView 组件中显示县区列表
                    ChooseAreaFragment.LEVEL_COUNTY->
                    {
                        if (activity.countyList!!.size > 0) {
                            activity.dataList.clear()
                            for (county in activity.countyList!!) {
                                activity.dataList.add(county.countyName)
                            }
                            activity.adapter!!.notifyDataSetChanged()
                            activity.listView!!.setSelection(0)
                            activity.currentLevel = LEVEL_COUNTY
                        }
                    }
                }

            }
        }
    // 查询所有的省
    private fun queryProvinces() {
        titleText!!.text = "中国"
        backButton!!.visibility = View.GONE
        DataSupport.getProvinces {
            provinceList = it
            var msg = Message()
            msg.obj = this
            msg.arg1 = LEVEL_PROVINCE
            handler.sendMessage(msg)
        }
    }

    //   根据选择的省查询城市
    private fun queryCities() {
        titleText!!.setText(selectedProvince!!.provinceName)
        backButton!!.visibility = View.VISIBLE
        DataSupport.getCities(selectedProvince!!.proinceCode) {
            cityList = it
            var msg = Message()
            msg.obj = this
            msg.arg1 = LEVEL_CITY
            handler.sendMessage(msg)
        }
    }
```

```
//　根据选择的城市，查询县区
private fun queryCounties() {
    titleText!!.setText(selectedCity!!.cityName)
    backButton!!.visibility = View.VISIBLE
    DataSupport.getCounties(selectedProvince!!.proinceCode, selectedCity!!
    .cityCode)
    {
        countyList = it

        var msg = Message()
        msg.obj = this
        msg.arg1 = LEVEL_COUNTY
        handler.sendMessage(msg)
    }

}
}
```

在上面的代码中，调用了以前实现的 DataSupport 对象中的相应方法获取省、市和县区列表，并利用 Adapter 显示在 ListView 组件中。

16.5　显示天气信息

最后需要实现的就是在 WeatherActivity 中显示天气信息。在获取地区信息时使用的是 HttpURLConnection，而这次，我们使用 OkHttp 组件来获取天气信息。在 HttpUtil 对象中封装了一个 sendOkHttpRequest 方法，用于通过 OkHttp 从服务端获取数据。

Kotlin 代码（通过 OkHttp 从服务端获取数据）

```
object HttpUtil
{
    fun sendOkHttpRequest(address: String, callback: okhttp3.Callback)
    {
        val client = OkHttpClient()
        val request = Request.Builder().url(address).build()
        client.newCall(request).enqueue(callback)
    }
}
```

下面先看一下 WeatherActivity 使用的布局文件（activity_weather.xml）。

```
<?xml version="1.0" encoding="utf-8"?>
<FrameLayout
    xmlns:android="http://schemas.android/apk/res/android"
    android:layout_width="match_parent"
    android:layout_height="match_parent"
    android:background="@color/colorPrimary">

    <ImageView
```

```
            android:id="@+id/bing_pic_img"
            android:layout_width="match_parent"
            android:layout_height="match_parent"
            android:scaleType="centerCrop" />

    <android.support.v4.widget.DrawerLayout
        android:id="@+id/drawer_layout"
        android:layout_width="match_parent"
        android:layout_height="match_parent">

        <android.support.v4.widget.SwipeRefreshLayout
            android:id="@+id/swipe_refresh"
            android:layout_width="match_parent"
            android:layout_height="match_parent">

        <ScrollView
            android:id="@+id/weather_layout"
            android:layout_width="match_parent"
            android:layout_height="match_parent"
            android:scrollbars="none"
            android:overScrollMode="never">

            <LinearLayout
                android:orientation="vertical"
                android:layout_width="match_parent"
                android:layout_height="wrap_content"
                android:fitsSystemWindows="true">
                <include layout="@layout/title" />
                <include layout="@layout/now" />
                <include layout="@layout/forecast" />
                <include layout="@layout/aqi" />
                <include layout="@layout/suggestion" />
            </LinearLayout>
        </ScrollView>
    </android.support.v4.widget.SwipeRefreshLayout>

    <fragment
        android:id="@+id/choose_area_fragment"
        android:name="com.oriweather.fragment.ChooseAreaFragment"
        android:layout_width="match_parent"
        android:layout_height="match_parent"
        android:layout_gravity="start"/>
    </android.support.v4.widget.DrawerLayout>
</FrameLayout>
```

在这段布局文件中，最后放置了一个<fragment>，引用了在前面实现的 ChooseArea Fragment。可能我们还记得，在前面讲 activity_main.xml 时，也通过<fragment>标签引用了 ChooseAreaFragment，那么这是怎么回事呢？ChooseAreaFragment 为什么被引用了两次呢？其实，ChooseAreaFragment 被重用了两次。第一次是在 activity_main.xml 中，当第一次运行 App 时，还没有显示过任何地区的天气信息，那么 ChooseAreaFragment 是全屏显示在主窗口（MainActivity）上。第二次是在 activity_weather.xml 中，我们看到，包括<fragment>在内，所有的组件都放在了 DrawerLayout 中。这是一个抽屉布局，也就是可以像抽屉一样拉出和显示，移动版 QQ 就有这样的效果，读者可以去体验。放在抽屉布局中的 ChooseAreaFragment 会随着抽屉的拉开而显示，随着抽屉的关闭而隐藏。

最后，我们看一下 WeatherActivity 类的完整实现代码。

Kotlin 代码（显示指定地区的天气信息）

```kotlin
class WeatherActivity : AppCompatActivity() {
    var drawerLayout: DrawerLayout? = null            // 定义抽屉布局类型变量
    var swipeRefresh: SwipeRefreshLayout? = null      // 用于刷新的布局组件
    private var weatherLayout: ScrollView? = null
    private var navButton: Button? = null
    private var titleCity: TextView? = null
    private var titleUpdateTime: TextView? = null
    private var degreeText: TextView? = null
    private var weatherInfoText: TextView? = null
    private var forecastLayout: LinearLayout? = null
    private var aqiText: TextView? = null
    private var pm25Text: TextView? = null
    private var comfortText: TextView? = null
    private var carWashText: TextView? = null
    private var sportText: TextView? = null
    private var bingPicImg: ImageView? = null
    override fun onCreate(savedInstanceState: Bundle?) {
        super.onCreate(savedInstanceState)
        if (Build.VERSION.SDK_INT >= 21) {
            val decorView = window.decorView
            decorView.systemUiVisibility = View.SYSTEM_UI_FLAG_LAYOUT_FULLSCREEN
            or View.SYSTEM_UI_FLAG_LAYOUT_STABLE
            window.statusBarColor = Color.TRANSPARENT
        }

        setContentView(R.layout.activity_weather)
        // 初始化各组件
        … …
        navButton = findViewById(R.id.nav_button) as Button
        val prefs = PreferenceManager.getDefaultSharedPreferences(this)
        val weatherString = prefs.getString("weather", null)
        val weatherId: String?
        if (weatherString != null) {
            // 有缓存时直接解析天气数据
            val weather = Utility.handleWeatherResponse(weatherString)
            weatherId = weather?.basic?.weatherId
            showWeatherInfo(weather)
        } else {
            // 无缓存时去服务器查询天气
            weatherId = intent.getStringExtra("weather_id")
            weatherLayout!!.visibility = View.INVISIBLE
            requestWeather(weatherId)
        }
        // 设置刷新时的监听事件
        swipeRefresh!!.setOnRefreshListener { requestWeather(weatherId) }
        navButton!!.setOnClickListener { drawerLayout?.openDrawer(GravityCompat.
        START) }
        val bingPic = prefs.getString("bing_pic", null)
```

```kotlin
        if (bingPic != null) {
            //  装载显示天气时的背景图
            Glide.with(this).load(bingPic).into(bingPicImg)
        } else {
            loadBingPic()
        }
    }

    // 根据天气 id 请求城市天气信息。
    fun requestWeather(id: String?) {
        val weatherUrl = "https://geekori.com/api/weather?id=${id}"
        HttpUtil.sendOkHttpRequest(weatherUrl, object : Callback {
            @Throws(IOException::class)
            override fun onResponse(call: Call, response: Response) {
                val responseText = response.body()!!.string()
                val weather = Utility.handleWeatherResponse(responseText)
                runOnUiThread {
                    if (weather != null && "ok" == weather!!.status) {
                        valeditor = PreferenceManager.getDefaultSharedPreferen
                        ces(this@WeatherActivity).edit()
                        editor.putString("weather", responseText)
                        editor.apply()
                        showWeatherInfo(weather)
                    } else {
                        Toast.makeText(this@WeatherActivity, "获取天气信息失败",
                        Toast.LENGTH_SHORT).show()
                    }
                    swipeRefresh?.isRefreshing = false
                }
            }

            override fun onFailure(call: Call, e: IOException) {
                e.printStackTrace()
                runOnUiThread {
                    Toast.makeText(this@WeatherActivity, "获取天气信息失败",
                    Toast.LENGTH_SHORT).show()
                    swipeRefresh?.isRefreshing = false
                }
            }
        })
        loadBingPic()
    }

    //  显示背景图像
    private fun loadBingPic() {
        val requestBingPic = "https://geekori.com/api/background/pic"
        HttpUtil.sendOkHttpRequest(requestBingPic, object : Callback {
            @Throws(IOException::class)
            override fun onResponse(call: Call, response: Response) {
                val bingPic = response.body()!!.string()
                val editor = PreferenceManager.getDefaultSharedPreferences(this
                @WeatherActivity).edit()
                editor.putString("bing_pic", bingPic)
                editor.apply()
                runOnUiThread{ Glide.with(this@WeatherActivity).load(bingPic).
```

```
            into(bingPicImg) }
        }

        override fun onFailure(call: Call, e: IOException) {
            e.printStackTrace()
        }
    })
}
// 处理并展示 Weather 实体类中的数据。
private fun showWeatherInfo(weather: Weather??) {
    val cityName = weather?.basic?.cityName
    val updateTime = weather?.basic?.update?.updateTime!!.split(" ")[1]
    val degree = weather?.now?.temperature + "℃"
    val weatherInfo = weather?.now?.more?.info
    titleCity!!.setText(cityName)
    titleUpdateTime!!.setText(updateTime)
    degreeText!!.setText(degree)
    weatherInfoText!!.setText(weatherInfo)
    forecastLayout!!.removeAllViews()
    for (forecast in weather.forecastList) {
        val view = LayoutInflater.from(this).inflate(R.layout.forecast_item,
        forecastLayout, false)
        val dateText = view.findViewById(R.id.date_text) as TextView
        val infoText = view.findViewById(R.id.info_text) as TextView
        val maxText = view.findViewById(R.id.max_text) as TextView
        val minText = view.findViewById(R.id.min_text) as TextView
        dateText.setText(forecast.date)
        infoText.setText(forecast.more.info)
        maxText.setText(forecast.temperature.max)
        minText.setText(forecast.temperature.min)
        forecastLayout!!.addView(view)
    }
    if (weather.aqi != null) {
        aqiText!!.setText(weather.aqi.city.aqi)
        pm25Text!!.setText(weather.aqi.city.pm25)
    }
    val comfort = "舒适度：" + weather.suggestion.comfort.info
    val carWash = "洗车指数：" + weather.suggestion.carWash.info
    val sport = "运动建议：" + weather.suggestion.sport.info
    comfortText!!.text = comfort
    carWashText!!.text = carWash
    sportText!!.text = sport
    weatherLayout!!.visibility = View.VISIBLE

}

}
```

  在 WeatherActivity 中使用了一个 SwipeRefreshLayout 类，这是用于显示刷新效果的布局。当显示天气信息后，向下滑动窗口，会显示如图 16-3 所示的刷新效果。松开后，会重新加载当前页面。

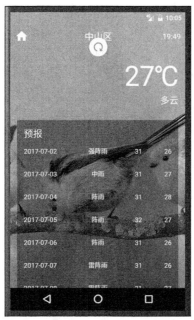

▲图 16-3　刷新天气信息

16.6　小结

　　本章实现了一个 Android App，尽管这个 App 不算大，但完全可以演示使用 Kotlin 开发 Android App 的完整过程。本章实现的 App 综合使用了 UI、Activity、布局、网络等技术。希望读者根据本书提供的 Demo 源代码以及本书讲解的知识独立完成这个项目，这样会让自己的 Android 和 Kotlin 开发功力有大幅度提升。

欢迎来到异步社区！

异步社区的来历

异步社区（www.epubit.com.cn）是人民邮电出版社旗下 IT 专业图书旗舰社区，于 2015 年 8 月上线运营。

异步社区依托于人民邮电出版社 20 余年的 IT 专业优质出版资源和编辑策划团队，打造传统出版与电子出版和自出版结合、纸质书与电子书结合、传统印刷与 POD 按需印刷结合的出版平台，提供最新技术资讯，为作者和读者打造交流互动的平台。

社区里都有什么？

购买图书

我们出版的图书涵盖主流 IT 技术，在编程语言、Web 技术、数据科学等领域有众多经典畅销图书。社区现已上线图书 1000 余种，电子书 400 多种，部分新书实现纸书、电子书同步出版。我们还会定期发布新书书讯。

下载资源

社区内提供随书附赠的资源，如书中的案例或程序源代码。

另外，社区还提供了大量的免费电子书，只要注册成为社区用户就可以免费下载。

与作译者互动

很多图书的作译者已经入驻社区，您可以关注他们，咨询技术问题；可以阅读不断更新的技术文章，听作译者和编辑畅聊好书背后有趣的故事；还可以参与社区的作者访谈栏目，向您关注的作者提出采访题目。

灵活优惠的购书

您可以方便地下单购买纸质图书或电子图书，纸质图书直接从人民邮电出版社书库发货，电子书提供多种阅读格式。

对于重磅新书，社区提供预售和新书首发服务，用户可以第一时间买到心仪的新书。

用户账户中的积分可以用于购书优惠。100 积分 =1 元，购买图书时，在 [　　0　　▲▼] [使用积分] 里填入可使用的积分数值，即可扣减相应金额。

纸电图书组合购买

社区独家提供纸质图书和电子书组合购买方式，价格优惠，一次购买，多种阅读选择。

社区里还可以做什么？

提交勘误

您可以在图书页面下方提交勘误，每条勘误被确认后可以获得100积分。热心勘误的读者还有机会参与书稿的审校和翻译工作。

写作

社区提供基于 Markdown 的写作环境，喜欢写作的您可以在此一试身手，在社区里分享您的技术心得和读书体会，更可以体验自出版的乐趣，轻松实现出版的梦想。

如果成为社区认证作译者，还可以享受异步社区提供的作者专享特色服务。

会议活动早知道

您可以掌握 IT 圈的技术会议资讯，更有机会免费获赠大会门票。

加入异步

扫描任意二维码都能找到我们：

| 异步社区 | 微信服务号 | 微信订阅号 | 官方微博 | QQ群：436746675 |

社区网址：www.epubit.com.cn

投稿 & 咨询：contact@epubit.com.cn